Geologische Excursionen

im

Thermalgebiet des nordwestlichen Böhmens,

Teplitz, Carlsbad, Eger-Franzensbad, Marienbad,

von

Dr. Gustav C. Laube,

o. Professor der Geologie und Palaeontologie a. d. deutschen
Carl-Ferdinand Universität in Prag.

Mit zwei Tafeln in Farbendruck, geologische Profile darstellend.

Leipzig,

Verlag von Veit & Comp.

1884.

Druck von Metzger & Wittig in Leipzig.

Vorwort.

„Jederzeit, wenn die Jahreszeit herannaht, die ich sonst so vergnüglich und nützlich in Böhmen verbrachte, fühle ich eine mächtige Sehnsucht dahin."

GOETHE an JOH. SEB. GRÜNER.

Der nordwestliche Theil von Böhmen ist ein gesegneter, prächtiger Landstrich. Fruchtbare Auen und duftige Wälder, herrliche Berge und liebliche Thäler überall in wunderbarer Mannigfaltigkeit und steter Abwechslung, und mitten hindurch die köstliche Kette heilsamer Quellen und Gesundbrunnen verschiedener Art, wie sie sonst nur vereinzelt und fernab von einander vorkommen, oder gar nicht mehr gefunden werden. Tausende kamen und kommen alljährlich herbei, hier Heilung von Siechthum, Erholung von Lebensmühsal zu suchen, und wenn auch heute die modernen Verkehrswege die glänzenden Gefilde Italiens so nahe gerückt haben, dass sie mit Leichtigkeit in kurzer Zeit zu erreichen sind, wenn die malerischen Thäler der Alpenländer für ganz Europa Sommerfrische geworden sind; die schönen Gelände des böhmischen Heilquellengebietes behaupten trotzdem ihre alte Anziehungskraft.

Auch der Boden dieser Landschaft ist mannigfach zusammengesetzt, abwechslungsvoll und lehrreich wie selten ein anderes Stück Erde. Die Karte, welche seine geologischen Verhältnisse anschaulich macht, gleicht einem bunten Teppich, dahinein kunstreiche Gewinde von Blumen, Blättern und Ranken gewirkt sind. Diese Verschiedenheit der Elemente, welche zum Aufbau verwendet, und die merkwürdige Art, wie sie in einander gefügt wurden, um die Feste jener Gegend zu bilden, hat niemals verfehlt, auf den Geologen eine bedeutende Anziehung zu üben, und es haben seit ABRAHAM GOTTLOB WERNER's Zeiten Jünger und Priester unserer Wissenschaft unsere heimische Gegend oft und gerne aufgesucht.

Uns Deutsche in Böhmen erfüllt es mit Stolz, einen der Grössten unseres Volkes, GOETHE, oft und gern an den Gesundbrunnen unserer Heimat weilen gesehen zu haben. In ihren Bergen wird er der Muse untreu und ein eifriger Geologe. Ihm ist, wie er selbst sagt, Böhmen eine Schule für seine geologischen Anschauungen, und frühzeitig wird die Kenntniss unserer Heimath durch seine fast auschliesslich ihr gewidmeten geologischen Aufsätze in weitere Kreise getragen. Seine Lieblingswissenschaft und der Stätte, wo er sie pflegte, wendet er sich noch in seinen letzten Lebenstagen zu. Welche lange Reihe von Namen könnte ich nennen, die sich alle wie LEOPOLD v. BUCH, C. v. HOFF, F. X. ZIPPE, E. v. WARNSDORF, JOH. JOKÉLY, B. v. COTTA, C. NAUMANN, F. v. HOCHSTETTER, H. B. GEINITZ Verdienste um die Erforschung der geologischen Verhältnisse dieser Gegenden erworben haben. Und ist es nicht ganz natürlich, dass dieser Boden selbst Geologen hervorbrachte wie F. A. REUSS, A. E. REUSS, CARL PETERS? Ich selbst — si licet parva componere magnis — könnte jene Worte, mit welchen mein verewigter Lehrer und Freund AUGUST EM. REUSS die Vorrede zu seinen geologischen Skizzen aus Böhmen einleitet, diesem Buche voranschicken; auch mir bot die wunderbare Mannigfaltigkeit des Bodens der Heimat die erste Anregung, mich jener Wissenschaft zuzuwenden, die meine Lebensaufgabe wurde.

Was das nordwestliche Böhmen bisher war, das wird es auch in alle Zukunft bleiben, ein wahres Elementarbuch zur Ausbildung geologischer Anschauungen für die jüngeren Fachgenossen; aber trotz der vielen trefflich bewährten Arbeiter, die sich der Erforschung dieses Gebietes zugewendet haben, ist immer noch so mancher Punkt vorhanden, der auch dem älteren Fachmann zu neuerlicher erweiterter Forschung anzuregen vermöchte. So werden noch viele Geschlechter kommen und vergehen können, es wird sich in unserem Lande immer Sehenswerthes für den Geologen bieten.

Viele meiner Fachgenossen und Schüler habe ich durch grössere oder kleinere Theile dieses interessanten und abwechslungsvollen Landstriches von Böhmen geführt; aber ich möchte auch andere, denen ich mich nicht persönlich als Führer zur Verfügung stellen kann, nach Thunlichkeit bei einem Besuche der Gegend berathen. Darum habe ich mich entschlossen, meine bezüglichen Erfahrungen gesammelt dem geistesverwandten Besucher meiner Heimat in die Hand zu geben, um ihn wenigstens so durch die Landschaft zwischen der Elbe bei Aussig und dem Tilln im Böhmerwalde zu begleiten, und unterwegs auf das aufmerksam zu machen, was ich für einen Geologen sehenswerth halte. Dadurch möchte ich ihn zugleich vor unnöthigem Zeitverlust bewahren, dem er ausgesetzt ist, wenn er nur mit der Karte in der Hand oder mit flüchtigen Andeutungen versehen die Wanderung unternehmen wollte.

Ich hoffe, man wird die gute Absicht, die diesem Büchel zu Grunde liegt, nicht verkennen; ob auch der damit verbundene Zweck erfüllt wird, muss die Erfahrung lehren. Es schwebten mir zwar einige Vorbilder wie Herrn v. DECHEN's treffliche Führer in das Siebengebirge und in die Eifel vor Augen, ich muss aber gestehen, dass mir trotzdem die Ausführung schwieriger wurde als der Plan versprochen hatte. Namentlich war ich über das Maass des zu Bietenden lange im Zweifel. Ich konnte nicht das Bedürfniss des flüchtigen Besuchers allein berücksichtigen, ich musste an den denken, der zu längerem Aufenthalte da oder dort gezwungen ist, und seine Musse geologischen Spaziergängen widmen möchte. Ich wollte ja auch anregen zu weiterem Forschen. Manche vage Angabe z. B. in Bezug auf die Natur basaltischer Gesteine, wird zeigen, wie viel hier noch zu thun übrig blieb. So nahm die kleine Arbeit die Gestalt an, die sie hat. Für jedes der einzelnen Gebiete von Teplitz, Carlsbad, Eger-Franzensbad und Marienbad habe ich eine gedrängte geologische Skizze gewissermassen als Unterlage für die dort zu unternehmenden Ausflüge vorausgeschickt. Hiebei habe ich Gelegenheit genommen, auf eigene Forschungen gegründete Anschauungen über die Thermalverhältnisse der einzelnen Orte, mit Ausnahme von Carlsbad, wo ich nur Herrn v. HOCHSTETTER folgen konnte, mitzutheilen. Einige unvermeidliche Wiederholungen wolle man durch Anlage und Zweck des Buches entschuldiget halten. Die Verhältnisse des Besuchers werden ihm dann am besten an die Hand geben, welche der Excursionen in den einzelnen Bezirken er unternehmen soll; und es wird nicht schwierig sein, dergleichen so an einander zu reihen, dass er hiernach das ganze

Gebiet von Anfang bis zu Ende mit kürzerem oder längerem Zeitaufwande durchstreifen kann.

Meine Absicht, auch geologische Karten beizugeben, hat sich leider wegen der Kostspieligkeit der Herstellung nicht ausführen lassen. Ich bin daher genöthigt, auf die schon vorhandenen geologischen Karten, namentlich die der k. k. geol. Reichsanstalt zu verweisen. Auch die angehängten Profile werden einige Unterstützung bieten. Mit dem vorangeschickten Verzeichniss einschlägiger Literatur konnte nicht die Absicht verknüpft sein, eine erschöpfende Bibliographie geben zu wollen. Ich glaubte nur dem geehrten Leser damit Gelegenheit bieten zu sollen, sich über einzelne Punkte, die ihn besonders interessiren, und die nur flüchtig berührt werden konnten, eingehenderen Aufschluss zu verschaffen. Es ist daher nur auf die neuere, seit 1840 erschienene und nach meinem Dafürhalten wichtigere Literatur Rücksicht genommen. Ich gebe mich aber der Hoffnung hin, dass sie auch für Jemanden, der sich zur eingehenderen Untersuchung hier oder da angeregt fühlen sollte, ein willkommener Fingerzeig für die anfänglich einzuschagende Bahn sein werde. Die beigegebenen Höhenverzerzeichnisse dürften zur örtlichen Orientirung ausreichen. Von den Wasseranalysen der verschiedenen Gesundbrunnen habe ich nur eine solche Auswahl mitgetheilt, welche eine Vorstellung von der verschiedenen Beschaffenheit der Wässer zu geben vermag.

Schliesslich hätte ich mich vielleicht auch noch als Führer der Pflicht entledigen sollen, meinem Begleiter eine Anweisung für gute Unterkunftshäuser zu geben. Ich glaube aber, dass dies in den grossen Curorten nicht unumgänglich nöthig, zumal die Ansprüche ziemlich weit auseinander gehen dürften. Für kleinere Orte wäre eine solche des häufigen Wechsels der Gasthaushälter, welche meist Pächter sind, sehr unzuverlässig. Aber man lasse sich nicht verdriessen, in solchen Orten das beste Gasthaus zu erfragen Es ist nicht immer schon von aussen kenntlich. Im Erzgebirge ist durch die eröffneten Auskunftsstellen für Touristen dieser Angelegenheit auch Rechnung getragen; in anderen Gegenden wird man auch ohne diese genügenden Rath erhalten.

Und damit empfehle ich das Büchel dem freundlichen Wohlwollen des geehrten Lesers.

Gustav C. Laube.

Inhalt.

Nachweis einschlägiger Literatur.

I. Allgemeines.

1. ZEPHAROVICH, Mineralogisches Lexicon für das Kaiserthum Oesterreich. 2 Bde. 1853, 1873. Wien.
2. LEONHARD, G., Die quarzführenden Porphyre. 2. Aufl. 1854. Stuttgart.
3. MÜLLER, HERM., Ueber die Beziehungen zwischen Mineralquellen und Erzgängen im nördlichen Böhmen und in Sachsen. COTTA, Gangstudien. 3. Bd. p. 261. 1860. Freiberg.
4. ZINKEN, Physiographie der Braunkohle. 1867. Hannover.
5. HAUER, FR. v., Geol. Uebersichtskarte der österreichischen Monarchie, Blatt I und II Böhmen und Textheft. 1869. Wien.
6. ZINKEN, Ergänzungen zur Physiographie der Braunkohle. 1871. Halle.
7. BORICKY, EM., Petrographische Studien an den Basaltgesteinen Böhmens. Arch. d. naturw. Comm. 1874. Prag.
8. BORICKY, EM., Petrographische Studien an den Phonolithgesteinen Böhmens. Arch. d. naturw. Comm. 1874. Prag.
9. LAUBE, G. C., Skizze der geologischen Verhältnisse des Mineralwassergebietes von Böhmen. KISCH, Bäder und Curorte Böhmens. 1878. Wien.
10. STUR, D., Studien über die Altersfolge der nordböhmischen Braunkohlenbildungen. Jahrb. geol. R.-Anst. 1879. 29. Bd. p. 157.
11. KARRER, FELIX, Der Boden der böhmischen Bäder. Schriften des Vereins z. Verbreit. naturw. Kenntnisse. 1879. Wien.
12. REYER, ED., Ueber die Tektonik der Vulcane in Böhmen. Jahrb. geol. R.-Anst. 1879. 29. Bd. S. 463.
13. SUESS, E., Die Heilquellen Böhmens. 1879. Wien.
14. KITTL, ERNST, Ueber die Mineralquellen Nordböhmens. Verhandl. geol. R.-Anst. 1881. p. 148.
15. REYER, ED., Zinn, eine geologische, montanistische, historische Monographie. 1881. Berlin.
16. BORICKY, EM., Petrologische Studien an den Porphyrgesteinen Böhmens. 1. Theil. Arch. naturw. Comm. 1882. Prag.

II. Fauna und Flora der Braunkohle.

17. ROSSMÄSSLER, E. A., Die Versteinerungen des Braunkohlensandsteines von Altsattel in Böhmen. 1840. Dresden und Leipzig.
18. REUSS, E. A., und MEYER, H. v., Die tertiären Süsswassergebilde des nördl. Böhmens und ihre Versteinerungen. Palaeontograph. 2. Bd. p. 1. 1852. Cassel.
19. SUESS, E., Bericht über Mastodonreste von Franzensbad. Verhandl. geol. R.-Anst. 1864 p. 237 und 1865 p. 51.

20. ETTINGSHAUSEN, CONST. v., Die fossile Flora von Bilin. I—IV. Denkschr. d. kaiserl. Akad. d. W. Wien. 1867—69. 26.—29. Bd.
21. SANDBERGER, FRIEDR., Die Land- und Süsswasser-Conchylien der Vorwelt. 1870—1875. Stuttgart.
22. ENGELHARDT, HERMANN, Tertiärpflanzen aus dem Leitmeritzer Mittelgebirge. Nova. Act. Carol. Leopold. Bd. 1876.
23. VACEK, MICH., Ueber österreichische Mastodonten. Abhandl. geol. R.-Anst. 1877. 7. Bd. (p. 23. Mastodon angustidens Cuv. von Oberdorf bei Franzensbad).
24. NOVAK, OTTOMAR, Fauna der Cyprisschiefer des Egerer Tertiärbeckens. Sitzbr. k. Akad. d. W. Wien. 1877. 76. Bd.
25. ENGELHARDT, H., Fossile Pflanzen des Süsswassersandsteines von Tschernowitz. Nova. Act. Leop. Carol. 1878. 39. Bd. No. 7.
26. KREJCI, Uebersicht der Tertiär-Flora aus dem nordböhmischen Braunkohlenbecken. 1878. Sitzber. königl. böhm. Gesellsch. d. Wissenschaften.
27. ENGELHARDT, H., Ueber die Cyprisschiefer Nordböhmens und ihre pflanzlichen Einschlüsse. Sitzungsber. u. Abh. d. Ges. Isis. 1879. p. 131.
28. SIEBER, JOH., Zur Kenntniss der nordböhm. Braunkohlenflora. Sitzb. kais. Akad. d. W. Wien 1880. 82. Bd.
29. ENGELHARDT, HERM., Ueber Pflanzenreste von Liebschitz und Putschirn. Sitzbr. u. Abh. d. Ges. Isis. 1880. p. 77.
30. ENGELHARDT, HERM., Ueber die fossilen Pflanzen des Süsswassersandsteines v. Grasseth. Nov. Act. Carol. Leop. 1881. 43. Bd.
31. DEICHMÜLLER, W., Fossile Insecten aus dem Diatomaceenschiefer von Kutschlin bei Bilin in Böhmen. Nov. Ac. Carol. Leop. 1881. 42. Bd.
32. ENGELHARDT, HERM., Ueber die Flora der über den Braunkohlen befindlichen Tertiärschichten der Umgegend von Dux. Sitzbr. u. Abh. d. Ges. Isis. 1883. p. 47.
Vgl. auch 4 und 6.

III. Fauna der Kreide.

33. REUSS, AUG. EM., Die Versteinerungen der böhmischen Kreideformation. 1845—1846. Stuttgart.
34. SCHLOENBACH, U., Kleinere palaeontolog. Mittheilungen. III. Brachiopoden der böhm. Kreide. Jahrb. geol. R.-Anst. 1868. 18. Bd. p. 139.
35. FRITSCH, ANTON, Palaeontologische Untersuchungen der einzelnen Schichten in der böhmischen Kreideformation. Arch. naturw. Comm. 1869. Prag.
36. GEINITZ, H. B., Das Elbthalgebirge in Sachsen. 1871. Cassel.
37. FRITSCH, ANT. und SCHLOENBACH, U., Die Cephalopoden der böhmischen Kreideformation. 1872. Prag.
38. TELLER, T., Ueber neue Rudisten aus der böhmischen Kreideformation. Sitzbr. k. Akad. d. W. Wien 1877. 75. Bd.
39. NOVAK, OTTOMAR, Beitrag zur Kenntniss der Bryozoen der böhm. Kreideformation. Denkschr. K. Akad. d. W. Wien 1877. 37. Bd.

40. FRITSCH, ANTON, Die Reptilien und Fische der böhm. Kreideformation. 1878. Prag.
40a. POCTA, PHILLIPP, Beiträge zur Kenntniss der Spongien der böhmischen Kreideformation. I. u. II. Abhandl. kgl. böhm. Gesellsch. d. Wissenschaft. 1884. VI. Folge. 12. Bd.

IV. Teplitz und seine Umgebung.

41. REUSS, A. E., Geognostische Skizzen aus Böhmen. I. Die Umgebung von Teplitz und Bilin mit einer Karte. II. Die Kreidegebilde des westl. Böhmens. 1840—1844. Prag u. Teplitz.
42. JENZSCH, GUSTAV, Beiträge zur Kenntniss einiger Phonolithe des böhm. Mittelgebirgs. Zeitschr. d. deutschen geol. Gesellschaft. 1856.
43. JOKÉLY, JOH., Das Erzgebirge im Leitmeritzer Kreise. Jahrb. geol. R.-Anst. 1857. 8. Bd. p. 49.
44. JOKÉLY, JOH., Das Leitmeritzer vulkanische Mittelgebirge. Jahrb. geolog. R.-Anst. 1858. 9. Bd. p. 398.
45. JOKÉLY, JOH., Die Tertiärablagerungen des Saazer Beckens und der Teplitzer Bucht. Jahrb. geol. R.-Anst. 1858. 9. Bd. p. 19.
46. LAUBE, G. C., Mittheilungen über die Erzlagerstätten von Graupen in Böhmen. Jahrb. geol. R.-Anst. 1864.
47. REUSS, A. E., Die Gegend zwischen Komotau, Saaz, Raudnitz und Tetschen in ihren geognostischen Verhältnissen. Mit zwei Karten. LÖSCHNER's balneolog. Beiträge. 2. B. 1864. Prag.
48. COTTA, B. v., Ueber die Zinnerzlagerstätten von Graupen. 1864. Berg- und Hüttenw.-Ztg. Freiberg.
49. GÜMBEL, O. W., Beiträge zur Kenntniss der Procaen oder Kreideformation im nordwestl. Böhmen. Denkschrift. kgl. baier. Akad. d. Wissensch. München 1868. 10. Bd.
50. KREJCI, JOH., Studien im Gebiete der böhm. Kreideformation. Arch. naturw. Comm. 1869. Prag.
51. SCHILLER und LEWALD, Das Zinnerzvorkommen zu Graupen und Obergraupen bei Teplitz. In HALLWICH, Geschichte der Bergstadt Graupen. 1868. Prag.
52. LAUBE, G. C., Note über das Auftreten von Baculitenschichten in der Umgebung v. Teplitz. Verh. geol. R.-Anst. 1872. p. 232.
53. PURGOLT und AUGENER, Das Braunkohlenbecken von Aussig bis Komotau-Priesen. 1874. Prag und Teplitz.
54. DÖLTER, C., Harz aus der Braunkohle von Dux (Duxit). Verh. geol. R.-Anst. 1874. p. 145.
55. LAUBE, Notiz über das Alter der auf den Abhängen des Teplitzer Schlossberges zerstreuten Quarzitblöcken. Verh. geol. R.-Anst. 1878. p. 208.
56. REYER, E., Ueber die erzführende Tieferuption von Zinnwald-Altenberg. Jahrb. geol. R.-Anst. 1879. 29. Bd. p. 1.
57. LAUBE, GUST. C., Die Katastrophe von Dux und ihr Zusammenhang mit dem Ausbleiben der Stadtbadquelle in Teplitz 1879. „Bohemia“ No. 56.
58. HAUER, FRANZ v., Ueber die Katastrophen in Teplitz und Dux. Verh. geol. R.-Anst. 1879. p. 96.

59. NAAFF, ANT. AUG., Die Dux-Teplitzer Gruben- und Quellen-Katastrophe 1879. Leipzig.
60. WOLF, HEINR., Die Teplitz-Ossegger Wasserkatastrophe 1879. Wochenschr. d. österr. Ingen.- u. Architekten-Vereins.
61. ZSIGMONDY, WILH., Denkschrift über die Thermen von Teplitz. Böhmen. 1879. Budapest.
62. KORISTKA, CARL, Ueber einen Basalt mit polarem Magnetismus bei Mariaschein. 1880. Sitzbr. kgl. böhm. Gesellsch. d. W.
63. WOLF, HEINR., Geologische Gruben-Revierkarte des Kohlenbeckens von Teplitz-Dux-Brüx. 1880. Wien.
64. WOLF, HEINR., Die Teplitz-Schönauer Quell-Verhältnisse 1880. Verhandl. geol. R.-Anst. 1881. p. 222.
65. LAUBE, G., Notiz über das Vorkommen von Anthracit an der Grenze des erzgebirgischen Porphyrs bei Niklasberg. Verh. geol. R.-Anst. 1883. p. 249.

Vgl. auch 18, 20, 21, 22, 26, 28, 31, 32—40a.

V. Carlsbad und seine Umgebung.

66. GLÜCKSELIG, A. M., Der Elbogner Kreis in med., naturhist. und statist. Beziehung. 1842. Carlsbad und Elbogen.
67. KAPP, Ch., Entstehung und Verbreitung der Carlsbader und Marienbader Hornsteingebilde. N. Jahrb. f. Min. und Geol. 1843. p. 317,
68. WARNSDORF, E. R. v., Einige Bemerkungen über die Granite von Carlsbad. N. Jahrb. f. Min. u. Geol. 1846. p. 385.
69. VOGL, JOH. FLOR., Der neue Silberanbruch auf dem Geistergang zu Joachimsthal. Jahrb. geol. R.-Anst. 1854. 6. Bd. p. 630.
70. WARNSDORF, E. R. v., Bemerkungen über geognostische Verhältnisse Carlsbads. Jahrb. geol. R.-Anst. 1855. 6. Bd. p. 88.
71. HOCHSTETTER, FERD., Allgemeiner Bericht über die geol. Aufnahme d. 1. Section der geol. R.-Anst. in Böhmen 1855. Jahrb. geol. R.-Anst. 1856. 7. Bd. p. 316. (Gegend von Eger, Carlsbad, Lubenz und Neudek.)
72. HOCHSTETTER, FERD., Karlsbad, seine geognostischen Verhältnisse und seine Quellen. Mit einer geol. Karte. 1856. Carlsbad.
73. VOGL, JOH. FLOR., Gangverhältnisse und Mineralreichthum von Joachimsthal. 1856. Teplitz.
74. WALTHER, JO., Der Silberbergbau von Abertham. Zeitschrift des montan. Verein f. d. Erzgebirge. 1856. Joachimsthal.
75. JANTSCH, F. A., Einiges über das Vorkommen von Zinn in Böhmen und über die geognostischen und bergbaul. Verhältnisse von Schlaggenwald. Zeitschr. des mont. Ver. f. d. Erzgeb. 1856.
76. MÜLLER, HERM., Die Eisenerzlagerstätten des oberen Erzgebirges und des Voigtlandes. 1856. Freiberg.
77. NOWICKI, C. v., Das Vorkommen des Zinnsteins in Schlaggenwald und Schönfeld. Natw. Zeitschr. Lotos 1857. 7. Bd.
78. NOWICKI, C. v., Der neue Kupfererz-Aufschluss im Daniel-stollen bei Eibenberg und Grasslitz. Jahrb. geol. R.-A. 1859. 16. Bd. p. 349.
79. GLÜCKSELIG, M., Schlaggenwald eine monographische Studie. Zeitschr. f. d. gesammt. Naturw. 1859. p. 257.

80. ZIRKEL, FERD., Mikroskopische Gesteinsstudien. Sitzber. kais. Akad. d. W. Wien 1863. 47. Bd. (Porphyre v. Joachimsthal.)
81. REUSS, A. E., Geognostische Skizze der Umgebung v. Carlsbad, Marienbad und Franzensbad. Mit 1 geol. Karte. Löschner. balneol. Beiträge. 1 Bd. 1863. Prag.
82. RÜCKER, ANTON, Beitrag zur Kenntniss des Zinnvorkommens bei Schlaggenwald. Jahrb. geol. R.-A. 1864. 14. Bd. p. 311.
83. NAUMANN, C. F., Ueber den Granit des Kreuzberges bei Carlsbad. Neues Jahrb. f. Min. und Geol. 1866. p. 145.
84. HOCHSTETTER, F. v., Orthoklaskrystalle vom Koppenstein bei Gängerhäusel unweit Petschau im Carlsbader Gebirg. Verh. R.-A. 1872. p. 1.
85. SPATHENBERG, CARL, Die Braunkohlenablagerungen im nordwestlichen Böhmen (Falkenauer Becken). Oesterr. Zeitschr. für geol. Bergb. u. Hüttenwesen. 1874. Nr. 34.
86. LAUBE, G. C., Geologie des böhm. Erzgebirges. 1. Theil. Das Gebirge zwischen Maria-Kulm und Joachimsthal. Arch. d. naturw. Comm. 1876. Prag.
87. HOCHSTETTER, FR., Ueber einen neuen geolog. Aufschluss im Gebiet der Karlsbader Thermen. Denkschr. kais. Akad. d. W. Wien 1878. 39. Bd.
88. REYER, ED., Tektonik der Granitergüsse von Neudek und Carlsbad. Jahrb. geol. R.-A. 1879. 29. Bd. p. 405.
89. ENGELEARDT, HERM., Die auf dem Hauptschacht der Soc. de carborage de Bohème zwischen Königswehr und Grasset b. Falkenau a. E. durchteuften Schichten. Verhandl. geol. R.-A. 1879.
90. REYER, ED., Granit und Schiefer von Schlackenwald. Jahrb. geol. R.-A. 1880. 30. Bd. p. 87.
91. LÖWL, FERD., Die Verbindung des Kaiserwaldes mit dem Erzgebirge. Jahrb. geol. R.-A. 1881. 31. Bd. p. 454.
92. LÖWL, FERD., Der Gebirgsbau des mittleren Egerthales. Jahrb. geol. R.-A. 1882. 32. Bd. p. 536.
92a. BABANEK, F., Ueber die Erzführung der Joachimsthaler Gänge. Oesterr. Zeitschr. f. Berg- u. Hüttenwesen. 1884.
Vergl. auch Nr. 4. 7. 8. 17. 24. 26. 27. 29. 30. 95. 97.

VI. Eger-Franzensbad und Umgebung.

93. REUSS, A. E., Die geognostischen Verhältnisse des Egerer Bezirkes und des Ascher Gebietes in Böhmen. Mit 1 Karte. Abh. geol. R.-A. 1852. 1. Bd. 1. Abth. p. 1.
94. JOKÉLY, JOH., Zur Kenntniss der geol. Beschaffenheit des Egerer Kreises in Böhmen. Jahrb. geol. R.-A. a) 1856. 7. Bd. p. 479. b) 1857. 8. Bd. p. 1.
95. JOKÉLY, JOH., Die tertiären Süsswassergebilde d. Egerlandes und der Falkenauer Gegend in Böhmen. Jahrb. geol. R.-Anst. 1857. 8. Bd. p. 466.
96. PALLIARDI, ANT. M., Der Kammerbühl, ein Vulkan bei Kaiser-Franzensbad. 2. Aufl. 1863. Eger. (Enthält ein vollständiges Literaturverzeichniss über den Kammerbühl.)
97. GLÜCKSELIG, M. CH., Das Vorkommen der Mineralien im Egerer Kreise Böhmens. 1863. Carlsbad.

98. FÖTTERLE, F., Die Braunkohlenablagerungen im Egerer Tertiärbecken i. B. Verhandl. geol. R.-A. 1867. p. 16.
99. GRADL, HEINR., Das Tertiärbecken des Egerlandes und seine Mineralquellen. 1879. Eger.
100. LAUBE, G. C., Notiz über das Vorkommen von Cervus megaceros Hart. im Torfmoore „Soos" bei Franzensbad. Verh. geol. R.-A. 1880. p. 113.
Vergl. auch 19. 23. 24. 26. 27. 81.

VII. Marienbad und Umgebung.

101. KAPP, CH., Die Quellenregion von Marienbad. N. Jahrb. f. Min. u. Geol. 1840. p. 338.
102. REUSS, A. E., Einige Zweifel über die Altersverschiedenheit der Granite von Marienbad. N. Jahrb. f. Min. u. Geol. 1844. p. 129.
103. COTTA, B. v., Ueber das Alter der Marienbader Granite. N. Jahrb. f. Min. u. Geol. 1844. p. 559.
104. WARNSDORF, E. R. v., Geognostische Erinnerung an Marienbad. N. Jahrb. f. Min. u. Geol. 1874. p. 409.
105. KERSTEN, C. H., Ueber die chem. Zusammensetzung der Feldspathe in den Graniten Marienbads, sowie in mehreren anderen daselbst vorkommenden Gebirgsarten. N. Jahrb. f. Min. u. Geol. 1845. p. 646.
106. KLIPSTEIN, AUGUST v., Geognostische Beobachtungen über die Umgebung von Marienbad. Jahrb. geol. R.-Anst. 1851. 2. Bd.
107. WARNSDORF, E. R. v., Geognost. Verhältnisse von Marienbad. KRATZMANN, Führer in u. um Marienbad. 1854. 2. Aufl. 1862.
108. HOCHSTETTER, FERD., Die geolog. Verhältnisse von Marienbad. Verh. geol. R.-Anst. 1856. p. 382.
Vgl. auch 81.

Andere Literatur ist im Text mit vollem Titel angeführt.

VIII. Geologische Karten.

Ausser den im vorstehenden Literaturnachweis verzeichneten Nummern 5, 41, 47, 63, 72, 81, 93

aus der älteren geognost. Karte des Königreiches Sachsen die Blätter:

Umgebung von Freiberg, Johanngeorgenstadt und Hof.

Aus der geologischen Karte von Böhmen, aufgenommen durch die k. k. geolog. Reichsanstalt die Blätter:

II. Teplitz und Tetschen; VII. Leitmeritz und Theresienstadt für Teplitz; V. Neudek; VI. Komotau und Saaz; IX. Carlsbad und Eger für Carlsbad, Franzensbad und Marienbad.

Das alte hercynische Massiv zeigt in seiner grösseren Ausdehnung, in seiner südlichen an die Alpen reichenden Hälfte, die Monotonie der Formation, welche archaeischen Gebieten eigen ist. Endlos ausgedehnte, kuppel- und schalenförmig gelagerte krystallinische Massen- und Schiefergesteine fügen sich zusammen, um die gewaltige Scholle zu formen, an deren Widerstand sich die drängenden Alpen brachen. Das ermüdende Einerlei wird erst durch das Cambrium und das Silur in der Mitte des Landes, und die nach Südwesten vorgeschobenen Carbongebilde unterbrochen; aber weiter gegen Nord folgt dann wieder die nur wenig Abwechslung bietende Kreide, welche sich von Süden her in sehr niedrigen und weitgedehnten Treppenstufen aufbaut, bis man sich schon der nordöstlichen und nordwestlichen Umwallungen des Massives nähert, wo allerdings ein grösserer Wechsel der Verhältnisse eintritt. Gegen Nordosten hin, gegen den krystallinischen Wall des Iser- und Riesengebirges lagern sich die nicht selten steil gehobenen Ränder der Kreidegebilde auf die Dyasglieder, welche sich in breitem Saume dem Fusse des krystallinischen Schiefergebirges, mannigfach unterbrochen von Melaphyr- und Porphyrgebilden, auflagern. Die durch ihre schöne Tektonik auffallende Waldenburger Mulde hat ihren südwestlichen Flügel an das Riesengebirge in Böhmen angelehnt, ein langer Zug interessanter Steinkohlengebilde und Glieder der Dyas streicht gegen Südosten, um an der Glatzer Grenze umbiegend in den Gegenflügel der Mulde zurückzukehren. Das Innere wird durch die Quadermassen des Faltengebirges, die bizarren Weckelsdorfer und Adersbacher Felsen und die Heuscheuer, nicht minder durch die schönen Kegelberge des Braunauer Melaphyr- und Porphyrzuges ausgefüllt und gegliedert.

Auch nach Westen hin ist die Abwechslung eine sehr mannigfache. Von den Granitbergen der Lausitz, da wo das Isergebirge mit jenen in stumpfem nach Süden gekehrten Winkel zusammenstösst, breitet sich erst die mächtige vieldurchfurchte Decke des böhmischsächsischen Quadergebirges aus. In der Elbspalte zwischen Tetschen und Niedergrund sieht man unter den hochragenden Sandsteinmassen krystallinische Gesteine, Granit und Schiefer, hervortreten, die man weiter nordwestlich in der nördlichen Peripherie des Erzgebirges wiederfindet. Die Quaderfelsen, deren südlicher Rand von mächtigen Abbrüchen begleitet ist, schieben sich allmälig auf den darunter keilförmig abfallenden Rücken des Erzgebirges bis hinauf in die Gegend von Nollendorf. Von da ab beginnt wieder der Zug der krystallinischen Schiefer, und bildet nun auf mehr als zwanzig Meilen ununterbrochen, und nur von zwei mächtigen Streben, dem Teplitzer Porphyr und dem Neudeker Granit gestützt, den Wall des Erzgebirges bis zu dessen orographischer Grenze im Westen der Einsenkung bei Schönbach an der voigtländischen Grenze. Ueber diese hinaus setzen nun die Gesteine in den sich anlehnenden Flügel des Fichtelgebirges fort, der um das Egerland herumschwenkend an den Tilln, den nördlichsten Ausläufern des Böhmerwaldes, anstösst und die ganze lange Kette von der Lausitz bis hierher weiter zum südböhmischen Massiv fortleitet.

Ziemlich parallel dazu läuft ein anderes Gebirge. Die grosse nordböhmische Quaderdecke ist an unzähligen Stellen von jüngeren Eruptivgesteinen durchbrochen. Wie mit riesigen Nägeln, deren Köpfe überall emporragen, scheint das ebene Sandsteingebirge durch die Basaltkuppen festgelegt. Den Eindruck gewinnt man, wenn man von der Lausche gegen Süden schaut. Aber die lose über das Land verstreuten Kegel schaaren sich mehr und mehr zu einem zusammenhängenden Gebirge, das gegen die Elbe hin parallel zum Erzgebirge sich stellt, und jenseits des nordgerichteten Durchbruches des Flusses in der angenommenen Richtung fortstreicht, wobei es allgemach an Mächtigkeit verliert und sich endlich in der Gegend von Laun, an der Eger, wieder in einzelne Kegelberge auflöst. Eine breite von der Eger durchströmte Lücke trennt davon ein seiner Natur nach analoges, das Duppauer Gebirge. Die in zahlreichen Decken übereinander gethürmten basaltischen Gesteine schieben sich bis auf den Fuss des Erzgebirges hinauf und versperren der Eger den Weg, die sich nur durch langwierige Arbeit ein enges Rinnsal darin auswühlte. Unvermittelt stossen weiter westlich die jüngeren Eruptivgesteine an die alten Granite bei Carlsbad, mit denen nun wieder ein Zug krystallinischer Gesteine beginnt, welcher parallel zum Erzgebirge als Carlsbader- und Kaiserwaldgebirge fortsetzt, bei Mariakulm gegen das Erzgebirge einen Ausläufer vorschiebt, und so die Verbindung mit diesem herstellt. Jenseits desselben biegt der Gebirgsrand bei Königsberg rasch gegen Süden und wendet sich über Sandau und Königswart gegen Marienbad, von wo an eine seichte, aber immer deutliche Einsenkung den Böhmerwald abscheidet, obwohl die von Süden kommenden Gesteine des letzteren in das Teplergebirge fortsetzen, und dieses hierdurch dem südböhmischen Massiv angliedern.

Die zwischen dem Erz- und Fichtelgebirge einerseits, dem Mittel-Duppauer- und Carlsbader Gebirge andererseits gelegene Thalfurche ist mit verschiedenen Gebilden ausgefüllt. Vom Mittelgebirge gehen langrückige Ausläufer hinüber zum Erzgebirge. Im Teplitzer Gebiete ragen einzelne Porphyrkuppen aus dem Thale auf, wie bei Carlsbad zahlreiche Granitkuppen fast wie die Pfeiler einer abgebrochenen Brücke die Verbindung zwischen den beiden Randgebirgen herstellen. Nicht minder reichen auch im Egerer Becken lange Ausläufer der krystallinischen Randgebirge in das Becken hinein. Unstreitig dienen die hervortretendsten dieser Einschiebsel dazu, die einzelnen Gebiete zu trennen. Ist man schon lange gewohnt, dass nordwestböhmische Braunkohlen-Terrain in drei deutlich geschiedene Becken, das Aussig-Teplitz-Brüx-Komotauer mit der Saazer Bucht, das Carlsbad-Falkenauer, und das Egerische zu betrachten, so gestatten gerade in dem grössten derselben, in dem zuerst genannten, die Ausläufer des Mittelgebirges noch weitere Abtheilungen. Ausgefüllt wird das ganze Thalbett sodann von Kreide und Tertiärgebilden. Erstere gehen über das Gebiet des östlichsten Beckens nicht hinaus. Sie bilden die Umrandungen desselben sowie der Kuppen, welche darin hervortauchen. Die Braunkohlenablagerungen nehmen den weitaus grössten Raum ein; durch unzählige Schächte und grosse Tagbaue aufgeschlossen, sind sie das Erhaltende und Nährende der blühenden Industrie in dieser Gegend, und nicht nur dieser — weit und breit im In- und Ausland, aber auch, wie die Katastrophe vom Jahre 1879 in Teplitz lehrte, der nicht ungefährliche Nachbar der zahlreichen Thermen, welche in ununterbrochener Reihenfolge von der Elbe bis ins Fichtelgebirge gerade in jener Thalfurche fortsetzen, und den Ruf dieser Gegend weit über alle Welt verbreiteten. Auf diese selbst wollen wir einen vorbereitenden Blick werfen.

Die böhmische Thermalspalte.

Eine der auffälligsten Erscheinungen, welche das hercynische Massiv zur Schau trägt, ist offenbar, dass, einige wenige Punkte (wie das Johannisbad im Riesengebirge) abgerechnet, die zahlreichen böhmischen Mineralquellen in einer langen Reihe auftreten, welche

1*

dem südwärts gerichteten Absturz des Erzgebirges folgend von der Elbe bis zum Fichtelgebirge reicht. Die heissen Quellen von Teplitz und Carlsbad, die erst vereinzelt dann immer häufiger auftretenden Eisenquellen und Säuerlinge von Bodenbach, Bilin, Brüx, Oberleitensdorf, Tschachwitz, Krondorf, Gieshübel, Carlsbad, endlich von Franzensbad und die im Egerlande treten in dieser Linie der Reihe nach zu Tage. Die Natur dieses thermenreichen Gebietes (denn auch die zuletzt genannten Quellen sind vermöge ihrer wenngleich niedrigen, aber constanten, die mittlere Jahreswärme des betreffenden Ortes übersteigenden Temperatur Thermen) ist schon lange richtig erkannt worden; die Thermen folgen einer mächtigen sich auf der ganzen Linie bemerkbar machenden Spaltenbildung, und der Name „böhmische Thermalspalte“ ist für dieselbe allgemein in Gebrauch gekommen.

Der Nordrand der Thermalspalte wird ihrer ganzen Länge nach bis zum Egerer Becken vom Erzgebirge gebildet. Wir wissen, es kehrt seinen Steilrand nach Süden und Südosten und fällt in entgegengesetzter Richtung ab; wir wissen auch, dass das Erzgebirge den nordwärts abfallenden Flügel eines mächtigen Sattels darstellt.[1] Sein Gegenflügel aber ist von der Elbe bis ans Carlsbader Gebirge nicht vorhanden, wohl aber deuten viele in die jungplutonischen Gesteine des Mittelgebirges eingekeilte Schollen unzweideutig an, dass er vorhanden war, dass er aber in der Richtung der Thermalspalte abgebrochen und in die Tiefe gesunken sei. Die alte Bruchlinie und die Thermalspalte fallen zusammen. Im Carlsbader- und Kaiserwald-Gebirge ist der Gegenflügel des Erzgebirges erhalten, aber beide trennt die Thermalspalte und Bruchlinie, und ihre Fortsetzung mitten durch das Egerer Becken in's Fichtelgebirge markirt sich noch durch den deutlichen Bruch der Phyllite zwischen dem Grünberg westlich von Eger und dem Granitzug des Kapellberges nördlich von Franzensbad, kurz durch das weit in's Fichtelgebirge hineingreifende Franzensbader Becken. Dem Charakter einer Bruchspalte entspricht auch die Beschaffenheit ihrer Ränder. Die südwärts geneigten Quadermassen, welche sich bei Tetschen und Bodenbach vor dem sanft nordwärts verflächenden Kreidesandsteingebirge bemerkbar machen, sind abgebrochene Trümmer dieses Gebirges, welche den Beginn der Bruchlinie markiren. Die steil aufgerichteten Gneissschollen bei Graupen, Ossegg und Eisenberg, der jähe Absturz des Wolfsteinporphyrs bei Kosten, der lange an einem Verwurf absetzende terrassenförmige Rand des Erzgebirges zwischen Komotau und Joachimsthal deuten dies an. Noch mehr ersichtlich wird dies in der Carlsbader Gegend, wo nicht nur das Erzgebirge, sondern auch der diesem zugekehrte Abfall des Carlsbader und Kaiserwald-Gebirges einen Bruchrand zeigt.[2] Im Egerland spricht hierfür der zwischen der Egerspalte westlich von Eger und Franzensbad gelegene, vom Massiv des Grünberges längs einer Kluft losgelöste Phyllitrücken der Wolfsgrube und des Kammerwaldzuges, wie die plötzlich abbrechenden Granite nördlich vom Franzensbader Becken.

Noch deutlicher wird das Wesen der Spalte, wenn wir die Massen betrachten, die sie ausfüllen. In der Gegend von Teplitz folgen dem Erzgebirgsrand bis Osseg Kreideablagerungen, welche steil aufgerichtet vom Fusse des Gebirges abfallen.[3] Ihnen entgegengesetzt fallen derlei Schichten zwischen Teplitz und Dux nordwärts, und in die so markirte Mulde lagern sich die Braunkohlen, deren Muldentiefstes, wie man durch unzählige Bohrungen weiss, längs des Erzgebirges mit der Axe der Spalte zusammenfällt. Zahlreiche parallele Verwürfe im Flötz machen es unzweifelhaft, dass die ganze Masse in die Tiefe gesunken ist; nur einzelne Porphyrkuppen ragen wie Inseln zwischen Teplitz und dem Erzgebirge daraus hervor. Durch die Braunkohlenmulde aber wird die Spalte bis an den Egerdurchbruch zwischen Klösterle und Schlackenwerth fortgesetzt.[4] Hier wo sich das Duppauer Gebirge bis auf den Fuss des Erzgebirges herüberschiebt, scheint die Thermalspalte allerdings unterbrochen. Sie wird aber durch die Bruchlinie, welche, wie oben angedeutet, von Komotau bis Joachimsthal am Abfall des Erzgebirges zu verfolgen ist[5], ersichtlich, und wenn wir auch der aushöhlenden Kraft des Egerflusses die Vertiefung der Egerrinne zwischen Schlackenwerth und Klösterle zuschreiben, wird man gewiss nicht irren, wenn man das Vorhandensein einer Bruchspalte, die es ihr ermöglichte, diesen Weg zu nehmen, voraussetzt. Im Carlsbad-Falkenauer Becken aber ist der Bruch noch markirter. Die ältere Braunkohlenformation liegt zum Theil auf dem Plateau des Carlsbader Gebirges, dann an dem Rande der Mulde, unter dem steilen Gehänge des krystallinischen Gebirges. In der Mitte des Falkenauer Beckens aber ist sie ganz in die Tiefe gesunken, und über den vielfach gestörten Gliedern dieser Stufe breiten sich innerhalb des Bruches die jüngeren Braunkohlen aus. So scheint es auch in der Mitte des Egerlandes der Fall zu sein, doch machen sich hier noch andere Einflüsse bemerkbar.

Wie in der Teplitzer Gegend Porphyrkuppen, so treten in der Carlsbader Granite vereinzelt aus dem Braunkohlenterrain hervor, eingeklemmte Trümmer des in die Tiefe gesunkenen Gebirges. Das sind also alles Beweise dafür, dass in die grosse Spalte längs des Erzgebirges die Massen abgesunken sind.[6] Aber es fehlt anderseits auch nicht an Erscheinungen, welche eine spätere Bewegung des Erzgebirges in entgegengesetzter Richtung andeuten, wie die Braunkohlensandsteine hoch oben auf dem Rücken unter dem Basalt bei Lichtenwald zeigen; ebenso hat Herr FERD. LÖWL erst vor kurzer Zeit aus der Faltung des Gebirgsflügels, welcher den Kaiserwald mit dem Erzgebirge verbindet, nachgewiesen[7], dass von letzterem der Südflügel, nämlich das Carlsbader und Kaiserwaldgebirge, längs einer Linie geringeren Widerstandes, das ist die Bruchspalte, an das eigentliche Erzgebirge gepresst und an ihm gestaut wurde. Vielleicht deutet hierauf auch die später zu besprechende Vertheilung der Thermen.

Wenn wir Erdbeben als einen Ausdruck von drängender Bewegung grosser Schollen in der Erdrinne auffassen, dann machen es die zahlreichen Erschütterungen, denen noch gegenwärtig das Erzgebirge ausgesetzt ist, zur Gewissheit, dass in der Lagerung seiner Massen noch keine vollkommene Ruhe eingetreten ist. Die Richtung dieses Drängens geht von Süden nach Norden, über seine Wirkung belehrt uns Herr HERM. CREDNER[8], indem er als Folge desselben die Bildung einer nordwärts vom Erzgebirge gelegenen Falte bezeichnet.

Die Richtung der grossen Bruchspalte ist im allgemeinen NO — SW. Ihrer Natur nach aber ändert sie in Wirklichkeit öfter ihr Streichen mit dem Rande des Erzgebirges. Von Tetschen her ist sie anfänglich recht West gerichtet, von Königswald bei Graupen läuft sie südwestlich, dann wieder westlich bis Klostergrab. Von hier bis Komotau nimmt sie die vorige Richtung an, dann hält sie sich westlich bis Schlackenwerth, von wo sie wieder südwest bis Mariakulm streicht. Durch das Egerer Becken scheint sie westlich, dann gegen Wunsiedel wieder südwestlich auszulaufen, wenn sie sich hier nicht theilt und neben der genannten Richtung eine zweite im Wondreblaufe zwischen dem Fichtelgebirge und Böhmerwald abgiebt. Sie schwankt also zwischen West und Südwest in ihrer Richtung hin und her.

Es ist sehr merkwürdig, dass man landeinwärts eine Anzahl von Parallelen zum Erzgebirge und der Thermalspalte findet. Zunächst ist dies das jungplutonische Mittelgebirge, weiterhin das Pürglitzer Porphyrgebirge, und noch weiter der mittelböhmische Granit. Zwischen letzteren beiden haben wir, in viele parallele Falten gelegt, das böhmische Silur. Weiter hinaus die nur im Südflügel erhaltene Steinkohlenmulde von Schlan-Rakonitz. Auch dieser ist in Streichen zusammengedrückt und aufgekrümmt. Es folgen also von der Mitte des Landes gegen sein nordwestliches Randgebirge abwechselnd krystallinische Massengebirge und zusammengeschobene sedimentäre Ablagerungen stets jüngeren Alters.

Auf der nördlichen Abdachung des Erzgebirges finden sich aber noch zwei in ihrer Richtung zum Erzgebirge parallele Falten[9], die mit der des Erzgebirges ein System machen. Die zwischen den äusseren Falten eingelagerten Silur- und Devonschichten sind gleichfalls mit zusammengefaltet, so auch der Culm der unteren Steinkohlenzeit; erst die produktive Steinkohle liegt darauf horizontal und ist nicht mehr gefaltet.

Daraus geht hervor, dass das Drängen gegen das Erzgebirge hin schon vor uralter Zeit die archäischen Glieder gefaltet hatte, und noch später sich nicht nur über das ganze nordwestliche Böhmen, sondern auch darüber hinaus erstreckte, und ein sehr lang anhaltendes[10], oder nach langen Zwischenräumen wiederkehrendes gewesen sein muss.

Wann die Faltung des Silurs, das Absinken des nördlichen Flügels der Steinkohlenmulde in Böhmen stattfand, wissen wir nicht, sie muss hier nachhaltiger als jenseits des Erzgebirges gewesen sein. Nur soviel ist sicher, es geschah vor und zwar wohl sehr lange vor der Kreideformation, die ihre Ablagerung discordant und fast horizontal über die Falten des alten Gebirges breitet. Bezüglich der letzten Stauchung am Fusse des Erzgebirges aber wissen wir die Zeit genauer. In die Bruchspalte wurden die Kreide und ältere Braunkohle eingefaltet, das fällt in die Zeit des Hervordringens der basaltischen und phonolithischen Kuppen und Decken des Mittel- und Duppauer Gebirges, das ist in die Mitte der Tertiärperiode und so mit dem Zeitpunkt zusammen, in welchen wir das Aufthürmen der Alpen zu verlegen gelernt haben.[11]

Herr SUESS hat auf die merkwürdige Thatsache hingewiesen, wie sich um den nach Norden offenen Winkel, den die Südspitze des hercynischen Massives bildet[12], die Ketten des alpinen Hochgebirges in parallelen Reihen anlegen, gleichwie an ein kräftigen Widerstand leistendes Hinderniss angepresst. Ostwärts von diesem Punkt gehen sie strahlenförmig auseinander und versinken theilweise im sarmatischen Tiefland. Es ist gewiss auffällig, dass der die Alpen mit den Karpathen verbindende niedere Höhenzug der kleinen Karpathen eine abermalige Parallele zu den oben erwähnten bildet, und ich halte es für nicht unwahrscheinlich, dass eben eine Nachgiebigkeit im Widerlager davon die Ursache ist, dass zwischen dem alpinen und karpathischen Hochgebirge nur ein Niedergebirge die Verbindung herstellt. Diese Nachgiebigkeit des Widerlagers kommt in dem Bestreben der vorliegenden, öfter genannten Theile Böhmens, sich zu senken und Falten zu bilden, zum Ausdruck. Erst der mächtige, nordwärts sich stemmende Flügel des Erzgebirges leistete gegen die angedrängte Masse hinreichenden Widerstand, nicht ohne dass es an seinem Fusse und in seinem Körper selbst zur Bildung von tiefgehenden Brüchen gekommen wäre.

Wenn nun einerseits durch das Zusammendrängen des hercynischen Massives von Südosten her die parallelen Faltungen und Brüche sich erklären und einige weitere Erscheinungen hiervon ableiten lassen, so können anderseits die Wirkungen des gewaltigen Druckes, welchen von Süden her die andrängenden Alpen ausübten, nicht übersehen werden. MALLET hat das Princip aufgestellt[13], dass starre Gebirgsmassen senkrecht auf die Spannung, welche der einseitige Druck hervorbringt, zerreissen müssen. Aber auch parallel zur Richtung des Druckes werden Spalten in der spröden Masse entstehen und diese werden die früheren kreuzen. Die süd-nordwärts gerichtete Moldauspalte, die gleiche Richtung der Verwerfungen im Kladno-Rakonizer Steinkohlenbecken, die mächtigen Durchbrüche des Granites und Porphyres, die dazu parallelen Mitternachtsgänge im Erzgebirge und die gleichfalls nordwärts gerichteten Verwürfe in den Zwickauer und Potschappler Steinkohlen auf der Nordseite dieses Gebirges zeigen die eine; die die Moldauspalte querkreuzenden Verwerfungsklüfte im Silur, die ost-westgerichteten Diorit- und Porphyrgänge, nicht minder die Morgengänge unter den Erzgängen des Erzgebirges lassen die zweite Richtung erkennen. Dazwischen liegt ein Netz von SW—NO, NW—SO gerichteten Klüftungen, die erstere ist durch die grosse Thermalspalte, dann durch die ihr parallelen grossen Verwürfe im Erzgebirge, die zweite durch die damit kreuzenden mächtigen und weitstreichenden Eisen- und Manganerze führenden Gänge im Granit und in dessen Nachbarschaft im oberen Erzgebirge ausgedrückt.[14] Wir würden sie nach dem genannten Princip auf einen von Südost wirkenden Schub zurückführen können. Damit hängt nothwendig auch zusammen, dass die genannten Richtungen auch bis in's Kleine, bis auf die Klüfte nicht nur in den krystallinischen Massengesteinen sondern auch in den Schiefern vorhanden sind, dass das ganze hercynische Massiv davon beherrscht wird, so dass man sie mit Herrn v. HOCHSTETTER[15] als die für dieses gesetzmässige Kluftrichtungen bezeichnen kann. Endlich können wir die Oeffnung der grossen Bruchspalten, welche längs des Erzgebirges entstanden sind, auch als eine gemeinsame Wirkung beider ansehen. Herr DAUBRÉE giebt in seiner „Experimental-Geologie", übersetzt von GURLT, auf Tafel III das Bild eines Wachsblockes, welcher, von oben und unten durch eine hydraulische Presse zusammengedrückt, von einer querhindurchgehenden klaffenden Spalte zerrissen ist, und an deren Rändern eine Menge sich kreuzender kleiner Sprünge zu sehen sind. Ich kann die Darstellung nicht ansehen, ohne dabei an die Gestalt und die Verhältnisse der böhmischen Thermalspalte zu denken. Das hercynische Massiv ersetzt den spröden Wachsblock, der darauf von den Alpen her ausgeübte Druck die Wirkung der hydraulischen Presse; das Resultat desselben ist die Thermalspalte. Ein von Südosten kommender Druck hat den nun versunkenen südlichen Gegenflügel des Erzgebirges an diesem hinabgedrängt. Als charakteristische Erscheinung dieses Senkungsgebietes sehen wir darauf die Kegel und Kuppen des Mittelgebirges und das Duppauer Gebirge aufgebaut. Schmelzflüssige Massen sind aus einer Haupt- und vielen Nebenspalten hervorgebrochen und bilden nun erkaltet und abgewittert einen grossen Theil der südlichen Begrenzung des Thermalgebietes.

Der südwestlichste Theil des ehemaligen Gegenflügels, das Carlsbader und Kaiserwaldgebirge, welcher durch seine Lage und seinen Zusammenhang mit dem südlichen hercynischen Massiv widerstandsfähiger gegen den Seitenschub zu sein scheint, ist stehen geblieben. Er schneidet mit einem Male den Basaltgebirgszug ab und lässt nur einzelne versprengte Kuppen noch als Ausläufer durch. Auch das scheint mir sehr bezeichnend für die Bildungsart der Spalte zu sein. Aber an seinem westlichen Abfall, und an dem ihm zugekehrten des Böhmerwaldes zeigen sich einige bemerkenswerthe Spuren. Abgesehen von der Depression zwischen beiden, welche merkwürdiger Weise durch Granit ausgefüllt wird, zeigen sich hier mächtige mit Quarz ausgefüllte Gangspalten, von denen der böhmische Pfahl[16] zwischen Furth und Tachau 15 Stunden weit streicht, und weiter nördlich davon ist es wirklich zum Bruch gekommen. Auf der Südnord gerichteten Grenzlinie des Kaiserwaldes und Erzgebirges gegen das Egerbecken, von Miltigau bis gegen Schönbach, setzen die Schiefer im Streichen plötzlich ab, und die daran gelagerten Braunkohlen bestätigen, dass das Egerbecken an dieser Bruchlinie abgesunken ist. Hier schneidet also eine Südnord gerichtete Bruchlichtung die Ostwest gerichtete Thermalspalte. Das bringt sich auch in der Form des Egerbeckens zum Ausdruck. Gleichwohl aber sieht man, dass in Mitten der hier zusammenstossenden alten Gebirgszüge eine Umgestaltung der Verhältnisse, wie sie im östlichen Theil des Erzgebirges erzielt wurde, durch den Widerstand der krystallinischen Gebirgsmassen bedeutend eingeschränkt wurde. In den mächtigen südlich von dem eingesunkenen Gebiete auftretenden Gangquarzzügen aber zeigt sich eine tiefgehende Fortsetzung der Bruchspalte.[17]

Noch häufig nimmt man zur Erklärung der in der Spalte hervortretenden Thermen seine Zuflucht zu den längst erkalteten Basaltgebirgen. Eine stille, tief verborgene Gluth derselben soll heute noch den Quellen ihre Wärme geben, ihre Kohlensäure, die letzte Spur der einstigen Thätigkeit dieser längst verwitterten Vulkane sein, deren ursprüngliche Form wir nicht einmal sicher kennen. Dabei übersieht man, dass im eigentlichen Basaltgebirge mit Ausnahme des Krondorfer Säuerlings — denn selbst die Biliner Sauerbrunnen liegen schon an der Peripherie des Mittelgebirges — keine Mineralquelle vorkömmt, dass die Teplitzer und die Carlsbader Thermen, wenngleich Basalte und Phonolithe bis in ihre unmittelbare Nähe reichen, doch recht abseits von jenen Gebirgen selbst liegen, an denen sie sich erwärmen sollen, und dass die Säuerlinge erst da recht häufig werden, wo die Basalte spärlich auftreten. Ich glaube nicht, dass alle diese und noch andere Umstände dazu angethan sind, die alte Theorie plausibel zu machen. Wir werden, um die Verhältnisse besser verstehen zu lernen, die Hauptquellgruppen etwas näher betrachten müssen.

Die Teplitz-Schönauer Quellen entspringen aus dem Porphyr auf der Südseite der mit Braunkohle- und Kreideablagerungen ausgefüllten Bruchspalte auf zwei parallelen Zügen. Der nördliche liegt in Schönau, der südliche in Teplitz, letzterer reicht bis zur Riesenquelle bei Dux, auch die Augenquellenspalte ist zu ihr wohl eine Nebenspalte. Beide Züge sind O.-W. gerichtet, sie fallen genau mit der einen Kluftrichtung des Porphyrs zusammen, eine andere steht darauf fast senkrecht. Auch die nach dieser Richtung streichenden Klüfte sind theilweise mit Thermalwasser gefüllt. Die Kluftrichtung des Porphyrs ist durch die schluchtförmigen Thalrisse, in welchen Teplitz und Schönau liegen, oberflächlich markirt. Die Richtung der Quellspalten aber ist nicht der Richtung der Bruchspalte parallel, sondern schneidet sie unter einem spitzen Winkel zwischen Dux und Ossegg. Daher die Möglichkeit, dass sie durch den Kohlenbergbau im Muldentiefsten verletzt werden konnten.

Die Carlsbader Thermen liegen gleichfalls auf der Südseite der Bruchspalte, sie bilden zwei parallele Züge im Granit, welche ebenfalls einer Kluftrichtung des Gesteines entsprechen. Diese aber ist gleichfalls nicht zur Bruchspalte parallel, sondern die Verlängerung der Carlsbader Thermalspalte trifft nordwärts das Erzgebirge. Sie fällt mit den den Kluftrichtungen des Granites folgenden Thalrissen, sowie mit der Richtung der mächtigen Quarzbrockenfelsgänge zusammen, welche im Carlsbader Gebirge und noch häufiger im Erzgebige angetroffen werden, deren wir als hercynischer nordwärts gerichteter Spalten schon weiter oben gedachten. In Carlsbad selbst hat man von diesen eine Andeutung in den der Richtung der Quellspalten folgenden Hornsteingängen, aus welchen die warmen Wässer hervortreten. Will man zwischen der Bildung dieser Gangkörper und den Thermalwässern auch nicht mit Herrn HERMANN MÜLLER nach v. WARNSDORFF's Vorgange einen Zusammenhang finden[18], sondern das Zusammenvorkommen beider mit Herrn v. HOCHSTETTER und v. REUSS für ein zufälliges, ihre Ausfüllung für die Folge der durch die kreisenden Tagwässer bewirkten Zersetzung des Nebengesteines ansehen[19]; so sind doch die von ihnen erfüllten Spalten tiefgehende, weitgerissene hercynische Klüftungen, „auf denen sowohl die Thermalwässer nach oben als die Tagwässer nach unten zu dringen vermochten.“

Bei weitem reichlicher, als die heissen Wässer sind Säuerlinge im böhmischen Thermalgebiet vertreten. Um Teplitz sind sie nur sehr vereinzelt vorhanden, wir können dahin zählen die unbedeutenden Eisenwasser von Bodenbach und Oberleitensdorf; die am meisten bekannten und wohl auch wichtigsten Sauerbrunnen von Bilin, die Säuerlingsgruppe von Brüx. Weiterhin folgt Tschachwitz, im Egerthal Krondorf. Erst von Gieshübl-Puchstein an folgen sie rascher aufeinander. Von hier über Carlsbad bis nach Schaaben bei Falkenau zählt man eilf Säuerlinge. Sie kommen alle nahe an dem südlichen Bruchrande hervor. Auch die weiter oben erwähnten Säuerlinge liegen auf dieser Seite. Für die Biliner Quellen zeigt sich eine zur Teplitzer parallele Quellspaltenrichtung im Gneiss. Die Anordnung der Sauerbrunnen in der Carlsbader Gegend ist gleichfalls O.-W. Die Eisenquellen von Bodenbach und Oberleitensdorf liegen allein auf der Nordseite der Bruchspalte. Ebensowenig wie die heissen treten die kohlensäureführenden Wässer direkt aus dem Tiefsten derselben hervor.

Aus dem Carlsbader kommen wir in die an Kohlensäuerlingen reichsten Gebiete, nach Franzensbad und Marienbad. Schon

JOKÉLY hat eine gesetzmässige Vertheilung der hiesigen Quellen nachgewiesen und ihr Dasein mit „gewissen Gebirgsspalten“ in Zusammenhang gedacht[20], über denen die Quellen gelegen. Er unterschied drei Hauptgruppen eine mittlere, südliche und nördliche. Die erste umfasst Franzensbad und das mittlere Egerland. Die Quellen von Franzensbad sind in einer Stunde 7—8 also O.-W. streichenden Linie gruppirt, östlich folgt eine Reihe Säuerlinge, welche bis nach Königsberg reicht; nördlich von Franzensbad liegt die Soos mit ihren vielen Quellen, auch an sie schliesst sich eine östliche Reihe. Diese Richtungen erkennt man nicht nur in der Egerspalte zwischen Reichelsdorf und Stein bei Eger und in den dortigen Phylliten, man findet sie in den Klüftungen des Granites und Gneises des nahen Fichtelgebirges, sie stimmt auch mit den Teplitzer Thermalspalten überein. Das Franzensbader Becken liegt allem Anscheine nach im Streichen der Bruchspalte, bei Wogau östlich von Franzensbad vermuthet FÖTTERLE das Muldentiefste[21], hier wie auf dem Nicklasschacht bei Pochlowitz hat man kohlensaure Wasser aus der Tiefe gepumpt, ja in den tieferen Strecken des Braunkohlenbaues wird die vielfach ausströmende Kohlensäure beschwerlich; es scheint, dass die Säuerlingreihe des mittleren Egerlandes der Bruchspalte sehr nahe oder in ihr selbst liegt.

Von der nördlichen von Asch nach Fleissen gleichfalls O.-W. streichenden Säuerlingsreihe will ich später sprechen, zwischen ihr und der Franzensbader liegt noch eine kürzere parallele Nebenreihe.

Die südliche Gruppe hat zunächst ebenfalls eine kurze am Nordfuss des Tilln Nordost-Südwest gerichtete Reihe, diese aber stösst mit einer ganz beträchtlichen anderen fast rechtwinklig zusammen. Es ist dies die fast Nordwest-Südost streichende Linie, auf welcher die Säuerlinge von Leimbruck, Konradsgrün, Königswart, Amonsgrün, Markusgrün gelegen sind, und die uns direkt nach Marienbad führt.

In diese Reihe aber lassen sich noch weiter nördlich von Leibitsch bis Berg Säuerlinge des Egerlandes einreihen und noch weitere parallele Säuerlingszüge namhaft machen, welche alle der vorerwähnten Bruchspalte am Rande des Kaiserwaldes und Erzgebirges folgen.

Von Königswart zweigt eine Säuerlingsreihe ab, welche ostwärts über das Tepler Gebirge parallel zur grossen Thermalspalte mit den Quellen von Sangerberg, Neudorf, Grün u. s. w. verläuft. In Marienbad selbst finden wir einen nordsüdlich gerichteten

Hauptquellenzug, der sich bis nach Plan[22] fortsetzt, und einen ihn schief durchschneidenden Nebenzug.

In allen diesen Fällen ist offenbar jede Beziehung zur böhmischen Thermalspalte ausgeschlossen.[23] Dagegen aber treten die schon oben beregten Verhältnisse zwischen Kaiserwald und Böhmerwald hervor. Der Marienbader Hauptzug liegt parallel zum böhmischen Pfahl, der Nebenzug aber liegt in einem Hornsteingange, welcher seiner Richtung nach mit einem Nordwest gerichteten mächtigen Quarzfelsgange zusammenfällt, der bis an das Tertiär des Egerer Beckens[24], möglicherweise sogar jenseits desselben bis weit ins Fichtelgebirge hinaus fortstreicht. Also auch hier wieder die tiefgehenden Klüfte des hercynischen Massives, auf welchen die Quellen erscheinen.

Herr v. HOCHSTETTER hat es für die Lage des Carlsbader Sprudels als günstige Bedingung bezeichnet, dass hier eine Gesteinskluft mit der Thermalwasserkluft kreuze. Etwas ähnliches scheint mir in der Lagerung der Franzensbader Quellen zum mindesten angedeutet. Ebenso liegt die quellenreiche Gruppe von Königswart gerade da, wo die östliche Querreihe auf die nordgerichtete Marienbad-Königswarter Linie stösst, also auch einen Kreuzungspunkt markirt. Auch der Marienbader Kreuzbrunnen liegt nahe der Kreuzung der dortigen Quellenspalten.

Das Ergebniss dieser Betrachtungen ist folgendermassen zusammen zu fassen:

1. Das Auftreten der Thermalwässer ist nicht einzig und allein an die Ausdehnung der Thermalspalte gebunden.

2. Mit Ausnahme etwa der Franzensbader Quellen entsteigen der Bruchspalte selbst keine Thermen, sondern diese liegen zumeist am südlichen Rande derselben.

3. Die Quellenspalten entsprechen nicht immer der Richtung der Bruchspalte, aber stets fallen sie mit der herrschenden Klüftung des Gesteines zusammen.

4. Diesem entsprechend erscheinen die Quellen bald auf OW., bald auf NS. bez. NW. — SO., SW. — NO. gerichteten Linien.

5. Die Zahl der Säuerlinge steht mit der Verbreitung der Basalte im umgekehrten Verhältniss.

6. In dem südlichen Rande der Spalte liegen die heissen Thermen und Säuerlinge, ausserhalb der Spalte nur Säuerlinge.

Ich hege die Ansicht, dass sich hieraus das Wesen und die Bedeutung der grossen Thermalspalte ergiebt. Sie selbst ist verlegt durch die sie erfüllenden Gebilde, aber ihre Ränder sind noch gelockert genug und bis in grosse Tiefen hinab geöffnet, um heissen Dämpfen und Mofetten den Austritt zu gestatten, welche den auf den Klüften kreisenden Tagwässern den Charakter von Mineralwässern verleihen. Im östlichen Theil, da wo der Südflügel des Erzgebirges abgesunken ist, drang aus mächtigen Spalten schmelzflüssiges Magma hervor, es erfüllte nicht nur die Hauptspalten, es ergoss sich auch in die sie kreuzenden Nebenspalten. Beweis hiefür die Richtung der Ausläufer des Mittelgebirges und die von hier wie vom Duppauer Gebirge bis in's Erzgebirge streichenden Gesteinsgänge. Wenn vielleicht in einzelnen Fällen durch sie eine Spalte offengehalten und erweitert wurde, aus der heute noch Dämpfe und Gase ausströmen, so haben sie doch die meisten ganz und gar geschlossen, daher die Mineralquellen im Bereiche dieser Gebirge nur spärlich. Der Kaiserwaldflügel aber hat dem Drängen von Süden her Widerstand geleistet, nicht ohne die Spuren des erlittenen Seitenschubes zu zeigen.[25] Hier und im gegenüberliegenden Erzgebirge nun, längs des Böhmerwaldes und im Fichtelgebirge, finden wir die weit hinstreichenden mächtigen Quarzbrockenfelsgänge senkrecht, oder doch fast senkrecht auf der Ebene der Druckrichtung, zu ihnen parallel oder quer darauf die Mineralquellenreihen im westlichen Thermalgebiete. Es bedeutet dieses nichts Anderes, als dass auch hier tiefgehende Spalten geblieben sind, welche für Gase durchdringbar sind, die aber keineswegs so weit hinabreichen, vielleicht auch nicht weit genug sind, dass sich auf ihrem Grunde die zutretenden Wässer stärker erwärmen könnten.

In den ost-westlich gerichteten Reihen auf dem Rücken des Tepler Gebirges und im südlichen Egerbecken giebt sich eine Nebenspalte zur grossen Thermalspalte zu erkennen, vielleicht darf man in ersterer sogar die Andeutung einer Fortsetzung jener Spalten erkennen, die im Osten einst für schmelzflüssiges Magma durchlässig waren.

Was sich aber südwärts der grossen Spalte zeigt, das findet sich auch nördlich davon ausgedrückt; auch hier verläuft parallel dazu eine oder mehrere Mineralquellenreihen, welche im Westen bei Asch mit Säuerlingen beginnt und die uns weiter östlich zu den warmen Wässern des Erzgebirges nach Wiesenbad bei Annaberg und Wolkenstein führt, an die wir dann die warme Quelle auf dem „Kurprinzen“ bei Freiberg noch anreihen können. Das Hervordringen jungplutonischer Massengesteine auf dieser Spaltenrichtung finden wir auch hier mehrfach, namentlich bei Asch, angedeutet.

Sonach ergiebt sich folgende Anschauung: Nicht die längst

erkalteten, jungplutonischen Gesteinsmassen als solche verursachen die Mineralquellen, sondern sie tragen nur dazu bei, ihnen hier und da den Weg offen zu halten; die durch den von Süden wirkenden Seitenschub erzeugten Spalten sind tief genug, um eine Verbindung des schmelzflüssigen Erdkernes mit der Oberfläche zu bewerkstelligen. Auf den weitesten Spalten drang vor Zeiten unter dem absinkenden Südflügel das Magma hervor und verstopfte sie; aber die engeren sind noch immer offen geblieben, weit genug, um den Aushauchungen des erkaltenden Erdkerns den Ausweg zu gestatten, die unsere Thermalwässer erzeugen.

Alles dies lässt sich als Folge des auf das hercynische Massiv ausgeübten Druckes der sich empordrängenden Alpen zurückführen, und damit stimmt auch die Thatsache, dass wir für keine einzige Quelle ein höheres Alter als die Miocänzeit kennen, dass ihre Entstehung also in jene Zeit fällt, in welche wir die Erhebung der Alpen versetzen.

Es ist mir mehr als wahrscheinlich, dass ehedem die Zahl der Thermen eine weit grössere war, und dass im Sinne des Herrn Herm. Müller Thermen, wie sie heute noch die grossen Quarzgänge begleiten, weit verbreiteter waren, so dass man ihnen in der That einen grossen Einfluss auf die Bildung von Erzgängen zuschreiben kann. Beweis hierfür die Therme in der Grube „Kurprinz“ bei Freiberg, in der Grube „Gottes Geschick“ bei Schwarzenberg und die in 331 Meter Tiefe auf dem Geschiebergang in Joachimsthal 1864 angehauene Therme von 28° C.[26]

Ueber die Beständigkeit des Wasserzuflusses der heutigen Quellen hat man nur vage Anhaltspunkte. Bisher hat nur die Stadt Eger als Besitzerin der Quellen zu Franzensbad das Verdienst, eine äusserst genaue Controlle über deren Ergiebigkeit seit einer Reihe von Jahren zu führen, und hier zeigt sich allerdings, falls den älteren Daten Genauigkeit zugeschrieben werden kann, dass eher eine Abnahme als eine Zunahme des Zuflusses zu verzeichnen ist. Diese mit gehöriger Berücksichtigung des jeweiligen Barometerstandes gepflogenen Messungen bestätigen das zuerst von Cartellieri bemerkte Gesetz, dass der Wasserzufluss der Franzensbader Quellen mit dem jeweiligen Barometerstand im umgekehrten Verhältniss stehe, was wohl auch auf die anderen Quellen anzuwenden sein wird.

Dass die Thermalwässer ihre mineralischen Bestandtheile aus dem durchströmten Gesteine nehmen, ist längst bekannt. Daher sind die durch den harten, schwerlöslichen Porphyr gehenden

Teplitzer Wässer so arm an festen Stoffen, während die Carlsbader Wässer sich im Granit reichlich damit beladen. Ihnen nahe verwandt sind aus demselben Grunde die Marienbader Quellen, und wieder ärmer als diese die Franzensbader Säuerlinge, weil ihr Wasser zum grossen Theil aus dem stoffarmen Phyllit des Fichtelgebirges stammt.

Manche Räthsel aber bleiben doch noch ungelöst. Woher kommt z. B. die grosse Menge kohlensauren Kalkes, den die Carlsbader Quellen jahraus jahrein absetzen? Im Granit sucht man ihn vergebens, und doch haben die Marienbader Quellen, die aus demselben Gestein kommen, davon noch mehr. Woher kommt die jährlich gelieferte Wassermenge? Die Verhältnisse, welche in und um Teplitz nach der Katastrophe vom 20. Februar 1879 auftraten, machen es unzweifelhaft, dass die Tagwässer in der Tiefe mit den Thermalwässern zusammenhängen, sie hoben sich und senkten sich mit ihnen, der kleine Kalkgehalt, den die Wässer hier zeigen, stammt offenbar aus den bis nahe an sie herantretenden Plänerschichten. Ja es scheint, als ob die letzten beiden regnerischen Jahre dem Ansteigen der dortigen Wässer nach der glücklich bewerkstelligten Verdämmung der Einbruchstelle besonders förderlich gewesen wären. In Carlsbad aber liefert der Sprudel mit der Hygiaeaquelle nahezu 3 Cubikmeter in der Minute, d. i. täglich 450 Cubikmeter mehr als der berühmte artesische Brunnen von Grenelle. Nimmt man die Regenhöhe mit 0·5 Meter, so beansprucht der Sprudel mit seinen Nebenquellen allein den 18. Theil der gesammten jährlichen Regenmenge von einer Quadratmeile Fläche. Auch das ist eine bisher ungelöste Frage, und so manches andere noch, das ich, um nicht zu weitläufig zu werden, übergehen muss. —

Anmerkungen.

(L. bezieht sich auf den literarischen Nachweis.)

[1] Näheres über den Bau des Erzgebirges in LAUBE, Geologie des böhm. Erzgebirges (L. 86). Einleitende Betrachtung. — [2] HOCHSTETTER, Karlsbad (L. 72) p. 37 u. Laube a. a. O. p. 100. — [3] Das Profil I. — [4] H. BECKER, Tertiär-Ablagerungen i. d. Umgebung von Kaaden und Komotau. Jahrb. d. geol. R.-Anstalt. 1882. 32. Bd. p. 499 ff. — [5] FERD. LÖWL, Mittleres Egerthal (L. 92). — [6] E. SUESS, Heilquellen Böhmens (L. 13) p. 9. — [7] FERD. LÖWL (L. 91). — [8] HERM. CREDNER, das voigtländisch-erzgebirgische Erdbeben v. 23. Nov. 1875. Zeitschrift f. d. ges. Naturw. 48. Bd. p. 246 ff. — [9] HERM. CREDNER,

über das erzgebirgische Faltensystem. Vortrag. Dresden. 1883. p. 3. — [10] HERM. CREDNER a. a. O. p. 266. — [11] E. SUESS, Antlitz der Erde p. 160, bezeichnet die Richtung dieser Faltung als hercynische. GÜMBEL, C. W., geognost. Beschreibung des bayrischen Alpengebirges 1861. Gotha. p. 12, 852, 871. — [12] E. SUESS, Entstehung der Alpen, p. 21. — [13] R. MALLET, Ueber vulkanische Kraft, deutsch v. LASAULX. Separatabdr. aus d. Verh. des naturh. Ver. d. pr. Rheinl. u. Westf. 4. Folge 2. Bd. p. 18. — [14] E. SUESS, Entstehung der Alpen, p. 150. — [15] v. HOCHSTETTER. Neuer Aufschluss in Karlsbad (L. 87) p. 2. — [16] v. HOCHSTETTER, Geognost. Studien a. d. Böhmerwald. V. Jahrb. geol. R. Anst. 5. Bd. 1855 p. 767. — [17] SUESS, Antlitz der Erde I, p. 270. — [18] HERM. MÜLLER, Beziehungen zw. Mineralwässern und Erzgangen (L. 3). — [19] v. HOCHSTETTER, Karlsbad p. 32. — [20] J. JOKELY. Tertiäre Gebilde d. Egerlandes (L. 95). — [21] F. FÖTTERLE. Braunkohlenablgn. d. Eger. tert. Becken (L. 98). — [22] C. HEIDLER, Pflanzen u. Gebirgsarten von Marienbad etc., Prag 1837, berichtet p. 120 u. 164, dass in einem Umkreis von drei Stunden um Marienbad 123 Sauerbrunnen gezählt werden. — [23] Dass man auf die Königswarter und Marienbader Quellen auch keine Basalte beziehen könne, ist schon JOKÉLY's Ansicht gewesen a. a. O. p. 490. — [24] REUSS, Egerland u. Aschergeb. (L. 93) p. 30—32. JOKÉLY, Geog. Beschr. d. Egerer Kreises (L. 94) p. 527. — — [25] E. SUESS, Antlitz der Erde p. 270. — [26] LAUBE, Böhm. Erzgebirge (L. 86) p. 190, und BABANEK, Joachimsthaler Gänge (L. 92ª).

I.

Die Umgebung von Teplitz.

Indem wir von der Elbe her in das zu durchwandernde Gebiet eintreten, wollen wir zunächst die Grenzen abstecken, innerhalb welcher wir auf die Umgegend von Teplitz unser Augenmerk richten wollen. Wir begrenzen sie ostwärts mit der Elbe bei Aussig, folgen dann dem Mittelgebirge bis an den Klotzberg bei Kostenblatt und von hier bis an die Reihe der Kegelberge, welche in WNW. Richtung gegen Brüx hin emporragen. Ueber das Braunkohlengebiet von Dux hinüber gelangen wir ins Erzgebirge. Dahin führt uns auch ein Höhenzug, der ein wenig westlich von Aussig beginnend, gegen Kulm streicht, der Striesowitzer Berg geheissen, wo wir ebenfalls am Fusse des Erzgebirges angelangt in dem zwischen Kulm und etwa Oberleitensdorf gelegenen Theile dieses Gebirges die nördliche und nordwestliche Grenze des zu durchwandernden Gebietes erreicht haben.

Geologische Verhältnisse der Umgebung von Teplitz.

Das Mittelgebirge.

Die Elbe, welche sich zwischen Lobositz und Tetschen quer durch das Mittelgebirge hindurchzwängt, theilt dieses in zwei ungleiche Hälften. Hievon fällt nur der Theil am linken Ufer zwischen Aussig und Bilin in unsern Betrachtungskreis. Als eine ziemlich compacte Gebirgsmasse streicht das Mittelgebirge von der Elbe in südwestlicher Richtung bis in die Höhen des Radelsteines südöstlich von Bilin, dann löst es sich in eine grosse Menge von einzelnen Kuppen auf, welche dom- oder kegelförmig aus den Kreide- und Tertiärschichten aufragen, und welche namentlich gegen Süden und Südwesten weit über das Land hin zerstreut sind. Obwohl auch auf dem östlichen Theil zahlreiche einzelne Kegel aufragen, gewinnt das Ganze doch durch eine Reihe hervorragender Kuppen, namentlich des Kletschen (kleiner) und Mileschauer Berges (grosser Mileschauer), eine markirte Kammlinie von sehr charakteristischem Gepräge. An der nordwestlichen Seite, also gegen Teplitz und das Bilathal hin, fehlt es wohl auch nicht an einzelnen Kuppen, jedoch machen sich auf dieser Seite von Norden her mehr langgezogene in meist nordwestlicher Richtung streichende Ausläuferrücken bemerkbar, von denen der zwischen Tschochau und Kosten vom Stöbner Berge abgehende Zug am westlichen Ende von dem Teplitzer Schlossberg gekrönt wird. Südlich von Bilin beginnt dann die Doppelreihe von Phonolith-Kuppen zu beiden Seiten des Bilathales, der Ganghofer, Rothe Berg und Brüxer Spitzberg zur Linken, der Biliner Borschen, Sellnitzer, Schladniger Berg und Brüxer Schlossberg zur Rechten, wo noch die deckenförmige Ausbreitung des Phonolithes im Breiten- und Rösselberg bei Brüx anschliesst, doch sitzen auch diese Kuppen auf einem rückenförmigen Zuge basaltischer Gesteine. Wie es die Natur des Elbethales verlangt, so kehrt dies durchsägte Gebirge zwischen Praskowitz und Aussig dem Flusse einen steilen Absturz zu, welcher den Aufbau von unten auf bloslegt. Auch auf dem weiteren Verlauf fällt das Mittelgebirge gegen Lobositz und Trebnitz hin rascher ab, während es auf seiner Nordwestseite sanfter verflacht, hier trennt das Bilathal zwischen Schwatz und Türmitz die Vorhöhen des Mittelgebirges vom eigentlichen Gebirgskörper ab.

Einige Höhenangaben folgen am Schlusse dieses Abschnittes.

Basalte und Phonolithe.

Das Material, welches das Mittelgebirge aufbaut, ist mannigfacher Art. Wesentlich sind es Gesteine aus der Gruppe der Basite und Phonolithe[1]. Unter den ersteren ist es vorwiegend Nephelinbasit, welcher weitaus am meisten angetroffen wird. BORICKY beschreibt solche von der Paskopole unter dem Mileschauer, von Boreslau, von Haberschie bei Türmitz; Magmabasite kommen damit ebenfalls vor. Leucitophyre finden sich auch und zwar auf der Ostseite des Mileschauer, an der Westseite des Kletschen, am Klotzberge bei Kostenblatt. Feldspathbasalt erwähnt BORICKY vom Werkotsch bei Aussig, Boratscher Berg und Panznerhügel bei Bilin. Die beiden letzteren sind die weniger häufigen Gesteine. Zu jenen gehören dann die mächtigen Tuffablagerungen, welche in so ausgedehntem Masse im Mittelgebirge entwickelt sind. Zumeist sind es mehr weniger lockere graue, braune oder röthliche, thonige Massen gemengt mit Gesteinsbrocken verschiedener Grösse, welche nicht selten bombenartig gerundet, kugelig gestaltet sind. Zu dem Leucitophyr gehören offenbar die Wacken, welche an der Strasse zwischen Boreslau und Pilkau aufgeschlossen sind, in welchen grosse wohlausgebildete Augitkrystalle und Biotitblätter liegen. Als Tuffe kann man wohl auch die gleichfalls zu den Leucitophyren gehörenden Gesteine bezeichnen, welche Boricky als „Peperinbasalte“ beschrieb, obwohl er sie selbst als „erhärteten Lavaschlamm“ betrachtet, die namentlich am Fusse des Mileschauer gegen Kostenblatt und weiterhin am Fuss des Gebirgs gegen Luckow vorkommen. Jenes bekannte rothbraune oder graue Gestein mit den grossen meist schön ausgebildeten Hornblenden und Biotittafeln.

Der Phonolith ist entweder der gewöhnliche Nephelinphonolith, und aus diesem setzen sich die Kuppen des Bilin-Brüxer Bergzuges zusammen, oder es ist ein Nephelin-Noseanphonolith wie im Mileschauer, im Lobosch, von Wisterschan. Sanidinreichere Varietäten dieses letzteren Gesteines kommen an dem Teplitzer Schlossberg, an dem Kostenblatter Schlossberg, am Klotzberg bei Mileschau, dann am Fusse des Kletschen gegen Boreslau vor. Andere seltenere Gemenge, namentlich leucitführende sind sehr untergeordnet. Tuffbildungen, welche man dem Phonolith zuschreiben kann, sind mir nur in geringem Masse und zwar am Abhange des Neuhofhügels bei Wisterschan bekannt geworden.

Was den Aufbau des Gebirges anbelangt, so giebt zunächst das tiefgerissene Elbthal einen Aufschluss. Man sieht hier auf einer Unterlage von meist sehr lockerem Braunkohlensandstein und buntgefärbten Tuffen die basaltischen Gesteine deckenartig gelagert. Die Säulen, in welche die Masse sich auflöst, stehen senkrecht auf der Unterlage. Der Sandstein selbst wird an vielen Stellen von mehr oder minder mächtigen mit den Decken in Verbindung stehenden Gesteinsgängen durchsetzt. Ein solcher ist z. B. der vielgenannte Werkotsch oder Ziegenrücken oberhalb Aussig beim Dorfe Wannov. Man erreicht diesen sehenswerthen Felsen leicht in einer halbstündigen Wanderung stromaufwärts am linken Elbeufer. Der mauerartig vorspringende, so wunderbar gegliederte Doppelgang setzt in die aufliegende Decke fort, der durchsetzte Braunkohlensandstein ist an vielen Stellen entblöst, auch sieht man auf der Südseite noch einige kleinere Gangkörper aus dem Sandstein ausgewaschen. Die Fortsetzung jenseits der Elbe ist unschwer zu erkennen, auch wird es klar, dass der Schreckenstein einen ähnlichen Phonolithgang darstellt. Schon ältere Beobachter REUSS[2] und JOKÉLY[3] haben sich der Ansicht zugeneigt, dass viele der Basaltkuppen aus der Decke herausgewaschen sind, zumal die lockeren Tuffe tiefe Einschnitte gestatten. Davon verschieden sind natürlich die wirklichen Kuppen, wie sie namentlich am südlichen Ende des Mittelgebirges auftreten. Ebenso zeigen viele Einzelkuppen auf der Nordwestseite eine derartige Stellung, dass sie ihre ursprüngliche Gestalt unmittelbar verrathen. Es ist mir nicht bekannt geworden, dass man Ströme von basaltischen Gesteinen im Mittelgebirge nachgewiesen hat. Nur im Bielathale zwischen Schwatz und Welboth, namentlich bei Wohonsch gewinnt es das Ansehen, als ob das Gestein hier eine stromartige Ausbreitung erkennen lasse. Das wäre also am äusseren Saum der Decke überhaupt[4].

Der Phonolith bildet vorwiegend die dominirenden Kuppen. Im vollen Sinne des Wortes ist er dem Basitgestein aufgesetzt. Die mannigfachen Formen, welche diese annehmen, zeigt am schönsten die Bergreihe vom Mileschauer zum Brüxer Schlossberg. Kann man auch ihre Entstehung unter einem Mantel von vulkanischem Schutt nicht erweisen, so möchte ich doch auf die Verhältnisse aufmerksam machen, wie sie in der Umgebung des Mileschauer sich zeigen. Von der Teplitzer Seite gesehen, erhebt sich dieser Berg hinter einem Wall, welcher durch den Franz- (665 m), Köhler- (551 m) und Pilkauer Berg (545 m,) gebildet wird. Thatsächlich betritt man von Pilkau kommend ein zwischen dem Mileschauer Kegel und den nördlich vorliegenden Bergen gelegenes flaches Thal, welches sich auf der Westseite rings um den Berg zieht, von Tschentschitz nach Mileschau am Südfusse des Berges herunterführt, und von diesem den Tschentschitzer Berg (665 m) und den Mileschauer Klotzberg (670, 664 m) abtrennt. Während sich dann auf der Ostseite der Kletschen (705 m) anschliesst, senkt sich die von Boreslau kommende Strasse, deren höchster Punkt die Paskopole (477 m) zwischen diesem und dem Mileschauer ist, rasch nach Welemin hinab. Der Wall, welchen die genannten Berge in einen von Ost nach West ziehenden Halbkreis von Norden her bilden, bleibt sonach gegen Südwesten offen, und macht ganz und gar den Eindruck eines Aussenkraters, ähnlich der Somma am Vesuv. Vielleicht wird man auch in dem vom Mileschauer gegen Boschnei hinabziehenden, deutlich markirten Rücken den Rest eines alten Lavastromes erkennen; ebenso wie einige auf der Südwestseite gelegene kleine Nebenkegel, wie der Steinberg 549 m, es nahe legen, darin die Reste parasitärer Krater zu erkennen. Noch deutlicher scheint mir ein solcher in der kleinen am Fusswege von Wellemin etwa 1·5 Kilometer von letzterem Orte gelegenen Kameitschke der Fall zu sein, welcher geradezu an die Krater der Eifel erinnert.

Fremdartige Schollen.

Eine besondere Eigenthümlichkeit bilden die Schollen fremdartiger Gebilde, welche zwischen den jungplutonischen Gesteinen eingekeilt sind; es sind dies vorwiegend alte krystallinische Schiefer und sodann Braunkohlengebilde. Eine der grössten dieser Einlagerungen ist die Gneissscholle von Bilin. Ueberlagert von Kreide und Braunkohlen ist sie in den Thalrissen der Biela und ihrer Zuflüsse aufgeschlossen. Man sieht den Gneiss im Biliner Schlossberge, beim Sauerbrunnen in dem Debersche- und Zischkenthale überall blosgelegt. Auf dem Wege von der Stadt zum Sauerbrunnen findet man ihn in dem Bahneinschnitt hinter dem Friedhof, wo sich die basaltischen Gesteine enge an den Gneiss anlegen, und auch auf die Beschaffenheit desselben einen Einfluss üben. Es ist bemerkenswerth, dass der hier auftretende zweiglimmerige Gneiss ganz und gar dem im zunächst liegenden Theil des Erzgebirges auftretenden Gesteine gleicht. Weiter östlich hievon ragt bei Mileschau unmittelbar unter dem Gehänge des Berges eine kleine Gneisskuppe auf, sie stellt gewissermassen das Bindeglied her zu der zweitgrössten Gneissmasse im Mittelgebirge, welche diesseits der Elbe im Woparner Grunde und im Elbthal bis Lichtowitz jenseits zwischen Tschernosek und Libochowan den Hradek und dessen Gehänge zusammensetzt, aber nebst Hornblende- und Glimmerschiefern einen bunten granitartigen Gneiss führt, was auch den Gesteinen, ganz wie sie im Erzgebirge weiter östlich vorkommen, entspricht. Ausser diesen hätten wir nur noch einer auf dem nördlichen Gehängen des Gebirges, an der Fohle bei Ratsch, gelegenen kleinen Gneissscholle zu gedenken.

Einschlüsse von Kreidetrümmern fehlen im Mittelgebirge nicht, wie z. B. ein solcher gegenüber von Aussig, bei Kojetitz liegt, doch trifft man keinen in dem Theile des Mittelgebirges an, das wir hier unter den Augen haben.

Braunkohlengebilde.

Häufiger und umfangreicher sind Braunkohlengebilde innerhalb des Mittelgebirges anzutreffen. Indem ich vorläufig von den einzelnen tiefeingreifenden Armen des Aussig-Teplitzer Braunkohlenbeckens, welche sich zwischen die Ausläufer des Mittelgebirges einschieben, absehe, erwähne ich nur die wirklich isolirten Partien in dem Gebirge. Als Gebilde der älteren Braunkohlenformation hat man die kleinen isolirten Schollen zu betrachten, welche bei Radzein, Schiema, in der Paskopole zwischen Boreslau und Wellemin vorkommen. Die durch Versuchbaue aufgeschlossenen sehr gestörten Lager stimmen im Wesentlichen mit den bekannten Pechkohlenablagerungen von Salesl bei Gross-Priesen. Es findet sich auch hier eine sehr bröcklige Braunkohle in Tuffschichten und Braunkohlenthon eingelagert. Eine etwas grössere Ausdehnung hat das Braunkohlenfeld von Schallan, welches sich westlich von diesem an der Boreslauer Strasse gelegenen Dorfe an der Mittelgebirgslehne ausbreitet. Ob das hier flach liegende Kohlenflötz unter die Basaltdecke reicht, ist mir nicht bekannt. Das weiter westlich hievon gelegene Kohlenflötz, welches bei Wohontsch durch den Idastollen abgebaut wird, zwischen dem kein Zusammenhang mit dem weiterhin folgenden Schwatzer besteht, wird sowohl von Basalttuffen, als auch von dem oben schon erwähnten stromförmigen Nephelinbasiten an der Ladung bei Kremusch überlagert. So ist es auch der Fall bei den Schwatzer Kohlenflötzen, welche bei Kruppai unter einer Basaltkuppe und den sie begleitenden Tuffen abgebaut worden sind. Die Lagerungsverhältnisse der Braunkohlen sind im Ganzen von jenen im Braunkohlenbecken so wenig verschieden, dass hier auf das später hierüber zu sagende verwiesen werden darf.

Weitere Braunkohlengebilde sind noch die Süsswasserkalke von Kostenblatt und die Diatomaceenschiefer von Bilin.

Erstere, welche am Abhange des Raudnayberges nördlich von Kostenblatt anstehen, und von welchen REUSS eine ausführliche Beschreibung giebt[5], sind gegenwärtig nur schwer aufzufinden, da sie längst nicht mehr gebrochen werden. Am besten noch sind sie auf dem Wege gegen Lintschen wahrzunehmen, wo man sie allenfalls aufsuchen kann, es sind schmutzgelbe, bräunliche Kalkschiefer, begleitet von dunklen Hornsteinlagen. Nachdem REUSS ähnliche Gebilde mit Süsswasserthieren und Dicotyledonen auch an dem etwas südwestlich von Kostenblatt gelegenen Todtenberge antraf, vermuthete er, dass das kleine Becken, in welchem genannter Ort liegt, von Süsswasserkalk ausgefüllt sei. Gegenwärtig, wie gesagt, fehlt jeder Aufschluss.

Die Polirschiefer von Kutschlin bilden die Kuppe eines kleinen im Hintergrunde des Zischkenthales bei Bilin beim Dorfe Kutschlin gelegenen Hügels, des sog. Trippelberges. Im Thalgrunde selbst und weiterhin an dessen Gehängen ist der Gneiss der Biliner Scholle aufgeschlossen. Darauf liegen Cenomam- und Senon-Kreideschichten, welche unmittelbar von einem gypsführenden gelben Thon bedeckt werden, welcher reich an Resten von Süsswasserfischen ist. Die nun folgende Schicht von grösserer Mächtigkeit besteht aus opalisirten Diatomaceenschiefern, sie bestehen bekanntlich aus Diatomaceenpanzern, vornehmlich von *Melosira (Gaillonella) distans*, nur die oberste kleinste Partie ist wahrscheinlich in Folge der Verwitterung von weissen, dünnen, blätterigen, oft leicht zerreiblichen Schiefern zusammengesetzt, welche zur Erzeugung von Trippel als Schleif- und Polirmittel verwendet werden. Fischreste[6] (*Berca uraschista Reuss, Cyclurus macrocephalus Rss., Leuciscus acrogaster Ags., Aspius furcatus Myr.* etc.), dann kleine Krebse (*Micropsalis papyracea H. v. M*[7].) und Insekten[8] sind gar nicht selten, noch häufiger aber Dicotyledonenblätter[9].

Die Ausläufer des Mittelgebirges.

Die vom eigentlichen Mittelgebirge gegen das Erzgebirge streichenden Ausläufer wiederholen im Kleinen, was vom Mittelgebirge gesagt worden ist; indem zunächst auch hier die dominirenden Kuppen, sie mögen wie der Teplitzer Schlossberg oder die Bilin-Brüxer Berge besonders hervortreten, oder wie im Striesowitzer Berg zwischen Aussig und Kulm, oder im Wachholderberg zwischen Teplitz und Dux minder auffallen, immer von Phonolith gebildet werden. Der eigentliche Körper des Höhenrückens wird von basaltischem Gestein und Tuffen aufgebaut, welchen Einschaltungen von Kreide und Braunkohlengebilden nicht fehlen. So erhebt sich der Teplitzer Schlossberg über einigen basaltischen Kuppen, welche die Listize oberhalb Wisterschan bilden, auch an seiner Nordwestseite ist eine kleine Basaltkuppe, der sog. Hühnerberg. An seinem Westfusse liegen zahlreiche Blöcke von Braunkohlensandstein verstreut, welcher auch dort an der Südwestseite in einem Steinbruch aufgeschlossen ist, daselbst von einer eigenthümlichen rothgebrannten Tuffmasse bedeckt[10]. Zwischen dem Schlossberg und Wisterschan sind Baculitenthone[11] bekannt geworden, und ebenso liegen einige kleinere isolirte Braunkohlenpartien bei Quickau und Schichlitz mitten in basaltischem Gebirge.

Das Erzgebirge.

Schon im Aeusseren ergiebt sich zwischen dem Mittelgebirge und dem gegenüberliegenden Erzgebirge ein sehr auffälliger Contrast. Während dort die emporragenden Einzelkuppen namentlich die Mileschauer Kegelberge ein so ausgesprochenes vulkanisches

Aussehen ertheilen, steigt das Erzgebirge steil empor zu einer Kammlinie, deren gleichmässige Höhe nur durch einige wenige Kuppen, den Schauplatz 792 m, Mückenberg 806 m, Zinnwald 873 m, Bornhau 911 m, Kostener Berg, den Stürmer 860 m und die Stromnitz bei Osseg 860 m., sowie endlich durch den Wieselstein 956 m. überragt wird. Ausläufer gegen die vorliegende Ebene machen sich nicht bemerkbar, nur bei Graupen zeigt sich eine schmale Vorterrasse über der alten Bergstadt, bei Ossegg springt der Spitzberg ein wenig vor; überall anders erhebt sich das Gebirge unvermittelt. Ebenso steil steigen die Gründe auf, welche das Gebirge gliedern, viele derselben, wie der Grünsdorfer und Hüttengrund und andere, werden im Hintergrunde sogar sehr steil, nur der Seegrund führt allmählich von Eichwald nach Zinnwald hinauf. Obschon das Gebirge hier aus zwei wesentlich verschiedenen Gesteinen, Gneiss und Porphyr, besteht, vermag man doch keine verschiedene Contour der beiden zufallenden Gebirgspartie zu erkennen; bildet der Wieselstein eine etwas auffällige Kuppe im Porphyr, so ist ihm die aus Gneiss aufgewölbte des Stürmers ganz ähnlich.

Der nördliche Abfall des Gebirges ist eine sanft nordwärts geneigte Hochfläche, aus welcher hie und da einzelne Kuppen — vorwiegend Basalte — der Geising bei Altenberg, Sattelberg bei Schönwald etc. aufragen. So malerisch und abwechslungsvoll ein Blick von irgend einem Punkte auf dem Kamme gegen Süden ist, so eintönig und wenig zusagend ist die Aussicht nach Norden, wenngleich dort der Blick bis in unendliche Weiten schweift.

Der Gneiss.

Wie schon erwähnt, theilen sich Gneiss und Porphyr in den Aufbau des Gebirges in dieser Gegend. Der Gneiss bildet die ganze östliche Partie bis an die Porphyrgrenze bei Graupen. Da, wo wir das zu betrachtende Gebiet östlich begrenzt haben, bei Kulm, sind es zumeist Gesteine, welche vorwiegend Kaliglimmer und rothen Feldspath enthalten, worin natürlich der Magnesiaglimmer nicht fehlt. Zuweilen werden diese Gneisse, für welche die Bezeichnung „bunt“ ganz passend ist, granitartig in ihrem Gefüge, und sind deshalb sowohl von Reuss als auch von Jokély als Granite bezeichnet worden. So die einzelnen granitartigen Gneisspartien, welche in der Tellnitz nahe bei Kulm aufgeschlossen sind. Dort finden sich auch solche, welche ausserordentlich kiesreich fast fahlbandartig damit durchtränkt erscheinen. Anderseits enthält der Gneiss bei

Lisdorf Einlagerungen von 3—5 cm grossen Muscovitkrystallen. Weiter nach Westen zu nimmt das Gestein einen Charakter an, welcher ihn dem normalen Gneiss mehr nähert, zumal sowohl die schiefrige Textur deutlicher wird und der Biotit sich reichlicher einstellt. Aber auch der Graupner Gneiss, welchen Jokély als „grauen“, d. h. Biotitgneiss einzeichnete, ist ein deutlich zweiglimmeriger, welcher häufig röthlichen Feldspath führt; eine Abgrenzung in eine obere und untere Gneissetage ist kaum möglich.

Die zweite Gneisspartie beginnt jenseits des Porphyres oberhalb Niklasberg und von hier herab gegen Klostergrab, sie reicht über Ossegg und Langewiese bis an den zweiten Porphyrdurchbruch bei Oberleitensdorf. Auch hier sind es fast durchwegs zweiglimmerige, bunte Gneisse, mit vorwiegendem Kaliglimmer, und nur hie und da reicher an Magnesiaglimmer. Nicht selten, wie an der Stromnitz bei Ossegg, führen sie auch Granat, auch kommt hie und da Turmalin vor. Meist sind es feinkörnige Gesteine, nur unter der Riesenburg bei Ossegg steht ein grobkörniger Augengneiss an. Am Spitzberg bei Ossegg an der Strasse nach Langewiese, und im kurzen Grund bei Oberleitensdorf finden sich auch die weiter westlich im Erzgebirge sehr entwickelten Platten- und dichten Gneisse.

Sehr untergeordnet liegen hier dem Gneiss auch kleine Partien von Glimmerschiefer auf, wie bei Kalkofen oberhalb Niklasberg, dann bei Fleyh und Moldau oberhalb Langewiese.

Die Lagerung des Gneisses lässt deutlich den Abbruch und die Senkung des vorliegenden Terrains erkennen; während die Masse des Gebirgskörpers, wie die allerdings wenig zahlreichen Aufschlüsse erkennen lassen, ein nordgekehrtes, der Neigung des Hochplateaus mehr entsprechendes Fallen zeigen, sind die an den südgekehrten Absturz angelagerten Massen meist steil aufgerichtet, oder durcheinander geworfen, und geben sich als Gebirgstrümmer zu erkennen, welche abgebrochen und wieder verschoben worden sind. Man sieht dies recht schön gleich beim Eintritt in die alte Bergstadt Graupen an den einander gegenüberliegenden Gneissfelsen der Wilhelmshöhe und des Todtensteines.

Der Porphyr.

Der Porphyr, welcher, wie weiter oben schon angedeutet, den Gneiss des Erzgebirges an zwei Stellen unterbricht, bildet hauptsächlich zwei mächtige gangförmige nordgerichtete Durchbrüche, welche sich weiter nordwestlich jenseits der Landesgrenze mit dem grossen bis in die Zwickauer Steinkohlenmulde reichenden Porphyrzug vereinigen. Die beiden Massen sind nicht gleich. Die mächtigere liegt zwischen dem Mückenberg bei Obergraupen und dem Stürmer. Ueber die Gebirgsgehänge herabsteigend gehören zu ihr die Porphyrkuppen um Teplitz, unzweifelhaft wohl auch der im Woparner Thal jenseits des Mittelgebirges hervortretende Porphyrgang als das südöstlichste Erstrecken desselben. Der Zusammenhang mit ersteren ist durch einen durch den Braunkohlenbergbau constatirten nur von Braunkohlensandstein verdeckten Rücken zwischen Kosten und dem Herrnhübel bei Hundorf hergestellt. Etwas näher lassen sich die Grenzen so angeben: Bei der Wolfgangkapelle unter dem Mückenthurm streicht eine Apophyse der grossen von Geising in Sachsen herüberkommenden Porphyrmasse in der Richtung des Gebirgskammes. Folgt man dieser westwärts auf der dahin gehenden Strasse bis zum Obergraupner Jägerhaus, so hat man hier die Grenze des Durchbruches erreicht. Etwas südöstlich von der Försterei liegt der Preisselberg, ein seit langem aufgelassener Tagbau, mit seinen eigenthümlichen Grenzgebilden, Einschlüssen von Gneiss und Zinnsteinnestern in Porphyr, welche ich vor vielen Jahren bekannt gemacht[12], und auf welche neuerlich Herr Reyer die Aufmerksamkeit lenkte[13]. Weiter abwärts tritt die Grenze nicht scharf hervor; sie folgt aber dem schluchtförmigen Thale, das zwischen Rosenthal und Jüdendorf ausmündet. Die westliche Grenze des Porphyrmassivs beginnt nördlich von Zaunhaus her hinter dem Kalkofner Jägerhaus nach dem Hirschberg oberhalb Niklasberg; dann dem Gehänge des Thalgrundes obenher folgend, während unterhalb Niklasberg sich auch auf dieser Seite der Gneiss anlehnt, streicht sie herab bis oberhalb der Grundmühle, wo der Porphyr plötzlich gegen Westen hin eine ziemlich breite, noch über Klostergrab fortsetzende Apophyse wirft, welche sich, wie man im Einschnitt vor dem Klostergraber Bahnhof sieht, auf dem sehr veränderten Gneiss ausbreitet; daher die untere Grenze, da, wo das Gestein unter den vorliegenden Kreide- und Braunkohlengliedern verschwindet, bedeutend breiter ist als in der Mitte. Zahlreiche kleinere und grössere, z. Th. sehr veränderte Gneissbrocken finden sich im Porphyr eingebettet. Der zweite viel schmälere Arm des Porphyrs trennt sich im Norden in der Gegend von Dippoldiswalde von dem Hauptzug ab, und streicht recht südlich den Granit in der Gegend von Fleyh durchbrechend nach Süden, wo er zwischen Oberleitensdorf und Bruch ebenfalls unter den vorliegenden Braunkohlen verschwindet.

Das Gestein ist ein normaler Quarzporphyr, aber in einigen sehr bemerkenswerthen Varietäten. Die Masse des grossen Durchbruches besteht aus einem sehr gleichbleibenden mittelkörnigen Gestein, die oben erwähnte Apophyse auf dem Gebirgskamm von Obergraupen ist jedoch ein ganz feinkörniges felsitisches Gestein, indem man mit freiem Auge kaum Bestandtheile wahrnehmen kann. Mehr an der östlichen Seite jedoch im Porphyrkörper selbst tritt ein grobkörniger, durch grosse oft lebhaft roth gefärbte Orthoklaskrystalle ausgezeichnetes Mikrogranit auf, welcher aus Sachsen, aus der Gegend von Geising kommend, östlich von Vorderzinnwald an dem Siebengiebler Jägerhaus über den Raubschlossberg hereintritt, und bis an den Fuss des Gebirges verfolgt werden kann.

Cotta hat das Gestein zu erst als Syenitporphyr [14] bezeichnet, auch Jokély [15] hat es als jüngeres Gestein unter diesem Namen aufgefasst. Es scheint mir aber doch Angesichts der vielen Uebergänge in den gewöhnlichen Porphyr, sowie des Umstandes, dass man mitten im gewöhnlichen Porphyr Partien antrifft, welche ganz dem Mikrogranit entsprechen, dass dieses grobkörnige Gestein nur eine Modification desselben Porphyrs ist. Endlich ist noch der an der Westgrenze des Durchbruches vorkommende Fleckporphyr zu erwähnen, welcher am Hirschberg oberhalb Niklasberg ansteht und in mattem grauen oder braunen Grunde lichtgrüne oder ölgraue Flecken enthält [16]. Bei Klostergrab ist der Orthoklas und die Grundmasse des Porphyrs ganz kaolinisirt.

Obwohl der schmälere (Wieselsteinzug) vorwiegend grobkörnige Gesteine führt, aus welchen auch die Masse des Wieselsteines besteht, fehlen auch hier Porphyre von mittel-kleinkörniger Ausbildung nicht, und da sie namentlich in der Peripherie der Gangmasse vorkommen, scheint meine oben angeführte Ansicht über die Natur der grobkörnigen Porphyre hierdurch unterstützt zu werden [17].

Ausser diesen beiden Hauptmassen finden sich aber noch zahlreiche kleinere Porphyrpartien, welche offenbar im Zusammenhang mit jenen gebracht werden müssen. So streicht östlich von Mückenberg der feinkörnige Porphyr bis an die Tellnitz gangförmig fort. In der Tellnitz wird ebenfalls ein feinkörniger Felsitporphyr angetroffen. Auf der Westseite des grossen Porphyrdurchbruches aber treten eine Menge grössere und kleinere gang- und kuppenförmige Porphyrpartien zu Tage.

An der westlichen Grenze des grossen Porphyrzuges in Sachsen ist seit langem schon das Auftreten von Anthraciten bekannt, welche der Steinkohlenformation angehören. Von diesem Vorkommen findet sich längs der Porphyrgrenze von Zaunhaus bis oberhalb Niklasberg beim Kalkofner Jägerhaus, am Hirschberg und noch an mehreren anderen Stellen die Fortsetzung in Form von Ausbissen und Nestern von Anthracit und anthracitischen Thonen[18].

Andere Gebilde.

Jüngere Eruptivgesteine machen sich in diesem Theile wenig geltend, fehlen aber nicht ganz. Die Ausläufer des Striesowitzer Berges reichen in der Kulmer Horka bis an den Fuss des Erzgebirges. Auch der Basaltdurchbruch in der Tellnitz gehört hierher, und ebenso die schön kugelförmig abgesonderten Gesteinsmassen, welche zwischen Kulm und Hohenstein von der Dux-Bodenbacher Bahn durchstochen sind. Eine sehr stark auf die Magnetnadel wirkende Kuppe bei Marschen hat Herr v. KORISTKA[19] beschrieben. Basaltische Massen sind aber auch bis auf den Kamm hinauf verbreitet, wie auf der Stromnitz, im Porphyr im Doppelburger Thiergarten, gegen Tischau zu, ferner am Glanzberg, östlich vom Kostner Forsthaus, wo ein olivinreicher Nephelitbasit ansteht. Phonolith dagegen kommt in unserem Gebiet gar nicht vor.

Um den vorgesteckten Raum nicht zu überschreiten, sei nur kurz über die Erzlager dieses Theiles des Erzgebirges erwähnt, dass im Gneiss von Graupen Zinnsteingänge aufsetzen, auf welche seit uralter Zeit Bergbau getrieben wird. Zeugniss hiervon die grossen Haldenzüge um Obergraupen. Die Gänge streichen meist zwischen 2—24 NS. und 6—7 OW. und sind mit einem talkartigen (Steinmark) Gangmittel ausgefüllt, in welchem schöne Zinnsteinkrystalle liegen. Auch das Sahlband des Ganges im Liegenden ist damit durchtränkt[20]. Ebenso führt der Porphyr Zinnstein. Mitten in diesem liegt der Greisenstock von Zinnwald[21]. Herr REYER ist geneigt, demselben auch dem Porphyr zuzuschreiben[22]. Ich glaube an der Ansicht festhalten zu sollen, dass dieser ein Theil des Altenberger Zinnstockes ist, und wie alle anderen derartigen Gebilde des Erzgebirges zum Granit gehört[23]; dass erst später durch den jüngeren Porphyr der Zinnwalder Greisen von dem Altenberg abgedrängt worden sei, und nun eine Scholle im Porphyr bildet. Uebrigens kommt auch Zinnstein in Hornstein gangförmig im Porphyr vor. Ehedem wurde er so im Seegrunde unter Zinnwald gewonnen. Auch im feinkörnigen Porphyr von Obergraupen finden sich die Klüfte nicht selten mit Zinnsteinkrystallen und mit Flussspath besetzt.

Silbererze wurden ehedem um Klostergrab, Ossegg und Niklasberg abgebaut, ohne dass sie jedoch jemals besonders reich gewesen wären. Die wenig mächtigen Gänge enthielten etwas silberhaltigen Bleiglanz, Arsenikkies und Rothgültigerz, der Bergbau hierauf hat längst aufgehört[24].

Das Teplitz-Duxer Becken.

Nachdem im vorhergehenden die Randgebirge des Teplitzer Beckens skizzirt wurden, steigen wir nun in dieses selbst hinab und betrachten dessen Ausfüllung. Es fallen uns hierbei zunächst

die Teplitzer Porphyrhügel

in die Augen, welche wir mit dem grossen erzgebirgischen Porphyrdurchbruch in Zusammenhang bringen müssen. Wenn dieselben auch durch eine fast fünf Kilometer breite mit Braunkohlen- und Kreidegliedern ausgefüllte tiefe Spalte vom Fusse des Erzgebirges getrennt sind, so zeigt schon, abgesehen von der oben angeführten unterirdischen Verbindung, die vollständige Uebereinstimmung der Gesteinsbeschaffenheit, die beträchtliche Mächtigkeit, die conforme Lage, dass der Teplitzer Porphyr nur ein Stück des erzgebirgischen Porphyrzuges sei. Die Teplitzer Porphyrmasse bildet zunächst einige Hügel in unmittelbarer Nähe der Stadt und zwar die Stefanshöhe mit dem Sandberg zwischen Schönau und dem Schlossberg, durch die Schlucht von Niederschönau hievon getrennt die Königshöhe, südöstlich von Teplitz. Nördlich von beiden, ebenfalls durch eine tiefe Schlucht getrennt (Mühlstrasse und Steinbadgasse), der Hügel Mont de Ligne parallel zur Königshöhe fortsetzend in den Rücken, der die protestantische Kirche trägt, und der sich westwärts in die beiden Köpfhügel zwischen Teplitz und Settenz erstreckt. Dann von diesem Rücken durch das Saubachthal getrennt, der Krainzenhügel zwischen Schönau und Turn und endlich die Hügel im Turnerpark selbst.

Die westliche Erstreckung des Teplitzer Porphyr geht dann noch über Settenz hinaus, vor welchem Dorfe noch der Settenzer Hübel, dann an der Duxer Strasse auf der sogenannten „Rude“ im Herrnhübel zwischen Hundorf und Kleinoujezd und endlich im Jannegger Kirchhübel das oberirdische Fortsetzen in westnordwestlicher Richtung gegen Ossegg andeuten. Bekanntlich hat der unheilvolle Wassereinbruch im Döllinger Schacht dargethan, dass der Porphyr unterirdisch viel weiter in dieser Richtung fortstreicht. Ganz isolirt liegt in nordwestlicher Richtung von Weisskirchlitz die kleine Porphyrkuppe der Luisenfelsen.

Das Gestein ist fast durchweg ziemlich gleichartig, soweit man dies überhaupt von einer gemengten Masse sagen kann. Auf dem Sandberge bei Schönau findet sich eine grosskörnige Varietät, sehr ähnlich der aus dem Erzgebirge erwähnten, und wohl deren Fortsetzung. Sonst werden nur die gewöhnlichen bald orthoklas-, bald quarz-, bald grundmassereicheren oder ärmeren Abänderungen im mittelkörnigen Gestein aufzufinden sein. Stellenweise ist der Feldspath, zuweilen auch die felsitische Grundmasse mehr oder weniger kaolinisirt, dies ist namentlich in der Nähe der warmen Quellen der Fall. Porphyrtuffe, wie sie Herr REYER angiebt und auch WOLF in seine Karte einzeichnet, kenne ich nicht. Das Gestein sondert in kubische Massen ab, deren Klüftung in der Stunde 7—8 und 2—3 Streichen und sich kreuzen. Nur im Turner Park sind grobsäulenförmige Blöcke zu finden. Durch die Verwitterung, der das Gestein ausserordentlich unterworfen ist, runden sich die scharfeckigen Blöcke an den Ecken und Kanten. In Settenz sieht man die Porphyrmasse deutlich durch leistenförmige dichtere Zwischenlagen in rhombische oder quadratische Tafeln abgetheilt. Noch deutlicher und auffallend regelmässig ist dieses der Fall am Herrnhübel seitwärts vom Janegger Teich, hier zeigen sich vollkommen regelmässige parkettartige Rhomben, gebildet aus aneinandergeschobenen schalig zusammengesetzten Porphyrsphäroiden.

Die einzelnen Porphyrkuppen, welche unzweifelhaft in der Tiefe zusammenhängen, sind oberflächlich durch dazwischentretende Kreide- und Braunkohlenablagerungen geschieden. Der Plänerkalk zieht sich in einer Bucht weit zwischen der Königshöhe und den Köpfhügeln gegen die protestantische Kirche hinein, und reicht ebenso zwischen dem Turner Park und dem Schlossberg bis zur Schönauer Kirche heran. In der dreiarmigen Schlucht jedoch, welche die Stephanshöhe von der Königshöhe einerseits und den Mont de Ligne von beiden anderseits trennt, ist weder die Kreide noch die Braunkohlenformation eingedrungen, d. h. es ist diese Spalte offenbar erst später entstanden.

Auch in dieser Porphyrpartie fehlt der Basalt nicht. Auf der Königshöhe liegt zwischen dem Monument Friedrich Wilhelms III. und der Schlucht, in welcher von der Schlackenburg ein Weg gegen den Schlossgarten hinabführt, eine kleine jetzt mit Fichten bepflanzte Kuppe aus einem sehr glasreichen Nephelinbasit (Magmabasalt nach BORICKY). Von basaltischen Gängen, welche aus der Königs- und Stefanshöhe hinter den Häusern der Schönauer Bade- und Pragerstrasse hervortreten sollen, wie sie REUSS in eine Karte einzeichnete, habe ich selbst nie etwas gesehen.

Die Kreidebildungen.

Die Kreidebildungen des Teplitzer Beckens gehören zwei verschiedenen Stufen der Formation, dem Cenoman und dem Senon (oberen Turon) an. Merkwürdigerweise hat sich nirgends noch eine Spur von (unteren) Turon-Ablagerungen zwischen beiden finden lassen, obwohl die dieser Stufe angehörenden Grünsande aus der Gegend von Saaz und Laun sowohl, wie auch aus dem Quadergebirge an der Elbe nahe genug heranrücken.

Cenomane Gebilde kommen im Teplitzer Becken am Fusse des Erzgebirges, auf dem Teplitzer Porphyr und im Biliner Gneiss vor. Am Fusse des Erzgebirges bilden sie bei Graupen und Rosenthal einige kleine Sandsteindepots. In Graupen selbst liegt auf einem solchen an den Gneiss des Todtensteines angelehnten Sandstein die St. Anna-Kirche und ein Theil der sog. Blösse. Förmlich symmetrisch dazu liegt westlich von der Wilhelmshöhe, oberhalb Rosenthal, ein anderes solches Depot, welches durch einen grossen Steinbruch aufgeschlossen ist[26]. Der sehr harte feinkörnige, fast quarzitische Sandstein ist bräunlich und enthält ganze Bänke von Steinkernen von *Exogyra columba Lam.* Die oberste gegenwärtig allerdings ganz unzugängliche Lage führt zahlreichere cenomane Versteinerungen, wie *Ostrea diluviana Lam.*, *Spodylus lineatus Gldfs.*, *Pecten acuminatus Gein.* etc. Wenige Schritte von hier gegen Süden unter der Strasse liegt der Plänerkalk ebenso steil wie der Cenomansandstein an der Böschung des Erzgebirges aufgerichtet. Ein ähnliches, jedoch nicht aufgeschlossenes Depot liegt zwischen Klostergrab und Strahl, ebenfalls von Pläner überlagert.

Die Cenomangebilde des Teplitzer Porphyrs bilden die sogenannten Conglomeratschichten, welche man allenthalben den Porphyr bedecken, und dessen oberflächliche Lücken und Risse anfüllen sieht. Das Conglomerat besteht im wesentlichen aus Porphyrgeschieben verschiedener Grösse, welche durch einen rauchgrauen, bald lichteren, bald dunkleren Hornstein verkittet sind, der namentlich in den oberflächlichen Lagen sehr covernös und schwammig ist. Es giebt Stellen, wo fast nur Geschiebe angehäuft und das Bindemittel sehr zurücktritt, und wiederum solche, wo der Hornstein fast allein herrscht. Liegt das Conglomerat lange an der Luft, so verwittert es, die graue Farbe des Hornsteins verschwindet, und das Gestein hat dann ein sehr rauhes brockiges Ansehen. In den Hohlräumen des Conglomerats finden sich nicht selten schöne tafelförmige, weingelbe Barytkrystalle. Der Hornstein selbst beherbergt stellenweise zahlreiche cenomane Versteinerungen, allerdings meist als Steinkern oder Abdruck erhalten, unter welchen namentlich *Caprina lamellosa Rss.*, *Radiolites Saxoniae Gein.*, *Germari Gein.*, *Haueri Tel.*, *Spondylus striatus Gdfs.*, *Lima tecta d'Orb*,, *Rhynchonella dimitiata Schlb.*, *Cidaris Sorignetti Des.*, *vesiculosa Gdfs.* etc. sich finden. Zuweilen kommen auch schlecht erhaltene Corallen zum Vorschein. Von einer Schichtung des Gesteines ist keine Spur. Wo im Porphyr eine Kluft oder Lücke war, zieht sich oder senkt sich das Conglomerat hinein, ist die Lücke eng, so ist es meist der Hornstein allein, ist sie weit, stellen sich mehr oder weniger Porphyrgeschiebe und Brocken ein. Auf der Oberfläche schmiegt sich dann das Cenoman wie ein Mantel um den Porphyr.

Auf dem Herrnhübel bei Janegg liegt ein mittelkörniger, sehr harter Sandstein (Mühlsteinsandstein), welcher wie das Conglomerat weingelben Baryt führt. Darnach, obschon Versteinerungen daraus nicht bekannt geworden sind, zählt man ihn auch dem Cenoman zu. Der Vollständigkeit wegen, obwohl seit langer Zeit schon unzugänglich, erwähne ich noch des cenomanen Kalksteins, welcher ehedem an der Porphyrkuppe des Luisenfelsen bei Weisskirchlitz gebrochen wurde, und daraus REUSS zahlreiche Versteinerungen aufzählte[27]. Das lichte gelbliche Gestein enthielt namentlich viele braungefärbte Schalen von *Ostrea hippopodium Nils.*

Ebenso wie diese Ablagerung sind seit langer Zeit schon die durch REUSS geradezu klassisch gewordenen Lokalitäten cenomanen Alters in der Umgebung von Bilin[27] unzugänglich. Gerade so wie in der Umgebung von Teplitz in die Lücken des Porphyrs, legten sich hier die cenomanen Ablagerungen, von REUSS als Hippuritenkalke und Conglomerat unterschieden, in den Gneiss und füllten dessen Unebenheiten aus. Am ehesten wird man in der schon von REUSS beschriebenen Rachel, welche zwischen Liebeschitz und Kautz gegen den Borschen hinauf führt, etwas davon zu sehen bekommen. Die durch ihre schönen Spongien bekannten Schillinge im Bielathale, südlich vom Biliner Sauerbrunnen, am linken Flussufer dem Borschen gegenüber, ist ganz und gar verwachsen, daher kaum Aussicht vorhanden, dass sie das Aufsuchen lohnen würde. Dasselbe gilt von den Hippuritenkalken, die REUSS im Zischkenthal und bei Kutschlin erwähnt. Ein vom Glück begünstigter Besucher mag freilich an einer oder der anderen Stelle noch ein oder einige Versteinerungen auflesen können. Um die Schichten kennen zu lernen, genügt, glaube ich, ein Blick auf die leicht zugänglichen Hornsteinconglomerate von Teplitz.

Die senone Kreide wird durch die weitaus beträchtlicher entwickelten Plänerkalke vertreten. Der Plänerkalk lässt zwei deutliche Stufen, eine untere und eine obere, unterscheiden. Die untere Stufe ist ein fester weisser oder grauer, dickbankiger Kalkstein, welcher an der Luft in scharfkantige Scherben zerfällt. Die einzelnen Bänke oder Kalksteinschichten werden durch thonige, schmale Zwischenlagen von einander getrennt. Er ist besonders reich an *Micraster Michelini*, *Terebratula semiglobôsa Rhynchonella Cuvieri*, *Spondylus spinosus*, *Lima Hoperi*, *Inoceramus Cuvieri*, *Pleuotomaria linearis*, *Scaphites Geinitzi*, *Haploceras peramplum*, *Haploc. Austeni*, *Nautilus sublevigatus* und *rugatus*. In allem stimmt er mit dem Pläner von Strehlen bei Dresden überein; seine typische Entwickelung hat er bei Hundorf und Loosch zwischen Teplitz und Dux[28]. Die obere Stufe ist mehr thonig und weich, sie enthält zwar die meisten der aufgezählten Versteinerungen, namentlich Micraster, Inoceramen, Rhynchonellen etc. zeichnet sich aber durch einen grossen Reichthum an *Terebratula gracilis Sw.* aus, welche in den tieferen Plänerkalken nur sparsam vorkommt. Diese Plänerstufe ist typisch jenseits des Mittelgebirges bei Koschtiz entwickelt, sie findet sich aber auch diesseits des Gebirges.

Die senonen Plänermergel, nach ihrem Reichthum an Baculiten auch Baculitenmergel genannt, treten nur ganz untergeordnet in unserem Gebiete auf[29]. Ihre versteinerungsreichen Ablagerungen im Mittelgebirge bei Luschitz, Raunay, Hochpetsch etc. liegen bereits ausserhalb des gesteckten Rahmens.

Die weiteste Verbreitung hat die untere Stufe, der eigentliche Plänerkalk. Schon gleich in Teplitz selbst tritt er uns entgegen. Der Teplitzer Schlossgarten, der ganze obere Theil der Stadt bis in den Curgarten, die Königsstrasse und zum Marktplatz liegt auf Pläner. Südlich vom Schlossgarten breitet sich der Pläner bis gegen die unteren Häuser von Neudörfel aus, und umzieht nun in weitem Bogen den Porphyr der Königs- und Stefanshöhe über Prassetitz, dann zwischen dem Sandberg und dem Schlossberg hindurch herab nach Schönau bis hinter das Neubad, den Turner Park und um das Dorf Turn herum, wo er durch einige grosse Steinbrüche rechts und links des Bahndammes der Aussig-Teplitzer Eisenbahn aufgeschlossen ist. In letzteren vermag man deutlich zu sehen, wie die Plänerkalkschichten von der Porphyrgrenze gegen die Mulde zwischen hier und dem Erzgebirge einfallen. Anderseits setzt die Plänerkalkablagerung zwischen dem Wacholderbergrücken und dem Porphyr des Köpfhügels, dann zwischen dessen Verlängerung gegen Janegg hin fort, und ist auf dem Gehänge des Wachholderberges durch viele grosse Steinbrüche bei Settenz, Hundorf und Loosch aufgeschlossen. Hier sieht man das Gestein bei ziemlich schwebender Lage mächtig entwickelt. Im Streichen jedoch hält daselbe nicht weit nordwestlich an; ein in der Richtung des Dorfes Loosch gegen Hundorf ziemlich paralleler zum Erzgebirge laufender Verwurf lässt das Gestein hier plötzlich absetzen, wie die auf einer schmalen Zone zusammengedrängten Steinbrüche schon oberflächlich andeuten. Südlich vom Dorfe Loosch verschwindet dann der Pläner unter den ihn rundherum einhüllenden Braunkohlenschichten. Südwestlich von dem bei Loosch ausgehenden Pläner folgt, davon isolirt durch die Braunkohle, eine inselförmige Plänermasse, worauf die Stadt Dux liegt. Aufschlüsse sind mir darin nicht bekannt geworden.

Gegenüber am Fusse des Erzgebirges kommt sodann der Plänerkalk wieder zum Vorschein, bildet hier aber keinen zusammenhängenden Zug. Ein kleines isolirtes Depot ist bei Ossegg unter der Stromnitz aufgeschlossen, weiter östlich liegt ein breiter Streifen Pläner dem Exoggensandstein zwischen Klostergrab und Kosten aufgelagert, und von Braunkohlensandstein unmittelbar bedeckt, bei Strahl durch Brüche blosgelegt. In ähnlicher Weise lagert sodann der Pläner bei Graupen und Mariaschein auf dem dortigen Cenomanquader, ist aber über diesen hinaus sowohl westwärts gegen Jüdendorf als ostwärts gegen Hohenstein weiter entwickelt. Die Kalksteinschichten folgen in ihrer Lagerung der Böschung des Liegenden und fallen demgemäss nun mehr süd- und südöstlich ein. Sie sind in nichts von dem Pläner verschieden, welcher zwischen Turn und Loosch den Gegenflügel der Mulde bildet.

Ganz ausser Zusammenhang mit den geschilderten, wohl aber in Verbindung mit den Plänerablagerungen, welche um die Süd- und Westseite des Mittelgebirgs herum, dann weit hinein in Böhmen verbreitet sind, sind die Plänerkalke, welche diesseits des Mittelgebirges bis in die Gegend von Kostenblatt und herab in die Umgegend von Bilin reichen. In der unmittelbaren Umgebung von Bilin, wo sie oben im Sauerbrunnen-Berge oberhalb den Säuerlingen, über der Teplitzer Vorstadt, auf dem Gneissplateau unter dem Borschen, nicht minder gegen das Mittelgebirge hin in einer nicht sehr mächtigen Lage anstehen, gleichen sie ganz und gar dem Pläner von Hundorf. Weiterhin gegen das Mittelgebirge,

3*

wo er sich südöstlich von Bilin, dann in das Luckower Thal bei Kostenblatt hineinzieht, wird das Gestein mehr thonig und nimmt hier den Charakter der oberen Stufe an, wie diese jenseits des Gebirgs getroffen wird.

Baculitenmergel sind in der unmittelbaren Nähe von Bilin nicht anzutreffen.

Die Braunkohlengebilde.

Die weitaus grösste Verbreitung haben die Ablagerungen der Braunkohlenformation[30]. Sie füllen, abgesehen von den ihnen aufgelagerten Quartärmassen die ganze Mulde und alle Buchten und Lücken aus, welche noch im Teplitzer Becken zwischen den bisher geschilderten Gliedern seines Gerüstes offen geblieben sind. Ein ununterbrochenes Ganze bildet die Braunkohlenformation zwischen den Ausläufern des Mittelgebirges von Aussig bis an das Erzgebirge, von Kulm bis Ossegg. Von Südwesten her durch den Teplitzer Porphyr eingeengt, erweitert sich das Braunkohlengebiet sodann an dessen Ende zu dem grossen Duxer Becken, das mit einer tiefen Bucht über Bilin in die Gehänge des Mittelgebirges eingreift. Ein schmaler Arm zwischen dem Teplitzer Schlossbergzug und dem südlichen Ausläufer des Mittelgebirges lässt durch einige zwischenliegende isolirte Schollen seinen ehemaligen Zusammenhang mit dem Duxer Becken erkennen. Die Bilin-Brüxer Mittelgebirgsausläufer begrenzen südwestlich die Biliner Bucht und das Duxer Becken, die eigentliche dem Fusse des Erzgebirges folgende grosse Axe der Braunkohlenmulde streicht südwestlich fort und erreicht erst am Duppauer Gebirge ihren Abschluss.

Als Glieder der Braunkohlenformation lassen sich folgende von unten nach oben unterscheiden: 1. Braunkohlensandstein. 2. Unterer plastischer und bunter Thon. 3. Braunkohle. 4. Hangendletten. 5. Braunkohlenschlotter, Conglomerate und Hangendsand.

Der Braunkohlensandstein ist in seiner Form verschieden. Entweder ist derselbe locker und lose, und enthält nur harte quarzitische Bänke und Massen eingelagert, wie im Elbethal bei Aussig und unter dem Teplitzer Schlossberg; oder er bildet einen compacten Sandstein, fest genug um bearbeitet zu werden, wie dies in der Gegend von Klostergrab und Strahl der Fall ist. Während die erstere Form des Sandsteines keine Pflanzenreste führt, ist die zweite Form daran gewöhnlich reicher, ja stellenweise sogar sehr reich, wenngleich diese im Teplitzer Becken auch hievon eine Ausnahme macht. Eisenschüssige, gröbere Conglomerate und Sandsteinpartien kommen untergeordnet auch hie und da vor.

Der untere Thon ist entweder dem Braunkohlensandstein eingelagert, wie die an Pflanzenresten reichen plastischen Thone von Priesen und Langujezd bei Bilin, oder es sind mehr oder weniger weisse oder bunte, zuweilen sandige glimmerige Massen, welche an vielen Stellen auf den Braunkohlenthonen lagern; Pflanzenreste sind in ihnen zumeist sparsamer zu finden.

Die Braunkohle bildet nur ein einziges Flötz, ist aber stellenweise durch thonige Zwischenmittel in einzelne Bänke getheilt. Die Mächtigkeit desselben nimmt von den Rändern der Mulde aus zu und erreicht im Muldentiefsten ihre grösste Ausdehnung, ohne aber überall gleich zu sein. Zwischen Türmitz und Karbitz beträgt die grösste Mächtigkeit 10—20 m, zwischen Brüx, Komotau und Oberleitensdorf bis 30, bei Bilin sogar bis 40 m. In den Tagebauen der Dux-Bodenbacher Eisenbahn bei Liptiz ist das Flötz 33 m mächtig. Nach dem Liegenden zu wird die Braunkohle meist unrein, mehr oder weniger sind ihre Klüfte mit Markasit ausgekleidet, aus welchem dann verschiedene Zersetzungsproducte hervorgehen. In der Braunkohle von Dux findet sich ein eigenthümliches fossiles Harz, der sog. „Duxit“[31]. In der Kohle selbst kommen nur sehr selten erhaltene Pflanzenreste vor. In der Deckschwarte der Duxer Tagebaue trifft man verkohlte Stammstücke von Nadelhölzern. Eigenthümlich sind die auf den Bruchflächen der Braunkohle häufig (Dux!) sichtbaren Drucklinien, welche die Flaserung eines harten Holzes, namentlich der Eiche, täuschend nachahmen, und wohl auch Anlass zu irrthümlichen Anschauungen über die Natur der Kohle veranlassten. Gegen das Ausgehende der Flötze wird die Kohle häufig locker und russig und nicht verwerthbar. Auf rein gehaltenen Strecken nimmt man einen feinen, nicht unangenehmen benzoeartigen Geruch wahr, sonst entwickeln die Kohlen viel schädliche Gase; sie sind überdies, namentlich wo sie schwefelkiesreich sind, oder wo sogenannte Russklüfte vorkommen, leicht entzündlich, daher Grubenbrände, besonders in den seichteren Theilen des Beckens, häufig sind.

Das Hangende des Flötzes bildet der Braunkohlenletten, oder obere Braunkohlenthon. Er ist selten plastisch, daher nicht technisch verwerthbar, braun oder grau oder blaulich, in der Nähe des Flötzes dunkel und bituminös, zerfällt an der Luft und führt hie und da Braunkohlenpflanzen[32]. Zuweilen wird er dünnblättrig schiefrig. Stellenweise mächtig entwickelt, fehlt er anderwärts ganz, und wird vom Schotter ersetzt. Zum Hangendthon gehören auch jene Gebilde, welche an den Ausläufern des Mittelgebirges vielfach vorkommen, die Erdbrände. In genannter Gegend findet man häufig mehr oder weniger ausgedehnte Lager von gelb- und rothgebrannten, verschlackten und zusammengesinterten Braunkohlenthonmassen, zuweilen auch zu sog. „Porzellanjaspis" umgewandelt. Auch in ihnen findet man stellenweise noch wohlerhaltene Pflanzenreste[33]. Wie heute noch in den Duxer brennenden Tagbauen die Hangendletten zu einer backsteinartigen rothen oder gelben Masse werden, so sind diese Erdbrände durch das Abbrennen der unter ihnen gelegenen im Ausstreichen minder mächtigen Flötze entstanden.

Wechsellagernd mit dem Hangendletten, ihn unterteufend oder stellenweise ganz ersetzend, sich auch wieder auf ihm ausbreitend, tritt der obere Braunkohlensand und Braunkohlenschotter auf. Er ist nie fest oder durch feste Bänke unterbrochen, wie der Braunkohlensandstein, sondern immer lose, mittel- oder feinkörnig, oft ganz reiner Quarzsand, zuweilen aber auch gröber aus Quarzgeschieben und lockerem Zwischenmittel, Braunkohlenschlotter, hie und da zu Conglomeraten durch eisenschüssiges Bindemittel verbunden. Der Schwimmsand im Hangenden des Flötzes ist für den Bergbau ein lästiger, oft sogar gefährlicher Nachbar.

Der Vollständigkeit wegen erwähne ich hier nochmals des zu den Braunkohlengebilden gehörigen Süsswasserkalkes und des Polirschiefers, deren Vorkommen in der Umgegend von Kostenblatt und Kutschlin bei Bilin bereits oben besprochen wurde.

Die aus der mittleren Tertiärzeit stammenden Braunkohlenablagerungen sind von verschiedenem Alter und in Bezug auf die Bildungsperiode des basaltischen Mittelgebirges älter, gleichzeitig oder jünger. Herr STUR[34] versetzt in das Mittel-Oligocaen und damit in die tongrische Stufe den Braunkohlensandstein, dessen vorbasaltisches Auftreten aus den Lagerungsverhältnissen im Elbethal klar wird. Mit dem Braunkohlensandstein haben wir auch die plastischen Thone von Priesen und die unteren Braunkohlenthone hierher zu stellen. Dem Ober-Oligocaen, der aquitanischen Stufe, rechnet STUR die Polirschiefer von Kutschlin zu und bezeichnet sie als basaltische Stufe. Hierher wären dann auch die älteren mit Basalttuffen bedeckten Braunkohlen, wie die erwähnten in der Paskopole, zu rechnen. Als Unter-Miocaen und Helvetien gilt der obere Theil der Braunkohlenformation, das Flötz einschliesslich des Hangendschieferthones der Erdbrand und Braunkohlenschotter und der Süsswasserkalk von Kostenblatt. Dies wären zugleich nachbasaltische

Ablagerungen. Letztere Bezeichnung kann aber nicht ganz streng genommen werden; denn schon oben wurde mitgetheilt, dass die Braunkohlen bei Schwatz und Wohontsch zum Theil unter basaltischem Gestein liegen, und HEINRICH WOLF theilt in seiner geologischen Karte von Teplitz mehrere Profile mit, aus denen hervorgeht, dass sich basaltische Gesteine noch über den Hangenthon und Erdbrand ausbreiten. Dabei möchte wohl auch nicht übersehen werden, dass auch die das Mittelgebirge aufbauenden Gesteine nicht gleichaltrig, und dass diese Braunkohlen entschieden jünger als die Pechkohlen des Mittelgebirges von Salesl bei Gross-Priesen etc. sind[35].

Was die Lagerungsverhältnisse nun anbelangt, so sind dieselben ziemlich einfach. Am Fusse des Erzgebirges folgt dem Pläner unmittelbar mit concordantem Einfall der Braunkohlensandstein, unterteuft die ganze Formation als Liegendes, und kommt ebenso an den Teplitzer Porphyren wieder über dem Pläner in die Höhe, wie man dies am Fusse des Teplitzer Schlossberges sieht. Die unmittelbare Auflagerung des Braunkolensandsteins auf den Pläner sieht man am schönsten in den Steinbrüchen bei Strahl. Gegen das Mittelgebirge hin verschwindet der Braunkohlensandstein, und nur die ihm aufgelagerten Thone kommen stellenweise zu Tage, welche nun auch unmittelbar dem Pläner aufgelagert sind. Braunkohlensand und Thon sind überall in ziemlich gleicher Mächtigkeit entwickelt.

Das aufliegende Braunkohlenflötz, welches sich gegen die Conturen des Gebietes ringsum auskeilt, gewinnt nach der Mitte zu, wie schon erwähnt, an Mächtigkeit. In der Karbitz-Mariascheiner Kohlenmulde, welche sich vom Mittelgebirge bei Türmitz bis Schönau und Probstau von hier zum Erzgebirge und bis an den Striesowitzer Berge ausbreitet, wurde das Tiefste der Mulde im „Britannia-Schacht No. 5“ mit ca. 170 m erreicht, doch die Formation noch nicht durchsunken, der Flötz wurde hier in 156 m Tiefe angefahren, in dem südöstlich davon gelegenen „Neuen Dobblhof-Schacht“ liegt der Flötz ziemlich im Niveau des Meeresspiegels. Von Mariaschein westwärts hebt sich die Mulde rasch und wird zugleich zwischen dem Teplitzer Porphyr und dem Erzgebirge zusammengezwängt, so dass die Mulde zwischen Kosten und Hundorf ihre geringste Tiefe und Breite erreicht. Zwischen Mariaschein und Quickau beträgt das Muldentiefste 139 · 29 m, zwischen Eichwald und Teplitz 75 m, Kosten-Hundorf 25 m. Hier liegt sogar an der nördlichen Lehne des Herrnhübels der Braunkohlensandstein auf einer weiten Strecke zu Tage und die Breite der Braunkohlen führenden Mulde verringert sich auf ca. 1200 m. Von da ab senkt sich die Mulde rasch gegen Westen, und breitet sich nun in das weite Dux-Biliner Becken aus. Zwischen Krinsdorf und Janegg erreicht sie schon wieder eine Tiefe von 125 m, zwischen Altossegg und Dux 142 m. Die Tiefe nimmt noch weiter gegen Herrlich (263 m) und zwischen Oberleitensdorf und Ratschitz (353 m) zu. Der zwischen Janegg, Kosten und Hundorf zur Teplitzer Porphyrinsel herübertretende, durch die auflagernde Braunkohlenformation nur schwach verhüllte Rücken trennt somit das ganze grosse Braunkohlengebiet in eine östliche und westliche Mulde. Es zeigt sich auch wie eben diese oberflächlich so schwer zu bestimmende Grenze zwischen der Braunkohlenformation einerseits und dem die Thermalquellen von Teplitz beherbergenden Porphyr anderseits, für letztere gefährlich werden konnte, wenn durch ein zufälliges Verletzen und Aufdecken der Thermalspalten, wie es beim Wassereinbruch im Döllinger Schacht der Fall war, ein Eingriff in die Lebensbedingungen der Heilquellen geschieht.

Während sich, wie vorstehend angedeutet wurde, das Muldentiefste im Dux-Brüxer Becken nun wieder am Fusse des Erzgebirges in der grossen Bruchspalte fortzieht, liegt das Flötz in der Dux-Biliner Bucht sehr flach und ist daher hier durch eine Menge Tagebaue aufgeschlossen. Am Rande gegen das Mittelgebirge und dessen Ausläufer hin sind die Flötzausstriche auch mit gehoben, und, wie schon Eingangs erwähnt, in zahlreiche, durch Erosion aus dem Zusammenhange gerissene Lappen zertheilt.

Als unmittelbares Hangendes folgt in der tiefen Mulde sowohl des Mariaschein-Karbitzer- als des Dux-Brüxer Becken lockerer Sand und Schotter und zwar mit gegen die Tiefe zunehmender Mächtigkeit. Wo das Flötz flach liegt, wie zwischen Janegg und und Eichwald, dann in der Dux-Biliner Bucht, fehlt dieses Glied fast gänzlich, oder es ist nur sehr untergeordnet in geringerer Ausdehnung meist nur inselförmig vorhanden. Die bedeutendste Entwickelung zeigt überall der Hangendletten, welcher geradezu die Mulde erfüllt, und daher in dem Tiefsten seine grösste Mächtigkeit 100 m und darüber erlangt, während er in den flachen Theilen der Mulde verhältnissmässig schwächer entwickelt ist. Als eine eigenthümliche Ausbildung des Hangendthones erwähnte ich schon des Erdbrandes. Diese Gebilde fehlen in der tiefen Mulde und im Bereiche des Erzgebirges, und sind in den Ausläufern des Mittelgebirges entwickelt. Der ausgebreitetste Zug dieser Gesteine beginnt nordöstlich von Dux bei Sobrussan und zieht von hier an dem südlichen Gehänge des Wachholderberges über Wschechlab, Straka, Kradrob nach der Zwettnitzer Fasanerie und über Neuhof, Nechwalitz weiter gegen das Bilathal fort. Zwischen Schwatz und Kruppai und bei Ganghof finden sich noch weitere, beschränktere Erdbrandlager.

Sprünge und Verwerfungen mannigfacher Art und verschiedener Bedeutung machen sich natürlich im ganzen Braunkohlengebiete geltend. Am Ausgehenden gegen das Erzgebirge ist das Braunkohlenflötz mit einer Sprunghöhe von 8—10 m in ein und zwei Stufen verworfen, ähnliche Verwürfe zeigen sich auch auf der entgegengesetzten Seite der Mulde. In der Tiefe liegt das Flötz meist ruhig, in der flachen Lage zwischen Dux und Bilin dagegen sind eine Menge Verwerfungen des Flötzes theils aufwärts, theils nach abwärts festgestellt.

Zwei grosse Sprünge, welche HEINR. WOLF am Teplitzer Porphyr einmal aus der Teplitzer Thermalspalte westwärts gegen Dux über Hundorf-Loosch (Teplitzer Verwurf), dann nördlich hievon in paralleler Richtung über Janegg am Rande der Braunkohlenmulde (Janegger Verwurf) constatirte, tangiren die Braunkohlenformation nur theilweise, und lassen sich wohl als sehr ausgesprochene, von Verschiebungen begleitete peripherische Klüfte auffassen.

Die Quartärgebilde.

Werfen wir zum Schluss noch einen Blick auf die quartären Ablagerungen der Teplitzer Gegend. Den Fuss des Erzgebirges umsäumt eine mächtige Ablagerung von Geschiebeschotter, welche sich oft weit über die Braunkohlen ausbreitet. Die aus dem benachbarten Gebirge stammenden Gesteine contrastiren schon durch die Grösse von den viel kleineren Geschieben des Braunkohlenschotters. In den durch Sand verbundenen Massen fehlen auch scharfkantige Bruchstücke nicht, so dass man hie und da, namentlich in den Einschnitten der Dux-Bodenbacher und der Aussig-Teplitzer Bahn zwischen Teplitz und Ossegg bezw. Dux, einen moränenartigen Charakter darin erkennen wird. Indessen es fehlt jedweder Anhaltspunkt eines glacialen Ursprunges; vielmehr wird wohl das starke Gefäll des Gebirges zu einer Vermengung gerollter und eckiger Trümmer Veranlassung geben; zumeist sind erstere die allverbreiteten und vorherrschenden. Natürlich liegen vor dem Gneisse des Erzgebirges Gneiss-, vor dem Porphyr Porphyrschotter ausgebreitet. Es ist jedenfalls auffällig, dass sich an den Gehängen des Mittelgebirges und dessen Ausläufer weniger Gebirgsschotter findet, um so reichlicher aber ist hier Flankenlöss und Lehm entwickelt.

Thierreste sind darin nur sparsam, am meisten noch in dem Löss der fürstlichen Ziegelei bei Teplitz gefunden worden. Aus Elblöss bei Aussig wurden vor mehreren Jahren gelegentlich des Bahnbaues an einer Stelle unter eigenthümlichen Verhältnissen zahlreiche Reste grosser Thiere aufgefunden, worunter auch die von mir zuerst bekannt gemachten Steinbockreste waren[37].

Die Teplitz-Schönauer Thermalquellen.

Die Verhältnisse der Teplitz-Schönauer Thermalquellen sind seit der Katastrophe vom 10. Febraur 1879, dem Einbruche des Wassers im Döllinger-Schacht bei Dux, wo sie bekanntlich in Mitleidenschaft gezogen wurden, neuerlich sehr verändert, so dass es nothwendig sein wird, die Zustände vor und nach jenem unheilvollen Ereigniss hier kurz zu schildern.

Die Quellen von Teplitz und Schönau[38] bilden zwei gesonderte Gruppen. Die eine derselben liegt in der Stadt Teplitz und bestand aus der sogenannten Urquelle und Frauenbadquelle im Stadtbade, dann der Weiber- und Sandquelle im Fürstenbade, und endlich der davon gesonderte Frauenbrunnen- und Augenquelle im Curgarten. Die zuerst genannte war die wichtigste. Sie lieferte in der Minute 0·52 cbm Wasser mit einer Temperatur von + 49·3° C. Die Frauenbadquelle lieferte 0·28 cbm Wasser von + 47·5° C. Die im Fürstenbade befindlichen Quellen waren schwächer und weniger ergiebig. Die kühlsten mit 26·3° C. waren die Quellen im Curgarten, sie gaben zusammen in der Minute 126319·3 cbcm Wasser. Die Quellen im Stadt- und Fürstenbad traten in einer Reihe zu Tage, welche sich durch eine in Ostwest gezogene Linie ausdrücken liess. Die Quellen im Curgarten liegen davon etwas nördlich. Weiter nordöstlich davon und zwar wieder auf einer Ost-West streichenden Linie liegen die Schönauer Quellen: Die Steinbadgruppe, bestehend aus der Steinbadquelle mit 275610 cbcm Wasser in der Minute mit + 39° C., der weniger ergiebigen Stefansbad- und Sandbadquellen mit + 38·7° C., das Schlangenbad mit der Schlangenbadquelle 140829·6 cbcm in der Minute + 40° C. und der Sandquelle mit ca. 16447 cbcm in der Minute und + 45° C. Temperatur, endlich die Neubadquellen: Die Hügelquelle mit 31067 cbcm in der Minute bei einer Temperatur von + 46·2° C., und die Schwefelbadquellen mit geringerer Wassermenge und gleicher Temperatur.

Sämmtliche Wässer sind arm an festen Bestandtheilen, und ausser einem schwachen Sinter- und Ockerabsatz in der Urquelle hatte nur die Hügelquelle einen stärkeren Absatz von einem porösen Kalksinter, indem diese ihren Weg durch auflagernden Plänerkalk nahm, aus welchem sie eine tiefe Höhle ausgenagt hatte.

Der Zusammenhang der Teplitzer Quellen war augenscheinlich durch die Nähe ihres Auftretens. Dass auch die Schönauer wohl örtlich getrennt liegenden Quellen von einander abhängig waren, hatte sich wiederholt zu erkennen gegeben, wenn der Spiegel der Quellen hier oder da alterirt worden war. Darüber, dass sie aus Klüften im Porphyr aufsteigen, konnte auch nie ein Zweifel sein. Bestimmt war nicht nachgewiesen, ob die Teplitzer mit der Schönauer Gruppe communicire, obwohl dieses nach der Kreuzklüftung im Gestein zu erwarten war. Alle drei Thermalquellenreihen, die beiden Teplitzer und die Schönauer fallen zusammen mit der Ost streichenden Klüftung des Porphyrs, parallel hier zum Fusse des Erzgebirges und zur Richtung der Muldenaxe in der Braunkohle.

Am 10. Februar 1879 zwischen 1—2 Uhr Mittags wurde im „Döllinger Schacht" bei Dux in ca. 66 m Tiefe auf einer östlich getriebenen Strecke, die längst als sehr wasserlästig bekannt war, das Grundgebirge, der Porphyr, angehauen und eine furchtbare unterirdische Fluth entfesselt. Man giebt an, dass in den ersten 9 Minuten ca. 20 000 cbm Wasser einströmten, die sich in die mit dem Döllinger Schacht zur Wasserhaltung durchschlägigen Schächte „Fortschritt" und „Nelson" mit unglaublicher Geschwindigkeit ergossen, so dass eine grössere Anzahl Arbeiter davon überrascht, darin ihren Tod fanden. Etwa 60 Stunden später, am 13. Februar früh, begannen die Teplitzer Thermen zu versiegen, am 14. waren die Quellböden derselben bereits ganz trocken. Musste nun schon die Lage des Einbruches, welche sich mit den Teplitzer Quellen über die bereits vorher versiegte Riesenquelle, gleichfalls einer Therme bei Dux, durch eine Linie in Stunde 5 verbinden lässt, auf das gerade dorthin gerichtete Erstrecken der Thermalspalten weisen, so ward die Vermuthung, dass die Thermalwässer nach dem Duxer Einbruch ihren Abzug genommen hatten, durch den Nachweis eines in dieser Richtung streichenden Verwurfes und den Umstand zur Gewissheit, dass die Wässer in den inundirten Schächten eine Temperatur von + 23° C., d. i. 13° höher als das gewöhnliche Schachtwasser hatten. Das mit grossem Druck im Döllinger Tiefbau einbrechende Wasser erfüllte ungemein rasch die weit ausgebauten Strecken dieser Grube und der benachbarten Werke, die im Porphyr vordem gestauten Wässer mussten den abziehenden Grundwässern nachrücken, daher nothwendiger Weise auch die von diesen getragenen 60 Meter über dem Einbruchsort ausfliessenden Thermalwässer nach dem tieferen Ausflusspunkte den Weg nehmen, und in Teplitz versinken. Damit aber stand zu erwarten, dass, wenn durch die sich mittlerweile füllenden Kohlenwerke ein Rückstau eintreten würde, dies sich auch in Teplitz durch das Wiederemporsteigen der Thermen zum Ausdruck bringen müsse.

Diese Voraussetzung hatte sich bekanntlich vollständig bewährt. Während des Steigens der Wässer in dem Inundationsgebiet blieben nicht nur die 16 m tiefer als die Teplitzer gelegenen Schönauer Quellen vollkommen unberührt, auch die Teplitzer Urquelle, deren man sich durch einen Schacht zu vergewissern trachtete, wurde in einem unerwartet hohen Niveau am 26. Februar bereits wieder erlangt. Erst als durch die Arbeit starker Wasserhebemaschinen die ersäuften Schächte bewältigt wurden, stellte sich die Nothwendigkeit ein, auch die Schönauer Quellen durch Schächte zu erhalten; in welchen die Thermalwässer nach der im Sommer 1882 glücklich gelungenen Verdämmung der Einbruchstelle nunmehr wieder stetig ansteigen, und wohl wieder zum Freiabfliessen gelangen können[39].

Diese Arbeiten haben einen tieferen Einblick in das Wesen der Teplitzer Quellen gestattet, ohne jedoch eine besonders auffällige Erscheinung zu liefern, sie bestätigen nur alle früheren Annahmen.

Bezüglich der durch die Teufungsarbeiten erhaltenen Resultate kann hier Folgendes mitgetheilt werden. Die Urquellenspalte streicht mit einem südlichen Einfallen unter 85° fast genau Stunde 7 Ost, wird von einer zweiten Klüftung in Stunde 2^h übersetzt[40]. Sie steht bis an den Schachtrand in Porphyr. Bei der fürstlichen Frauenquelle streicht die aufgedeckte Kluft, welche oberflächlich in Stunde 6—7 ausging und die offenbar früher auch die Sandquelle speiste, in Stunde 4 Ost mit einem nordwestlichen Einfallen unter 88°. Die Augenquellenspalte im Curgarten zeigte nicht, wie man vorher anzunehmen geneigt war, eine auf der Richtung der Urquellenspalte senkrechtes — entsprechend der Kluftrichtung des Porphyres —, sondern ein Streichen in Stunde 8—9 Süd mit südwestlichem Einfall unter 85—90°. In der Tiefe theilt sie sich in zwei Spalten. Sie tritt aus Plänerschichten zu Tage, unter welchen das Porphyrconglomerat liegt, welches an der Südwestseite eine 16 m tiefe Kluft ausfüllt. Erst in 28 m Tiefe wurde in der Schachtsohle der Porphyr allein angetroffen. Wenn die Frauenbadquellspalte also in kurzem westlichen Verlaufe die Urquellenspalte treffen muss, woraus sich die grosse Aehnlichkeit der Wässer wohl erklärt, so würde erst in ziemlich beträchtlicher Entfernung ein Schneiden der Urquellen- und Augenquellenkluft erfolgen. Ebenso muss zwischen den Quellspalten der Frauen- und Augenquelle in der Tiefe bei vorausgesetztem gleichbleibenden Fallen ein Durchschnitt erfolgen; sie gehören also sämmtlich demselben Zuge an, dessen mittlere Richtung der Porphyrklüftung entspricht[41].

In keiner der blossgelegten Spalten fanden sich irgendwelche mineralische Absätze. Die ziemlich weite Kluft der Frauenbadquelle war mit Porphyrbrocken und lehmigem Porphyrsand theilweise erfüllt. Der vom Thermalwasser durchströmte Porphyr zeigte dagegen die unzweifelhaftesten Spuren der Auslaugung, indem die feldspathigen Bestandtheile desselben in dem Masse stärker kaolinisirt waren, als sie den Spalten näher lagen.

Die Teufungsarbeiten in Schönau haben im allgemeinen gezeigt, dass die dortige Thermalkluft zuoberst von abgeschwemmten Gebilden erfüllt ist, dergestalt, dass auf ursprünglich dem Braunkohlensandstein unter dem Schlossberge zugehörige Sandmassen, die unmittelbar auf dem Porphyr liegen, dislocirte Plänerkalke folgen. Dies erklärt theilweise die Möglichkeit der Communication der aus dem Porphyr austretenden Thermalwässer untereinander, wie sie schon vor dem Wassereinbruch bekannt war. Weitere auffällige Erscheinungen sind nicht beobachtet worden. Doch dürfte als Hauptquelle nach Ergiebigkeit und Temperatur die Hügelquelle beim Neubade zu betrachten sein.

Eine Aenderung der chemischen und physikalischen Eigenschaften der Wässer ist ebenfalls nicht zu bemerken gewesen. Dieselben sind nach wie vor an festen Bestandtheilen arme alkalisch-salinische Wässer. Sie haben eine prächtige grüne Farbe im zurückgeworfenen Licht, sind sehr klar und haben einen faden Geschmack, fast wie destillirtes Wasser[42].

Verzeichniss einiger Höhen in der Umgegend von Teplitz.

A. Mittelgebirge.

Kriegerberg bei Türmitz 335 m.
Glaberberg bei Elbogen 508 m.
Dorf Stöben 403 m.
Kittelsberg bei Habrowan 392 m.
Kletschen (Kleiner Mileschauer) 705 m.
Mileschauer (Donnersberg) 835 m.
Paskopole, höchster Punkt der Strasse, 477 m.
Pilkauer Berg 545 m.
Kellerberg bei Tschentschitz 551 m.
Grosser Franzberg 664 m.
Mileschauer Klotzberg 665 m.

Mileschauer Jägerhaus 412 m.
Boreslau 358 m.
Biela vor der Goslücke 169 m.
Kostenblatt 367 m.
Ruine Kostenblatt 596 m.
Klotzberg 733 m.
Trippelberg bei Kutschlin 364 m.
Borschen 538 m.
Sellnitzer Berg 455 m.
Schladniger Berg 521 m.
Brüxer Spitzberg 399 m.
Brüxer Schlossberg 411 m.
Schwatz 207 m.
Bilin 199 m.
Sauerbrunnberg 398 m.
Kostner Jagdhaus 758 m.
Bornhauberg 911 m.
Eichwald 348 m.
Biliner Brettmühle 501 m.
Wolfstein 579 m.
Niklasberg 520 m.
Stürmer 869 m.
Dreiherrnstein 865 m.
Stromnitz bei Osseg 860 m.
Lange Wiese auf dem Kamm 888 m.
Wieselstein 956 m.
Klostergrab 356 m.
Riesenburg bei Ossegg 561 m.
Salesiushöhe 424 m.

B. Erzgebirge.

Zechberg bei Tellnitz 792 m.
Schauplatzberg bei Ebersdorf 792 m.
Geiersberg 704 m.
Mückenthurm 806 m.
Tellnitz (Station) 356 m.
Kulmer Kapelle (Horka) 288 m.
Mariaschein 252 m.
Ruine Geiersburg 416 m.
Graupen 340 m.
Mückenbergkamm 781 m.
Raubschlossberg 804 m.
Siebengiebel 768 m.
Zinnwald 873 m.
Strasse in Vorder-Zinnwald 739 m.
Kirche in Hinter-Zinnwald 816 m.

C. Teplitzer Thal.

Teplitz 230 m.
Ehemaliger Ausfluss der Urquelle (Löwenköpfe) 203.1 m.
Königshöhe 264 m.
Stefanshöhe 255 m.
Teplitzer Schlossberg 392 m.
Schönau, Steinbadquellen 187·2 m.
Neubad (in Schönau) 190·8 m.
Wachholderberg 382 m.
Herrnhübel 274 m.
Dux 217 m.
Inundirte Schächte 231 m.
Ossegg 309 m.
Aussig 138 m.

Anmerkungen.

(L bezieht sich auf den literarischen Nachweis.)

[1] Man vergleiche hiezu Boricky, Basalt- und Phonolitgesteine (L. 7, 8). — [2] Reuss, Geol. Skizzen aus Böhmen I (L. 41). — [3] Jokély, Leitmer, Vulk. Mittelgebirg (L. 44). — [4] Nach Heinrich Wolf's Geol.

Revierkarte von Dux-Teplitz (L. 63) scheint übrigens eine stromartige Ueberlagerung der Braunkohlen an den Rändern des Gebirges häufiger zu beobachten zu sein. — [5] REUSS a. a. O. — [6] REUSS u. H. v. MEYER, Süssw. geb. d. nördl. Böhmens (L. 18). — [7] Diesen kleinen Krebs beschrieb Herr ANT. FRITSCH unter dem Namen *Palemon exsul,* er hatte übersehen, dass derselbe bereits 1852 von H. v. MEYER abgebildet, und wohl ebenso, dass ihn dieser Paleontographica VIII. Bd., p. 21 mit der daselbst beschriebenen *Micropsalis papyracea* aus der rheinischen Braunkohle identificirt hatte. — [8] DEICHMÜLLER, Fossile Insekten a. d. Diatomaceenschiefer (L. 31). — [9] ETTINGSHAUSEN, Fossile Flora (L. 20). SIEBER, Nordböhm. Braunkohlenflora (L. 28). — [10] LAUBE, Quarzitblöcke am Teplitzer Schlossberg (L. 55). — [11] LAUBE, Baculitenthone bei Teplitz (L. 52). — [12] LAUBE, Erzlagerstätten von Graupen (L. 46). — [13] REYER, Erzführende Tieferuption (L. 56). — [14] COTTA, Gesteinslehre, p. 149. — [15] JOKÉLY, Erzgebirge im Leitmer. Kreis (L. 43). — [16] REYER, a. a. O. hält diesen offenbar für Tuff, aber das ist er gewiss nicht. Ich neige mich der Ansicht zu, dass es ein umgewandelter Pechsteinporphyr ist. — [17] BORICKY, Porphyrgesteine (L. 16). — [18] LAUBE, Anthracit bei Niklasberg (L. 65). — [19] KORISTKA, Polarmagnet. Basalt (L. 62). — [20] LAUBE, Erzlagerstätten von Graupen (L. 46). — [21] REYER, Zinn (L. 15). REUSS, Geol. Skizzen I. (L. 41). — JOKÉLY, Erzgeb. d. Leitmer. Kr. (L. 44). — COTTA, Lehre von den Erzlagerstätten. II. Bd. p. 17. — [22] REYER, Tieferuption von Zinnwald (L. 56). — [23] COTTA, Erzlagerstätten, II. Bd., p. 14. — [24] JOKÉLY, Erzgeb. d. Leitmer. Kr. (L. 44) — [25] REUSS, Gegend z. Komotau, Saatz, Raudnitz u. Tetschen (L. 47). — [26] A. FRITSCH, Palaeontologische Studien (L. 35), hat den Steinbruch abgebildet. Der Sandstein liegt jedoch nicht auf Porphyr, sondern noch auf Gneiss. — [27] REUSS, Geog. Skizzen aus Böhmen, II. (L. 41). — [28] REUSS, Geog. Skizzen aus Böhmen, II. (L. 41). Versteinerungen d. böhm. Kreideformation (L. 33). — [29] GÜMBEL, Kreideform. im nordwestl. Böhmen (L. 49). KREJCI, Studien in d. böhm. Kreideform. (L. 50). — [30] LAUBE, Baculitenthone bei Teplitz (L. 52). — [31] REUSS, Geog. Skizzen I. (L. 41). — JOKÉLY, Tertiärablagerungen (L. 45). PURGOLT, Braunkohlenbecken (L. 53). WOLF, Geol. Karte (L. 64). — [32] DÖLTER, Fossiles Harz von Dux (L. 54). — [33] ENGELHARDT, Flora von Dux (L. 32). — [34] ETTINSHAUSEN, Tertiäre Flora v. Bilin (L. 20). SIEBER, Nordböhm. Braunkohlenflora (L. 28). KREJCI, Tertiärflora (L. 26). — [35] STUR, Studien (L. 10) — [36] Ich glaube, dass man die unter den Basalttuffen liegenden Braunkohlen von Salesl und Paskopole etc. als vorbasaltisch zu bezeichnen hat, zumal mit Rücksicht auf die die ersteren durchsetzenden und vercoakenden Gesteinsgänge. ENGELHARDT ist nach seiner neuesten Mittheilung über die Flora der Hangendthone von Dux (Sitzber. Isis, 1883, p. 50) der Ansicht, dass diese eine Mittelstellung zwischen Acquitanien und Helvetien einnehme, wenn sie auch mehr letzterer Stufe zuzusprechen sei. — [37] LAUBE, Ueber einen Fund diluvialer Thierreste im Elblöss bei Aussig. Sitzber. kgl. böhm. Gesellsch. d. Wiss. 1874. — [38] Eine der besten Darstellungen der ehemaligen Quellenverhältnisse von Teplitz findet man in BERTHOLD: Teplitz-Schönau, Leipzig und Meissen o. J., ferner: Wrány, Die Teplitz-Schönauer Thermen in physikalischer und chemischer Beziehung in LÖSCHNERS Balneologischen Beiträgen. 2. Bd. p. 73. — [39] Ueber die Dux-

Teplitzer Katastrophe vergleiche man die unter Nr. 57—61, 63, 64 im Literaturverzeichniss aufgeführten Schriften. — [40] H. Wolf bestimmte 7^h 10″ und 2^h 10″. — [41] Die Klüfte am Wolfstein über Kosten kreuzen in Stunde 6—7 und in Stunde 1—2. Am Hirschberg-Tunnel oder Niklasberg klüftet der Porphyr Stunde 7—8 und Stunde 2—3. — [42] Einige Wasseranalysen finden sich im Anhang.

Geologische Excursionen in der Umgegend von Teplitz.

1. Orientirungstour auf den Schlossberg.

Wir wählen den Weg durch die Mühlstrasse nach Schönau, und dann die Prager Strasse dort, der Weg führt uns durch die Steilabstürze der Königshöhe, des Mont de Ligne und der Stefanshöhe, welche die Kluft markiren, in deren Verlängerung die Teplitzer Thermen liegen. Bei der Schönauer Schmiede neben dem Hause „Zum Schottenhof" wenden wir uns links dem aufsteigenden Promenadenweg zu, der uns an der Lehne der Stefanshöhe emporführt. Hier haben wir Gelegenheit, die Klüftung und Absonderung des Porphyrs in der Nähe zu sehen. Oben angelangt, wo der Weg rasch zurückbiegt, wählen wir den Feldweg geradeaus nach einem kleinen Arbeiterhause. Links von diesem ist ein verlassener Steinbruch[1]. Bei genauerem Zusehen wird man in dem ziemlich zersetzten Gestein eine mit Porphyrconglomerat ausgefüllte Kluft wahrnehmen, an der man sehr gut das Auftreten dieses Gliedes der Kreide (p. 32) kennen lernen kann. Das Conglomerat ragt auch über den Porphyr ein wenig mauerartig vor, man hat hier Gelegenheit, allerdings sparsam auftretende Caprinen und Radioliten zu sammeln. Oben auf dem Porphyr liegt auch das rauhe, löchrige, gelben Baryt führende Conglomerat ausgebreitet, ebenso auf dem ostwärts geneigten Abfall der Stefanshöhe. Indem wir nun von hier unseren Weg nach dem Schlossberge, der vor uns liegt, fortsetzen, werfen wir noch einen Blick in den grossen, zur Sandgewinnung aufgeschlossenen Bruch an der folgenden Porphyrkuppe, dem „Sandberg", um hier den sehr grobkörnigen (p. 31) und vom gewöhnlichen abweichenden Porphyr anzusehen, und gelangen dann an einen durch Wasser tief eingerissenen Aufschluss in Pläner, welcher zwischen dem Schlossberg und der Stefanshöhe südwärts gegen Prassetitz und den Wachholderberg jenseits der Königshöhe hinzieht. Sodann fallen uns zahlreiche herumliegende Quarzitblöcke auf, welche auf der Westseite des Schlossberges und vordem in den Feldern bis Schönau hinab verbreitet waren.

Wenn wir uns an der Grenze zwischen den bebauten Feldern am Südabhange und den Nussbaumpflanzungen auf einem Feldwege hinhalten, gelangen wir an einen Aufschluss, eine Sandgrube, in welcher wir den Quarzit in Bänken in einem feinen weissen, lockeren Sand liegen sehen (p. 24). Darüber breiten sich dann rothe bunte Tuffmassen aus. Es ist dieses Braunkohlensandstein, dereinst von Leonhardt „Trappsandstein" genannt. Von hier wenden wir uns zum Schlossberg, folgen nicht dem ersten sich bietenden Promenadenweg, sondern dem zweiten rechts aufwärtsführenden Fahrweg, der von der Rückseite auf den Berg führt. An einigen Stellen, namentlich weiter oben, kann man die plattige, der Contur des Berges folgende Absonderung des Phonolithes bemerken, noch deutlicher wird dies, wenn man beim Abstieg auf der andern Seite die dort nach der entgegengesetzten Richtung fallenden Platten beachtet.

Durch das in den Wall eingeschnittene Thor tritt man in die Schlossruine. Wir wenden uns sofort links, um die Aussicht zur Orientirung zu gewinnen.

Aussicht vom Schlossberg.

In Südosten fällt zuerst unser Blick auf das von Kletschen und Mileschauer gekrönte Mittelgebirge (p. 19). Die vorn (p. 21) angedeutete Spur eines alten Kraterwalles um letzteren wird deutlich sichtbar. Die von einer geraden Strasse durchzogene Fläche unter den beiden Bergen ist das Schallaner Braunkohlenfeld, die weisse Kirche darüber Boreslau. Davor ziehen sich die beiden Ausläufer zum Schlossberg und Wachholderberg, welch letzteren man südlich im Vordergrund hat. Den Blick nun weiter nach Süden wendend sehen wir unter uns die Basaltkuppen über dem Dorfe Wisterschan, an dem gegenüberliegenden Gehänge die rothe Färbung des Ackerbodens, die hier auftretenden Erdbrandgesteine (p. 40) andeuten, darunter den weissen Streifen des Pläners, der sich zwischen der Königshöhe und dem Wachholderberg hineinzieht. Jenseits des langgezogenen Rückens des letzteren werden die Spitzen des Bilin-Brüxer Kegelbergzuges der Reihe nach sichtbar, dazwischen liegt die Dux-Biliner Braunkohlenbucht. Zwischen dem Borschen und der Mittelgebirgskette sieht man einzelne domartige Kuppen, die Ausläufer des Mittelgbirges gegen Laun (p. 19). Hinter dem Brüxer Schlossberg sieht man die kleinen Phonolithdecken, Rössel- und Breitenberg. Von hier in Südwesten zeigen sich die Ausläufer des Duppauer Gebirges, der Eingang in die Egerspalte bei Klösterle und daran stossend der lange Wall des Erzgebirges, welcher in den Bergen bei Ossegg, dem Spitzberg und der mächtigen, steil aufragenden Stromnitz besonders hervortritt. Davor breitet sich das Duxer Braunkohlenfeld aus (p. 40). Der weisse Rauch am Abfall des Wachholderbergs deutet die Kalköfen bei Hundorf an.

Unter uns haben wir jetzt die Porphyrkuppen von Teplitz und Schönau, man erkennt deutlich den ehemaligen Zusammenhang der Stefans- und Königshöhe. In der Kette des Erzgebirges nach West fällt die Kuppe des Stürmers auf, er markirt die westliche Grenze des Porphyrdurchbruches (p. 27). Darunter liegt der Niklasberger Grund. Die Mitte des Porphyrs ungefähr bildet der den Kostner und Zinnwald trennende Seegrund, der bei Eichwald mündet. Die östliche Grenze bezeichnet der Mückenberg oberhalb Obergraupen, kenntlich an dem Mückenthürmchen, links davon die Wolfgangkapelle aus dem Walde auftauchend.

Zwischen dem Schlossberge und dem Erzgebirge blicken wir auf das Karbitz-Mariascheiner Kohlenfeld (p. 40). Man wird deutlich wahrnehmen, wie sich dasselbe westwärts zwischen dem Teplitzer und erzgebirgischen Porphyr einengt, und nun ostwärts immer mehr und mehr an Breite gewinnt. Links von der Graupner Schlucht markirt unten am Fusse des Gebirges ein brauner Fleck den dort auftretenden Cenomansandstein (p. 32), davor sieht man die Rosenthal-Jüdendorfer Kalköfen den Pläner andeuten. Auch zwischen dem Schlossberg, dem Neubade und Turner Park-Porphyr liegt Pläner. Wir lassen den Blick über die Gneissberge im Norden nach Nordost gleiten. Dort wird uns über dem niederen Rücken, der jenseits der Braunkohlenebene wieder zum Mittelgebirge an der Elbe führt, die langgestreckte Terrasse des Schneebergs bei Tetschen, welche den Beginn der sächsisch-böhmischen Quadergebirges markirt, auffallen. Dann nach Osten übersehen wir die vielen Kuppen des Mittelgebirges, und können den Contrast mit dem Erzgebirgswall betrachten, sehen Aussig und die Elbe und damit das Elbthal bezeichnet, und endlich vom Mittelgebirge als südliche Begrenzung der Ebene den Ausläufer ausgehen, auf dessen westlichsten vorgeschobenen Kopfe wir selbst stehen.

Indem man schon von diesem herrlichen Aussichtspunkt die ganze Umgegend von Teplitz wie eine Karte, ja sogar geologisch colorirte Karte, vor sich ausgebreitet liegen sieht, vermag man nun nach eigenem Ermessen weitere Excursionswege zu wählen. Um sich bei kurzgemessener Zeit einen Ueberblick über die geologischen Verhältnisse zu verschaffen, dürfte geschildertermassen ein Besuch des Schlossberges in erster Linie zu empfehlen sein.

2. Vom Teplitzer Schlossberg nach Graupen.

Wir wählen zum Abstieg vom Schlossberg nunmehr den Weg, welcher sich vor dem Thor, durch welches wir auf den Wall kamen, links zeigt, und gelangen auf Promenadenwegen beim Neubad in die Badestrasse von Schönau. Auf dem Wege dahin bietet sich nichts bemerkenswerthes, man sieht nur, ehe man nach Schönau kommt, dass man wieder über Pläner geht. Wir gehen dann in der Badestrasse am Neubad vorüber und sodann auf der Strasse nach Turn fort. Wer daran Interesse hat, den Porphyr in pfeilerförmigen Blöcken zu sehen (p. 30), möge in den Turner Park eintreten und die Abhänge der kleinen Porphyrkuppe besehen. Hinter dem Damme der Aussig-Teplitzer Eisenbahn sind Plänerbrüche. Man gelangt dahin, wenn man auf der Strasse von Schönau kommend die Chaussee bei der Nepomukstatue kreuzt, und dann durch den Durchlass unter den Eisenbahndamm hindurchgeht. Ebenso liegt ein grosser Plänerbruch hinter dem Turner Bräuhaus, diesseits des Dammes, ein anderer etwas weiter oben hinter dem alten Wirthshaus zur „Ritterburg". Wegen Plänerversteinerungen wende man sich an die Arbeiter, welche gewöhnlich solche haben, und gegen ein kleines Geldgeschenk abgeben[2]. Nachdem wir hier dies Gestein kennen lernten, auch die ausgesproche Neigung gegen Norden bemerkten, setzen wir unseren Weg durch das Dorf Turn, dann auf dem Probstauer Promenadenweg durch den Park nach Probstau fort. Vom Parkthor gehen wir rechts an der Kapelle vorbei, verlassen bei einem Wegkreuz die Strasse, und wählen von zwei Feldwegen den links abgehenden. Er führt uns über Porphyrschotter nach Rosenthal, und zwar hält man zur Richtung den dortigen Bahnhof im Auge. Die Bahn übersetzt man unmittelbar hinter demselben, nun hat man schon das nächste Ziel vor sich. Zwischen dem Bahnhof und der Strasse liegen die Rosenthaler Plänerbrüche, mit Ausnahme der hier nach Süden gekehrten Neigung der Schichten bieten sie nichts Neues. Versteinerungen erhält man schwieriger. Dann weiter oben über der Strasse ist der grosse Steinbruch im Cenoman-Sandstein (p. 32) aufgeschlossen. Leider ist die versteinerungsreichste Schicht verstürzt, doch kann man leicht ganze Bänke von *Exogyra columba Lm.* auffinden. Die Schottersteinschläger haben auch gewöhnlich einige Steinkerne aufgehoben.

Von hier folgen wir dem Fusssteig längs des Mühlgrabens und kommen zwischen der Rosenburg und Wilhelmshöhe — letztere gerade vor uns — nach Graupen. Die vom Gebirge abgelöste Wilhelmshöhe und der beim Eintritt in die Stadt seine schroffe Wand zeigende Todtenstein erinnern uns an die am Fusse des Ergebirges liegenden grossen Abbruchmassen (p. 26).

Die Excursion von Teplitz auf den Schlossberg und von hier nach Graupen lässt sich bequem in einem halben Tag abmachen. Von Graupen kann man in einer Stunde, mit der Bahn von Station Rosenthal ab noch früher, in Teplitz sein. Bei genügender Zeit empfehle ich den Ausflug noch fortzusetzen.

3. Von Graupen auf den Mückenberg.

In verhältnissmässig kurzer Zeit bei allerdings steilem Aufstieg, wenn man den Windungen der Strasse nicht folgt, sondern den nicht zu verfehlenden alten Weg im Grunde einhält, gelangt man auf den vielbesuchten Aussichtspunkt, den Mückenberg, oberhalb Obergraupen. Ausser Gneiss zeigt der Weg wohl nichts, ebenso wenig die alten Halden der Zinnbergwerke (p. 29); dagegen bietet sich von der Galerie des Mückenthürmchens eine durch den Contrast interessante, bei klarem Wetter äusserst lohnende Fernsicht. Nach Osten hin sieht man in das Quadergebirge, das allerdings nicht sehr hervortritt, bis an den grossen Winterberg, dann auf die vielen Kuppen des Mittelgebirges und selbst über dieses hinaus bis an den Georgsberg bei Raudnitz (SO.). Im Süden hat man das grosse Braunkohlenbecken vor sich bis an das Duppauer Gebirge (SW.). Im Westen sieht man bis an den Wieselstein (p. 28) und darüber hinaus über die Kammlinie und den Absturz des Erzgebirges. Nach Norden hat man nun die rauhe, nur allmählich abfallende, wellige Hochebene, an deren äussersten Rande man bei hellem Wetter die Elbberge bei Loschwitz unfern Dresden zu erkennen vermag. Die einzelnen aufragenden Kuppen sind Basaltberge, in Nordwest dem Beschauer am nächsten der Geisingberg bei Altenberg, mehr nach Nord am entferntesten der Spitzberg bei Gross-Cotta, in Nordosten der Sattelberg bei Schönwald.

Wenn man vom Mückenthürmchen herab bei der Wolfgangkapelle über die Strasse geht, und den Weg längs des Kammes verfolgt, gelangt man gleich hinter dem Wirthshause an der Strasse an den hier aufgeschlossenen sehr feinkörnigen Porphyr (p. 27).

Im Falle als man den vorbeschriebenen Bruch auf dem Preiselberg (p. 27) besuchen will, möge man im Försterhaus vor dem Thiergartenzaun sich um den Weg genau erkundigen, er ist ein wenig schwer zu beschreiben. Man dürfte aber in dem längst verlassenen Bruche kaum etwas Lohnendes zu sehen bekommen.

Den Rückweg kann man nun entweder wieder über die Halden herab nehmen, wo jeder bergabführende, betretene Fussweg gut ist; oder man wandert auf der Strasse durch das Thiergartenthor weiter. Hier bietet sich allerdings weiter nichts als einige unbedeutende Aufschlüsse in Porphyr, dafür ist der Weg landschaftlich sehr genussreich. Die Strasse führt nach Eichwald herunter, wo man schliesslich Gelegenheit hat, mit dem dahin verkehrenden Omnibus nach Teplitz zurückzukehren. In dieser Verlängerung ist die erste bis dritte Excusion eine starke Tagestour.

4. Excursion nach Zinnwald mit dem Rückweg über Niklasberg.

Man kann den Omnibus bis Eichwald benützen, obwohl man kaum rascher als zu Fuss hinkommt. Von Eichwald geht man im Seegrund auf der Zinnwalder Strasse bis über die sogenannte Seegrund-Mühle schon nahe unter dem Kamm; da, wo die Strasse hinter der Mühle und dem Mauthschranken eine Kehre macht, kann man sie verlassen und den Fusssteig links geradeaus verfolgen. Man kommt bald auf einen Feldweg und sieht, auf der Höhe angelangt, die weitverstreuten Häuser des Ortes, sowie die Bergwerkshalden vor sich. Der Weg bietet bisher nichts geologisch Bemerkenswerthes. Die Halden selbst liefern nichts als Greisen. Auskünfte über das Erzlager wird man am besten im Schichtamt „Vereiniget Zwitterfeld" in sächsisch Zinnwald sich erholen (p. 29). Die Excursion kann noch bis Altenberg fortgesetzt werden, wo man das Zinnstockwerk, die grosse Binge, besehen kann. Nimmt man von hier den Rückweg über Geising, so trifft man im Geising-Grund auf den bekannten Mikrogranit (Syenitporphyr bei Cotta) und die anderen grobkörnigen Porphyrgesteine, welche bei Vorderzinnwald (p. 28), wohin man von Geising geht, über den Kamm südwärts streichen. Von Vorderzinnwald auf das Siebengiebl-Forsthaus und von da herab nach Eichwald, oder auf den Mückenberg (Strasse bis hin) und herab nach Graupen.

Von Zinnwald führt ein Weg durch den Wald herüber nach Niklasberg, man erfrage ihn, und kann ihn, einmal betreten, nicht leicht verlieren. Nach einstündiger Wanderung tritt man unmittelbar oberhalb Niklasberg in dem sehr steilen Gehänge des Niklasberger

Grundes heraus, und hat die prächtig aufgebaute Stürmerkuppe gegenüber. Es kommen hier mehrere Wege bei einem Kreuz zusammen, der rechte, thalabwärts führend, geht gegen den Wasserscheidetunnel immer im Gneiss, der links hinführende hält sich an der Porphyrgrenze (p. 27), und führt nach dem Hirschbergtunnel und Niklasberg. Wir wählen diesen Weg, um die hier oberhalb dem Städtchen auftretenden grünen und fleckigen Porphyre kennen zu lernen. An dem Verlauf der Porphyrgrenze setzt auch der erzgebirgische Anthracitzug fort, von dem am westlichen Ausgang des Hirschbergtunnels Anthracitschmitzen und Steinkohlensandsteingebilde angetroffen wurden (p. 28).

Von Niklasberg führt eine Strasse an der Kirche vorüber, dann zwischen den Häusern hinaus etwas bergauf nach einem Wegkreuz zu, unter der Eisenbahn hin, auf der man nach einiger Zeit durch ein Gatter in den Kostner Thiergarten kommt. Diese Strasse führt nach Kosten und Eichwald. An der Grenze von Porphyr und Gneiss finden sich hier im ersteren Gestein sehr veränderte Einschlüsse und andere Contactgebilde. In kurzer Zeit kommt man auf einen dreiseitigen Platz, links läuft die Strasse weiter, rechts davon führt ein Weg bergab. Folgt man diesem eine ganz kurze Strecke, so geht rechts ein Steig ab nach dem Wolfstein, einem mächtigen, allerdings sehr verwachsenen Porphyrfelsen, dessen Masse wie der Teplitzer Porphyr durch sich kreuzende Klüfte (Stunde 1, 7, 23) in scharfkantige, rhomboedrische Blöcke abgesondert ist. Der nach Süden gekehrte steile Absturz des Felsens ist für die Bruchspalte am Fusse des Erzgebirges charakteristisch (p. 4).

Man kann dann den Weg thalabwärts fortsetzen, und kommt beim „Fuchsjäger“ auf die nach Kosten führende Strasse, oder man gelangt, wenn man den Fusssteig von da immer sich links haltend fortsetzt, zum Thiergartenthor bei Doppelburg. Am Wege nach Tischau hier die olivinreichen, auch am Kostner Berg anstehenden Nephelinbasalte (p. 29). Von Tischau führt der Weg direct nach Teplitz zurück.

Man kann auch von Niklasberg den Grund abwärts bis zu den Grundmühlen gehen, und hier noch das Profil übersehen, welches die Ueberlagerung des Pläners vom Braunkohlensandstein bei dem Dorfe Strahl zeigt (p. 35). — Will man dies mit der Wolfsteinpartie verbinden, so lässt man sich beim Fuchsjäger den Weg nach Strahl zeigen, der übrigens leicht zu finden ist. — Man fragt am besten in einer der Mühlen nach dem links am Gehänge des Gebirgs hinführenden Weg. Ehe man nach Strahl kommt, sieht man schon die grossen Brüche im Braunkohlensandstein, welcher hier viele Schuppen von Pinus, Aeste und Zweige, aber keine Blätter enthält. An der Sohle der nördlichen Steinbruchwand wird man mehrfach den Pläner abgedeckt finden. Eine ganz kurze Strecke hinter den Sandsteinbrüchen ist der Pläner in Brüchen aufgeschlossen, dagegen kenne ich keine Aufschlüsse in dem diesen unterteufenden Cenomansandstein. Von Strahl kann man über die Enge der Braunkohlenformation (p. 39) über Kosten fast unausgesetzt in Braunkohlensandstein auf der Strasse nach dem Herrnhübel (p. 33) zu gehen, und dann auf der von Dux kommenden Chaussee über Settenz nach Teplitz zurückkehren.

5. Von Teplitz über Hundorf und Loosch nach Dux.

Wir verlassen Teplitz durch die Jägerzeile beim Schlossgarten hinaus, und behalten beim Mauthschranken die Strasse rechts unter den Füssen. Einige Schritte hinter dem Mauthhaus geht bei einer dreiseitigen Statue ein Feldweg ab, dieser führt geradeaus über die Settenzer Ziegeleien und Kalköfen nach Hundorf. Auf einem kleinen Umweg durch das Dorf Settenz — vor den linker Hand liegenden Gehöften die rhombischen Porphyrparketten (p. 30) — gelangt man an den Settenzerhübel, eine kleine Porphyrkuppe, welche man am Ende des Dorfes links im Felde liegen sieht. Ein Feldweg führt dahin. Man hat noch einmal gute Gelegenheit, hier an der Peripherie der Kuppe die Eigenthümlichkeiten des Porphyrconglomerats kennen zu lernen; es finden sich auch Versteinerungen im Hornstein[4]. Der nun gegen die Ziegelschläge führende Weg geht vor der Kuppe rechts ab. Man sieht gleich am ersten nun kommenden Bruche den mächtigen Pläner (p. 35) von Flankenlöss bedeckt. An der Sohle des letzteren zeigt sich bei frischem Anbruch die charakteristische alte dunkle Humuslage. Nicht selten liegen zwischen Pläner und Löss Blöcke von Braunkohlensandstein. Aehnlich wie zwischen Schönau und dem Schlossberg, ist der feine lockere Sand aber noch vor dem Lössabsatz weggespült worden. Zwischen Hundorf und Loosch reiht sich ein Kalksteinbruch an den anderen. Man sieht die nach unten mächtiger werdenden Schichten fast horizontal lagern. Die bei den Kalköfen beschäftigten Arbeiterinnen haben gewöhnlich Versteinerungen aufbewahrt. Die Haifischzähne heissen sie „Schnäbel", die grossen Ammoniten und Nautilen „Brode", die Terebrateln „Nüsse", Inoceramen „Gerippe", Kalkspathkrystalle „Ochsenzähne" etc[5]. Bei den letzten Oefen vor Loosch, einige hundert Schritte gegen Nordwesten, in den Feldern liegt ein bei Gelegenheit der Döllinger Katastrophe entstandener Erdfall. Die Anfangs schüsselförmige Mulde senkte sich später in einen kreisförmigen Schacht von 14 Meter Tiefe. Ueber seinen Zusammenhang ist ausser der Entstehungszeit und der Lage in der Nähe des von Wolf als „Teplitzer“ bezeichneten Verwurfes nichts bekannt geworden. Man muss sich bei den Kalköfen den Weg hin angeben lassen. Oestlich von Loosch sieht man den Erdbrandhügel von Sobrussan. Von Loosch nach Dux geht man am besten auf der Strasse. Da, wo der Looscher Weg einmündet, liegt jenseits der Strasse die ca. + 25 ° C. warme Riesenquelle, welche ebenfalls seit der Duxer Katastrophe versunken ist, und deshalb und neuerlich wegen des gelegentlich ihrer Neufassung gemachten praehistorischen Fundes öfter genannt wird. In Dux selbst empfiehlt sich vor allem die Besichtigung der Tagebaue (p. 37). Man kann zu diesen zwar ohne weiteres gelangen, indem man über den Markt am Schloss vorbei, die Strasse bei der Kirche hinunter und darauf weiter bis zum Teich vor Liptitz geht, sodann links nach den Tagebauen einbiegt; indessen ist es unter allen Umständen rathsam und zu empfehlen, sich zum Besuche der Anlagen bei einer Gewerkschaft zu melden. Die Oberdirection der Braunkohlenwerke der Dux-Bodenbacher Eisenbahn ertheilt die Erlaubniss in äusserst zuvorkommender Weise, und stellt einen kundigen Führer zur Verfügung, in dessen Begleitung nun auch der Zutritt in die Werke selbst offen steht. Die vielen brennenden Löschhaufen, die oft im Innern voll Gluth sind, während sie oberflächlich erloschen zu sein scheinen, in welchen ein einziger Fehltritt beim Passiren eine schwere Verbrennung zur Folge haben kann, nicht minder das brüchige Wesen der Kohle selbst erfordern alle Vorsicht beim Besuch. Namentlich in Gesellschaft jüngerer Reisebegleiter schärfe man diesen ein, allen Weisungen des Führers genau nachzukommen.

Das bis auf die Sohle 33 m mächtige Flötz ist in den Tagebauen auf ca. 500 m Länge aufgeschlossen, gegen das Muldentiefste fällt dasselbe weiter westlich rasch ein, in den Tagebauen, obwohl von einigen Verwerfungen durchzogen, liegt es fast schwebend; ein neuer Aufschluss zeigt eine flachkuppelförmige, sonst nicht beobachtete Wölbung einer Flötzpartie. Das nur wenige Meter mächtige Hangende besteht meist aus Letten, dem nur stellenweise Sand und Schotter ein- und aufgelagert ist[6]. Bei der Besichtigung werfe man auch einen Blick auf die verschiedenen Zersetzungsproducte, welche sich unter Einwirkung der Athmosphäre und der durch die chemische Umwandlung erzeugten Wärme in manchen Strecken finden, sowie auf die aus zusammengedrückten Baumstämmen und fossiler Holzkohle bestehende Schwarte unter dem Abraum.

In der Nähe des Duxer Bahnhofes erreichen die Tagebaue ihr östliches Ende. Wenn man nicht ganz specielle Absichten hat, dürfte der gemachte Weg durch die Tagebaue genügend Aufschluss über die Braunkohlenverhältnisse gegeben haben. Man kann im günstigen Falle mit dem nächsten Zuge nunmehr nach Teplitz zurückfahren, oder auch die Excursion noch fortsetzen, wozu sich nach zwei entgegengesetzten Richtungen, über Ossegg und Klostergrab, oder über Sobrussan und den Wachholderberg, Gelegenheit bietet. Auch lässt sich hieran, wenn noch genügend Zeit zur Verfügung steht, eine Excursion nach Bilin anknüpfen, namentlich wenn man den Zug vor der Station Dux nach Bilin-Sauerbrunnen benutzen kann.

6. Von Dux über Ossegg, Klostergrab und Strahl nach Teplitz.

Vom Duxer Bahnhof gehen wir in die Stadt zurück, nochmals die Strasse links von der Kirche hinunter und nun geradeaus längs des Schlossgartenzauns hin. Dieser Weg führt bald wieder auf Braunkohlenwerke, und über die im Jahre 1879 ersäuften Werke „Fortschritt“ und „Nelson“ (p. 43). Da man Ossegg stets vor sich sieht, so kann man den Weg nicht verfehlen. Auf der Strasse in Ossegg angekommen, folgt man dieser bis an das obere Ende des Ortes. Hier lässt man sich den Weg zur Salesiushöhe zeigen. Der Braunkohlensandsteinblock derselben gewährt einen guten Ueberblick über das Dux-Biliner Braunkohlenfeld gegen das Mittelgebirge und nordöstlich in die davon abgeschnürte Mariaschein-Karbitzer Mulde. Die Steinbrüche in der Umgebung sind unschwer aufzufinden, das Gestein enthält ganze Bänke von Steinkernen einer Süsswassermuschel. Zurück dann nach Ossegg halten wir uns auf der Strasse am Fusse des Gebirges unter der Stromnitz hin bis Klostergrab. Entweder schon vorher, dem Geleise der Prag-Duxer Bahn folgend, oder durch das Städtchen hinauf besuchen wir den Bahnhof, vor welchem ein interessanter Durchstich ist. Auf Gneiss liegt hier Porphyr ausgebreitet, beide Gesteine sind durch eine grüne und rothe thonig glimmerige Zwischenlage getrennt. Im Porphyr finden sich auch Einschlüsse des grünen Gesteines, das ich für ein Contactgebilde ansehen möchte. Nachdem wir noch am unteren Ende der Stadt den ganz und gar in eine weiche koalinige Masse verwandelten Porphyr (p. 28) angesehen haben, welcher hier gegraben und zu Kapselthon in der Porzellanfabrikation verwendet wird, nehmen wir von Neu-Wernsdorf den Fussweg nach Strahl, und beenden die Excursion von dort in der weiter oben angegebenen Weise.

7. Von Dux über Sobrussan und den Wachholderberg nach Teplitz.

Von Dux führt eine leicht zu erfragende Strasse nach Schellenken. Zwischen diesem Dorfe und Sobrussan liegt ein ganz aus Erdbrand (p. 40) bestehender Hügel, an dessen Abhängen man das Wesen desselben kennen lernen kann. Auch Pflanzenreste[7] und, jedoch äusserst selten, kleine Süsswassermuscheln *(Unio)* finden sich in den harten, ziegelroth gebrannten Massen. Unser Weg führt uns dann immer im Erdbrand fort über Wschechlab und Sterbina nach Straka. Hier ist das Gestein vielfach verschlackt und zusammengesintert, oft recht bunt aus rothen und gelben Brocken zusammengebacken; wahrscheinlich war es hier am Ausgehenden besonders stark erhitzt. Dann verlassen wir den Erdbrand und gehen den Rücken des Wachholderberges hinauf.

Dem mit zwei einzelnen Linden besetzten Gipfel geht man von der Kapelle zu, welche man vor Neudörfel erreicht. Von hier geniesst man eine prächtige Uebersicht des Dux-Biliner Braunkohlenfeldes, sowie über dessen Fortsetzung bis nach Komotau hinauf. Ueberhaupt ist die Rundsicht, wenn sie auch der vom Schlossberge nachsteht, immerhin eine sehr malerische. Ueber den weiteren Weg nach Teplitz, das man nun unter sich hat, braucht es keiner besonderen Anweisung, zumal sich auch nichts geologisch Bemerkenswerthes findet.

8. Von Dux nach Bilin.

Indem ich auf die ausführlicheren Auskünfte über die Umgegend von Bilin in der nächsten Excursion verweise, will ich nur bemerken, dass man diese, wenn man von Dux kommt, umgekehrt macht, indem man mit dem Sauerbrunnen und seiner Umgebung beginnt und mit Kutschlin schliesst; man muss aber mindestens einen halben Tag zur Verfügung haben.

9. Von Teplitz auf den Mileschauer.

Wir verlassen Teplitz-Schönau durch die Prager Strasse, gehen sodann die lange Pappelallee zu Ende und wenden uns dort, wo die Strasse den Bach überschreitet, links auf dem Fusswege nach

Wisterschan. Ueber uns haben wir nun den Schlossberg und die basaltische Kuppe, die Listize. Durch Wisterschan gehen wir gerade hindurch, und kommen zu dem auf einem Hügel gelegenen Neuhof. Hier steht ein eigenthümlicher buntfleckiger, fast gar keinen Sanidin, wohl aber punktförmige Nephelindurchschnitte zeigender Phonolith an; auch liegen Blöcke herum vom Aussehen des Posilipptuffes, die ich für Phonolithtuff halte.

Auf der Höhe über dem Neuhof sieht man wieder den Erdbrand, die Fortsetzung des von Dux her um den Wachholderberg kommenden Zuges. Wir kommen dann weiter in eine enge, in basaltisches Gestein eingeschnittene Schlucht, die Goslücke, sie führt uns ins Bielathal. Bei der grossen Mühle und an der Bahn wenden wir uns rechts hinauf auf die Strasse. An den Felswänden über der Strasse ist das polyedrische säulige Basaltgestein aufgeschlossen. Wir gehen über die Brücke die Strasse weiter. Wo die Strasse in der steilen Neigung eine Knickung macht, berührt sie die kleine Gneisscholle (p. 22), welche hier eingeschlossen ist. Die nun weiterhin sichtbar werdenden Schachtanlagen bekunden das Schallaner Kohlenfeld (p. 23), über welches hinüber nun die fast schnurgerade Strasse nach Boreslau führt. Wenn man von der Boreslauer Kirche in das dahinter gelegene Thal hinabsteigt, trifft man am gegenüberliegenden Gehänge, am „Eichberg", einen schönen Noseanphonolith an, mit rothen, schon mit freiem Auge erkennbarem Noseankrystallen. Es scheint mir aber schwer, weitere Andeutungen über allenfallsige Gesteinsvorkommen zu geben, sie würden doch grösstentheils unverständlich bleiben, anderntheils wird ein Petrograph auf Schritt und Tritt untersuchenswerthes Material auffinden. Wer die Tagestour mit der Ankunft auf dem Mileschauer abschliesst, mag immer die Zeit, welche er zur Verfügung hat — ich rechne von Boreslau bis auf den Gipfel etwa zwei Stunden Wegzeit —, dazu verwenden, das Gebirge gegen den Kletschen, durch die Paskopole oder gegen Kostenblatt hin zu durchstreichen.

Wer die Strasse von Boreslau weiter fortgeht, findet weiter oben rechts in einer Biegung Basaltwacke aufgeschlossen, welche die schönen grossen Augite lieferte, die von hier bekannt sind; jetzt ist leider nicht viel Gutes zu finden, da seit langem nicht gebrochen wurde. Etwas weiter folgt man dann den rechts abbiegenden Weg nach Pilkau, und hat nun den Mileschauer Kegel vor sich. Ich will hier darauf aufmersksam machen, wie der Pilkauer und die weiter nach Norden und Nordwesten folgenden Berge durch ein flaches Thal vom Mileschauer getrennt sind (p. 21).

Aussicht vom Mileschauer.

Es kann nicht die Absicht sein, hier eine genaue Schilderung der berühmten Rundsicht zu geben, welche der Berg bietet, und es darf wohl mit einigen Andeutungen sein Bewenden haben. Zuerst möchte ich auf die unmittelbare Umgebung des Berges aufmerksam machen, die höchsten Kuppen reihen sich um ihn in einem nach Südosten offenen Halbkreis und sind durch eine deutlich kennbare, namentlich südwärts tief eingeschnittene Thalfurche getrennt, dabei sind alle fast gleich hoch. Weiter aber dürfte, mit Ausnahme der Lausche, wohl kein Punkt einen so schönen Einblick in den Aufbau eines Kegelgebirges gewähren, als eben der Mileschauer. In nordöstlicher Richtung sieht man die Kuppen zusammengedrängt, an der Peripherie nach Osten, Süden und Südwesten sieht man sie sich in Einzelberge auflösen, einzelne davon, wie der Georgsberg bei Raudnitz (SO.) sind weit ins Land hinein versprengt.

Den schärfsten Contrast hiezu bildet der lange, wenig gegliederte Wall des Erzgebirges, das man vom Keilberg bei Joachimsthal (West) bis zum hohen Schneeberg (Nord-Nord-Ost) übersieht. Nicht minder aber auch die geschlossene Masse des Duppauer Gebirges, auf das man in westlicher Richtung blickt, und das selbst auf diese Entfernung einen wesentlichen Unterschied im Bau trotz der stofflichen Uebereinstimmung mit dem Mittelgebirge erkennen lässt[8]. Die Muldenform, welche das zwischen dem Mittelgebirge und dem Erzgebirge eingelagerte Terrain besitzt, ist deutlich zu übersehen, sie sticht ebenfalls von der weiten Ebene ab, in welcher die mittelböhmische Kreide bis an die im Südosten sichtbar werdenden cambrischen Höhen bei Prag wie auf einem Tisch abgelagert ist, auf deren Ränder die Kegel und die Masse des Mittelgebirges aufgesetzt sind. Einen Blick verdient auch die Rinne der Elbe, welche in weiten Krümmungen von Südosten herkommend, fast unter dem Berge bei Lobositz plötzlich nach Norden biegt, und sich den Weg durch die vorliegenden Massen des Mittelgebirges erzwingt.

Die Excursion kann vom Mileschauer nun entweder über Kostenblatt und Bilin, oder über Wellemin und das Woparner Thal, also auf der Südostseite des Berges gegen die Elbe hin fortgesetzt werden. An einem Tage lässt sich die Tour von Teplitz hierher und weiter bis Bilin nicht bewältigen und nur bei grosser Eile dürfte Lobositz zu erreichen sein. Wenn es thunlich, bleibe man auf dem Berge über Nacht, und nehme die Rückkehr bezw. Fortsetzung der Tour den andern Tag auf.

10. Vom Mileschauer Berg über Kostenblatt und Kutschlin nach Bilin.

Vom Mileschauer Berg auf demselben Wege herabgekommen, den man hinangestiegen ist, wendet man sich nun nach dem Dorfe Tschentschitz und dann auf dem Fusswege oder Feldwege zwischen dem Tschentschitzer Berg und Franzberg hinaus in der Richtung nach Linschen, wenn man es nicht vorzieht, gleich nach der Mileschau-Kostenblatter Strasse zu gehen, welche man erreicht, wenn man am Nordabhange des Tschentschitzer Berges weiter geht. Man thut vielleicht sogar besser hieran, nur für den Fall, als man zwischen Linschen und Kostenblatt den Süsswasserkalken (p. 23) nachspüren wollte, müsste der erste Weg eingehalten werden. Von Linschen lässt man sich den Fussweg angeben, der zur Kostenblatter Kirche führt. In einem tiefen, steilen Hohlweg, ehe man zur Kirche kommt, findet man dann die oben beschriebenen Kalke, es ist Glückssache, darin etwas zu finden; ebenso ob man weiter hinauf bis Linschen etwas von dem Gestein zu sehen bekommt. Zu dem Aufschluss im Süsswasserkalke bei der Kostenblatter Kirche gelangt man auch, wenn man das Dorf herunter geht, dann zwischen dem Maierhof und der Kirche bis zum Schloss geht, und sich nun links zwischen ersterem und der Kirche hinaus wendet. Gegenüber zeigt sich dann der betreffende Hohlweg [9]. Schon wenn man auf der Strasse her gegen Kostenblatt kommt, wird man einzelne Brocken des von Boricky „Peperinbasalt [10], bezeichneten, durch grosse Hornblenden und Glimmerblätter ausgezeichneten Gesteines finden. Noch häufiger trifft man sie auf der Südseite des Dorfes, man kann sie, wenn man den Weg fortsetzt, gar nicht übersehen. Eigentlich steht das Gestein erst an den Gehängen zwischen dem Klotzberge und der Kostenblatter Ruine an; und hier werden auch in den Feldern und Wasserrissen die schönen Krystalle von basaltischer Hornblende gefunden, welche man in den Sammlungen trifft. Wir wenden uns ungefähr mitte des Dorfes nach Radowesitz (gewöhnlich Radowes), wer sich für den Peperinbasalt interessirt, wendet sich nach dem hinter der Ruine breit vortretenden Klotzberg, und nimmt dann den Weg nach dem eben genannten Ort auf. Wir gelangen nun bald in die Pläneablagerungen am Fusse des Mittelgebirges, links ehe wir nach Radowesitz gelangen, und ebenso hinter dem Dorfe liegen Kalköfen. Man kann wegen Versteinerungen dort fragen. Jenseits des Dorfes schneidet der Weg in den thonigen Pläner ein. An der Lehne, welche ganz den Charakter der oberen Stufe (p. 34) zeigt, sind viele Schalen von *Terebratulina gracilis* ausgewittert zu finden. Auch

Rhynchonella Cuvieri und andere kleine Sachen lassen sich auflesen, ebenso dürfte sich das Gestein gut zum Ausschlämmen von Foraminiferen verwenden lassen. Dieser Weg führt nach Rasitz und von dort nicht zu verfehlen nach Kutschlin. Man kann den näheren Weg, welcher beim zweiten Wegkreuz rechts abgeht, nehmen und indem man sich dann, wenn man in die weiterhin sichtbare Thalsenkung eingetreten ist, links hält, kommt man gerade auf den Trippelberg (p. 23). Leute im Feld geben gern nähere Auskunft. Die zarten Versteinerungen[11] und Abdrücke in dem weissen Gestein sind anfänglich schwer zu erkennen, auch muss man sich die Mühe nicht verdriessen lassen, die Schiefer mit dem Taschenmesser vorsichtig zu spalten. Nachdem übrigens neuerer Zeit der Schiefer wieder gebrochen und gemahlen wird, wird man bei den Arbeitern wohl am ehesten etwas von Versteinerungen erhalten können.

Vom Trippelberg geht man in's Thal hinab, nicht ohne die Auflagerung des Diatomaceenschiefers auf den Pläner zu beachten. Nun folgt man dem Laufe des Zischkenbaches und sieht sich auf einmal im Gneiss (p. 22). Nur obenauf wird man hie und da die weisse Plänerkante wahrnehmen. So gelangt man nach Bilin. Das Schloss, in dessen Sälen ehedem die berühmten Lobkowitz'schen mineraologischen und palaeontologischen Sammlungen aufgestellt waren, liegt auf einem vorspringenden Gneissfelsen, jetzt bietet weder dieses, noch das Städtchen etwas Sehenswerthes, daher wir sofort den Weg nach dem Sauerbrunnen einschlagen, welcher uns über den Markt, über die Biela und dann links aufwärts über die Schienen der Pilsen-Priesner Bahn führt. Die Einschnitte der Bahn stehen auch noch im kristallinischen Schiefer, ebenso wie die Sauerbrunnen aus dem Gneiss entspringen.

Die dicht bei einander liegenden Säuerlinge treten in einer kesselförmigen Vertiefung im Gneiss aus Spalten hervor, welche der Richtung der Schieferung folgen und bei einem Streichen in Stunde 7 zur Teplitzer Thermalspalte parallel sind. Wenn man den hübschen Promenadenwegen am Plaisir- und Sauerbrunnenberge oberhalb den Quellen folgt, kommt man bald wieder in Pläner, welcher die Höhen bedeckt. Wandert man vom Sauerbrunnen das Bielathal aufwärts, was der sich prächtig und majestätisch auf dem rechten Ufer erhebende Borschen verdient, der schon aus der Entfernung den Bau dieser nicht dom- und nicht kegelförmigen Kuppen, wie des Schladniger Berges und Teplitzer Schlossberges (Sattelkuppen möchte ich sie heissen) zeigt, so hat man dann dem Borschen gegenüber, rechts von der Strasse und dem Bahngleise, in dem Wäldchen die einst als Fundort cenomaner Versteinerungen berühmten Schillinge[12] (p. 33).

Will man den Borschen besteigen oder wenigstens in seine Nähe gelangen, so setzt man den Weg fort bis zum Dorfe Liebeschitz. Hier ersteigt man jetzt das Gehänge und zwar, um das cenomane Conglomerat[13] und die übrigen Kreideschichten zu sehen, in der Schlucht zwischen Liebeschitz und Kautz. Oben gelangt man dann an den rückwärtigen, südwärts gekehrten Abfall des Felsens. Ueber diesen dann an der Westseite hin, führt der Weg nach dem vorderen Gipfel. Die Besteigung erfordert aber immer Vorsicht, und sollte nie ohne wegkundigen Führer unternommen werden. Da sie die Mühe übrigens weder durch eine umfassende Aussicht, noch durch etwas anderes lohnt, so ist sie am besten zu unterlassen. Man wendet sich dann am Ostgehänge entlang wieder gegen Bilin zurück, und gelangt bald auf Fuss- und Feldwege, welche nach der Stadt herabführen.

Bei genügender Zeit kann man die Excursion nach Dux fortsetzen, wohin vom Sauerbrunnen aus die Strasse direct führt; bei den letzten Häusern und einer Statue erinnert das hier anstehende basaltische Gestein nochmals an die Einlagerung der krystallinischen Scholle in die Eruptivgesteine des Mittelgebirges. Dann öffnet sich das Dux-Biliner Braunkohlenfeld. Von der Station Bilin-Sauerbrunn kann man nach Dux und Teplitz oder auch nach Brüx und Saaz weiter gelangen. Endlich kann man auch die Thongruben von Priesen[14] und Preschen aufsuchen, welche allerdings wenig Bemerkenswerthes sehen lassen.

11. Vom Mileschauer Berg über Wellemin und Woparn an die Elbe.

Obwohl diese Excursion schon ausserhalb des gesteckten Rahmens liegt, möge sie doch noch hier angeführt werden, da sie vielleicht manchmal zum Austritt aus dem Teplitzer Becken genommen werden dürfte.

Vom Mileschauer gehen wir wieder nach Pilkau herunter, ein näherer, im unteren Drittel des Berges ostwärts abführender Weg kann auch eingeschlagen werden, ersterer ist der sicherere, und wandern dann weiter ostwärts. Bald wird unten Wellemin als nächster Ort sichtbar. Auf halbem Wege etwa sieht man links einen kleinen flachen Kegel, die Kamaitschke (p. 22), die ich für den Rest eines Kraterwalles halten möchte. Das mit grossen Biotittafeln ausgestattete Gestein ist Leucitophyr. Von Wellemin folgt man dem Lauf des Mileschauer Baches quer über die Strasse nach Lobositz, kommt dann in cenomanen Sandstein in das liebliche, von vielen Mühlen belebte Schwarzthal und in den Woparner Grund, der in die jenseits des Mittelgebirges gelegene Gneissscholle eingeschnitten ist[15]. Zwischen der Schwarzthaler und Havelka-Mühle geht ein Gang von Porphyr durch den Gneiss, doch erstreckt sich dieser namentlich auf der Nordseite des Lobosch, der im Süden den Grund flankirt. Dieser Kegel mit seinem sattelförmigen Anhang ist insofern interessant, als er in der Vertheilung von Basalt und Phonolith eine Ausnahme macht. Im Mittelgebirge sind die Kegel Phonolith, die Basis Basalt; hier ist es umgekehrt, der spitze Kegel besteht aus Nephelinit, der Sattelanhang aus Phonolith. An der Mündung des Grundes im Elbthal ist links noch einmal Porphyr aufgeschlossen. Man sieht dann im Elbethal nordwärts sowohl diesseits als jenseits die krystallinischen Felsen austreten (p. 22). Jenseits unterhalb Gross-Czernosek den Hradek- und Dreikreuzberg, aus Amphibol- und Glimmerschiefer bestehend, angelehnt an die nördlich folgenden durch ihre rothe Färbung auffallenden Gneisse. Davor südlich die sanft nach dieser Richtung fallenden Kreideglieder (Turon). Die östlich höher hinauf zwischen dem gegen die Elbe vorspringenden Kegel Radobil gelegene Kreide, Pläner und Plänermergel, ist sehr rutschig, und, wie man leicht erkennen kann, wiederholt gegen das Thal geschoben worden.

Angelangt an der Elbe kann man nun von der stromaufwärts gelegenen Station Lobositz der österreichischen Staatsbahn, oder mit dem Dampfschiff auf- oder abwärts die Reise fortsetzen.

Hiemit, glaube ich, sind die Excursionen im Teplitzer Becken insoweit erschöpft, als sie etwas Interessantes zu bieten vermögen. Dass die weite Mariaschein-Karbitzer Mulde kein Terrain ist, welches besonders lehrreich wäre, davon kann wohl schon ein Blick vom Teplitzer Schlossberg belehren. Wer sich übrigens längere Zeit in Teplitz aufhält, wird ohnehin Gelegenheit haben, seine eigenen Wege durch das Becken zu finden.

Anmerkungen.

[1] Teller, Neue Rudisten (L. 38) hat eine Skizze des Steinbruches. Er führt daraus an: *Astrocoenia sp.*, *Isastaea sp.*, *Galerites sp.*, *Spondylus lineatus Goldf.* *Spondylus hysterix Goldf.*; *Perna lanceolota Gein.* *Cardita sp.*, *Fissurella sp.*, *Voluta Renauxiana d'Orb.*, *Sphaerulites*

bohemicus Tell., *Caprina Haueri Tell.* Auch findet sich dort *Caprina laminosa Rss.* Der Fundort liefert jetzt sehr wenig mehr. — [2] Die hier vorkommenden Versteinerungen sind ganz dieselben, wie in den Hundorfer Brüchen, nur finden sich besonders häufig und gut erhaltene Micraster. In Rosenthal und Jüdendorf sind die Thierreste gewöhnlich minder schön, auch erhält man selten welche, daher, wenn man nicht nach Dux geht, solche in den Turner Steinbrüchen zu bekommen trachte. — [4] Dieselben wie auf der Stefanshöhe. —

[5] In Hundorf kann man folgende Versteinerungen — von einigen besonders seltenen abgesehen — erhalten: *Ptychodus latissimus Ag.*, *Ptychodus mamillaris Ag.*, *Corax heterodon Rss.*, *Otodus semiplicatus Mstr.*, *Otodus appendiculatus Ag.*, *Oxyrrhina Mantelli Ag.*, *Oxyrrhina angustidens Rss.*, *Turrilites polyplocus Röm.*, *Scaphites Geinitzi d'Orb.*, *Haploceras Austeni Sharp. sp.*, *Haploceras peramplum Mant. sp.*, *Nautilus sublaevigatus d'Orb.*, *Nautilus rugatus Fr. u. Schln.*, *Actaeon ovum Duj.*, *Natica Gentii Sow.*, *Pleurotomaria perspectiva Mant sp.*, *Pleurotomaria linearis*, *Mant. sp.*, *Panopaea gurgites Bgl. sp.*, *Venus faba Sw.*, *Venus subdecussata Röm.*, *Cardium alutaceum Münst.*, *Eriphyla lenticularis Gf.*, *Nucula sublineata Gein.*, *Mutiella Ringmeriensis Mant. sp.*, *Inoceramus striatus Mant.*, *Inoceramus Brongniarti Sw.*, *Inoceramus latus Mant.*, *Inoceramus Cuvieri Sw.*, *Inoceramus Cripsi Mant.*, *Vola quinquecostata Sow.*, *Lima Hoperi Mant.*, *Spondylus spinosus Sw. sp.*, *Ostrea (Exogyra) conica Sw.*, *Ostrea hippopodium Nilss.*, *Terebratula semiglobosa Sw.*, *Rhynchonella Cuvieri Mant. sp.*, *Terebratulina gracilis Schloth. sp.*, *Micraster Michelini Desor*, *Ventriculites radiatus Mant. sp.*, *Ventriculites angustatus Römer sp.* Ausserdem Zweige von *Sequoia Reichenbachi Gein. (Geinitzia cretacea Endl.)*.

[6] Nachstehende Pflanzen bezeichnet Engelhardt (L. 32) als die häufigsten im Hangendletten der Duxer Braunkohlen: *Blechnum Braunii Ett.*, *Taxodium distichum miocenum Heer*, *Glyptostrobus europaeus Heer*, *Myrica lignitum Ung.*, *Myrica hakaeaefolia Ung.*, *Alnus Kefersteini Göpp.*, *Carpinus grandis Ung.*, *Fagus Feroniae Ett.*, *Planera Ungeri Kov. sp.*, *Acer trilobatum Stb. sp. Sapindus bilinicus Ett.*, *Zizyphus tiliaefolius Ung. sp.*, *Rhus Meriani Heer*, *Cassia lignitum Ung.*

[7] In den Erdbrandlagern von Sobrussan und Straka sind folgende Pflanzenarten bekannt geworden: *Marattiopsis dentata Stebg. sp. Blechnum Braunii Ett.*, *Salvinia Reussi Ett.*, *Glyptostrobus europaeus Heer*, *Panicum miocenicum Ett.*, *Panicum macellum Heer*, *Poacites caespitosus Heer*, *Poacites cenchroides Ett.*, *Poacites longifolius Ett.*, *Poacites arundinaceus Ett.*, *Carex tertiaria Ett.*, *Myrca bilinica Ett.*, *Quercus Scarabelli Mass.*, *Quercus Laharpii Gaud*, *Quercus Murreti Heer*, *Salix Haidingeri Ett.*, *Ulmus crassinervia Ett.*, *Ficus Titanum Ett.*, *Santalum acheronticum Ett.*, *Grevillea lignitum Ett.*, *Laurus nectandroides Ett.*, *Laurus phoeboides Ett.*, *Cinnamomum Scheuchzeri Heer*, *Pimelaea oeningensis Heer*, *Daphne protogaea Ett.*, *Notelaea vetusta Ett.*, *Cordia bilinica Ett.*, *Myrsine microphylla Heer*, *Leucothoë basaltica Ett.*, *Vaccinum acheronticum Ett.*, *Cornus Büchii Ett.*, *Parottia pseudopopulus Ett.*, *Parottia pristina Ett.*, *Acer vitifolium Al. B.*, *Acer trilobatum Stbg. sp.*, *Acer Rüminiannus Heer*, *Celastrus cassinefolius Ung.*, *Ilex berberidifolia Heer*, *Zizyphus tiliaefolius Heer*,

Homalanthus tremula Ett., *Eucalyptus oceanica Ett.*, *Podogonium Knorrii Ett.*

[8] Man vergleiche das hierüber im Capitel über die Umgebung von Carlsbad (p. 70) bemerkte.

[9] REUSS selbst hat nur *Cypris grandis* und *Cypris nitida* von hier bekannt gemacht, die hier vorkommenden Reste von Süsswasserschalthieren nicht näher beschrieben (L. 18). HERM. v. MEYER nennt nur einen Fisch *Aspius furcatus*, der sich hier gefunden hat. Pflanzenreste sind folgende bekannt: *Casuarina Haidingeri Ett.*, *Ficus Rüminiana Heer*, *F. Reussi Ett.*, *F. arcinervis Rossm.*, *F. Morloti Ung.*, *F. Apollinis Ett.*, *Dryandroides basaltica Ett.*, *Apocynum pachyphyllum Ett.*, *Pittosporum laurinum Sapt.*, *Sapindus cassioides Ett.*, *Rhus prisca Ett.*, *Phyllanthus bilinica Ett.*, *Myrtus atlantica Ett.*

[10] BORICKY, Basaltgesteine (L. 7).

[11] Aus dem Diatomaceenschiefer sind folgende Thierreste bekannt (L. 18): Wirbelthiere: *Trionyx sp.*, *Perca lepidota Ag.?*, *Perca uraschista Rss.*, *Leuciscus acrogaster Rss.*, *Aspius furcatus Myr.*, *Aspius elongatus Myr.*, *Cyclurus macrocephalus Rss.* Decapoden: *Micropsalis papyracea Myr.* Insecten (L. 30): *Dorcus primigenius Deichm.*, *Bolboceras tertiarium Deichm.*, *Camposternus atavus Deichm.*, *Elaterites dicrepidioides Deichm.*, *Thylacites rugosus Deichm.*, *Anisorhynchus deletus Deichm.*, *Balanius Geinitzi Deichm.*, *Chalcodermus Kirschi Deichm.*, *Mesosites macrophthalmus Deichm.*, *Hypoclinea Kutschlinica Deichm.*, *Oecophylla obesa radobojana Heer. sp.*, *Notonecta Heydeni Deichm.* Pflanzenreste (L. 220): *Chara Reussiana Ett.*, *Arundo Heeri Ett.*, *Poacites lepidus Ett.*, *Poacites acuminatus Ett.*, *Poacites bilinicus Schimp.*, *Musophyllum bilinicum Schimp.*, *Potamogeton geniculatus Al. Br.*, *Sparganium Neptuni Ett.*, *Chamaerops Kutschlinica Ett.*, *Sabal major Heer*, *Quercus Kutschlinica Ett.*, *Salix varians Göpp.*, *S. Haidingeri Ett.*, *Populus mutabilis Heer*, *Ficus multinervis Heer*, *F. Kutschlinica Ett.*, *F. clusiaefolia Ett.*, *F. vulcanica Ett.*, *F. Herculis Ett.*, *F. Rüminiana Heer*, *F. Daphnogene Ett.*, *F. Atlantitis Ett.*, *F. Reussi Ett.*, *Lobkowitzii Ett.*, *Hedycarya europaea Ett.*, *Santalum salicinum Ett.*, *Leptomeria bilinica Ett.*, *Grevillea grandis Ett.*, *Embothrites cuneatus Ett.*, *Laurus nectandroides Ett.*, *L. Lalages Ung.*, *L. arcinervia Ett.*, *L. Reussi Ett.*, *L. tetranthoides Ett.*, *L. ocoteaefolia Ett.*, *L. Brocchiana Ett.*, *Persea princeps Heer*, *Sassafras Aesculapi Heer.*, *Cinnamomum Scheuzeri Heer*, *C. laurifolium Ett.*, *C. Rossmässleri Ett.*, *Oreodaphne protodaphne Weber*, *Pimelea Kutschlinica Ett.*, *P. oeningensis Heer*, *Cinchona randiaefolium Ett.*, *Olea Feroniae Ett.*, *O. olympica Ett.*, *Notelaea Phyllirae Ett.*, *Nerium bilinicum Ett.*, *Apocynophyllum Amsonia Ung.*, *Heliotropites Reussi Ett.*, *H. acuminatus Ett.*, *Petraea borealis Ett.*, *Tacoma austriaca Ett.*, *Myrsine salicoides AlBr.*, *M. clethrifolia Spt.*, *M. doryphora Ung.*, *M. Plejadum Ett*, *M. Heerii Ett.*, *Ardisia Harpyarum Ett.*, *A. primaeva Ett.*, *Pleiomerites reticulatus Ett.*, *Sapotacites bilinicus Ett.*, *Bumelia bohemica Ett.*, *Diospyros palaeogaea Ett.*, *D. paradisiaca Ett.*, *Macreightia germanica Heer*, *M. microcalyx Ett.*, *Styrax stylosum Heer*, *Leucothoë Acherontii Ett.*, *Rhododendron Haueri Ett.*, *Aralia Haidingeri Ett.*, *Cissus Nimrodi Ett.*, *C. rhamnifolia Ett.*, *Ceratopetum haeringianum Ett.*, *C. bilinicum Ett.*, *Callicoma bohemica Ett.*, *C. microphylla Ett.*, *Cunonia bilinica Ett.*, *Magnolia crassifolia Göpp.*,

M. primigenia Ung., M. longepetiolata Ett., Nymphaea polyrhiza Sap., Anaectomeria Brongniarti Sap., Sterculia Labrusca Ung., St. daphnogenes Ett., St. depertita Ett., Bombax chloriaefolium Ett., Ternströmia bilinica Ett., Acer crassinervium Ett., Sapindus falcifolius AlBr., S. basilicus Ung., S. bilinicus Ett., S. fraxinifolius Ett., Dodonaea Apocynophyllum Ett., D. Salicites Ett., Celastrus cassinefolius Ett., C. Aeoli Ett., C. Pseudo-Ilex M., Cl. elaenus Ung., C. Lucinae Ett., C. Deucalionis Ett., C. microtropoides Ett., Celastrophyllum Mimusops. Ett., Elaeodendron degener. Ett., E. Phylemonis Ett., E. Dryadum. Ett., Hippocratea bilinica Ett., Cassine palaeogaea Ett., Rhamnus Heeri Ett., R. paucinervis Ett., Paliurus populifolius Ett., Zizyphus bilinicus Ett., Z. Ungeri Ett., Berchemia multinervis Heer, B. acutangula Ett., Promaderis acuminata, P. obliqua Ett., Carya bilinica Ung., Engelhardtia Brongniarti Sp., Rhus juglandogene Ett., Zanthoxyllum bilinicum Ett., Adenopeltis protogaea Ett., Baloghia miocenica Ett., Eucalyptus grandifolia Ett., Callistemophyllum melaleuceforme Ett., C. bilinicum Ett., Eugenia Apollinis Ung., Pirus Palaeo-Aria Ett., Amelanchier prisca Ett., Crataegus bilinica Ett., Amygdalus bilinica Ett., Oxylobium miocenicum Ett., Kennedya Phaseolitis Ett., K. dubia Ett., Dolichites maximus Ung., Dalbergia Apollinis Ett., D. rectinervis Ett., Macherium palaeogaeum Ett., Palaeolobium Sturi Ett., Sophora bilinica Ett., Caesalpinia Feroniae Ett., C. Zephyri Ett., C. pseudoglandulosa Ett., Podogonium hirsutum Ett., Acacia sotzkiana Ung., Mimosites haeringianus Ett.

[12] Da diese Lokalität längst vollständig ausgebeutet ist, gebe ich nur ein kurzes Verzeichniss der gewöhnlichsten Versteinerungen von hier (L. 33): *Otodus appendiculatus Ag., Corax heterodon Rss., Arca costellata La., Spondylus lineatus Goldf., Ostrea flabelliformis Nils., O. hippopodium Nils., Exogyra lateralis Rss., E. haliotoidea Sw., E. sigmoidea Rss., Terebratulina rigida Schlt., Crania irregularis Rss., Cidaris vesiculosa Goldf., C. Sorignetti Des., Synhelia gibbosa Rss., Cnemidium stellatum Rss., C. pertusum Rss., Manon sparsum Rss., Manon Peziza Römer.*

[13] Aus dem Borschenconglomerat führe ich folgende Versteinerungen nach REUSS an: *Pycnodus scrobiculatus Rss., Gyrodus mamillaris Röm., Ptychodus latissimus Rss., Pt. mamillaris Ag., Corax heterodon Rss., Scylliodus Humboldti Rss., Otodus appendiculatus Ag., Oxyrrhyna angustidens Rss., O. Mantelli Ag., Lamna undalata Rss., Odontaspis raphiodon Ag., Pecten affinis Rss., Rhynchonella dimidiata Schlb., Terebratulina rigida Schlt., Cidaris vesiculosa Goldf., C. Sorignetti Des.*

[14] Pflanzenreste aus dem plastischen Thon von Priesen (L. 20): *Blechnum Göpperti Ett., Salvinia Reussi Ett., Poacites laevis AlBr., Smilax grandifolia Ung., Potamogeton geniculatus AlBr., Typha latissima AlBr., Sabal major Heer, Myrica salicina Ung., M. acutiloba Brong. sp., Betula caudata Göpp., Alnus Kefersteini Göpp., Carpinus grandis Ung., C. pyramidalis Heer, C. betuloides Heer, Quercus Hoernesi Ett., Q. valdensis Heer, Q. furcinervis Rossm., Salix Haidingeri Ett., S. Andromedae Ett., S. varians Göpp., Populus mutabilis Heer, Ulmus longifolia Ung., U. Braunii. Heer, Ficus Hagetschweileri Heer, F. Rüminiana Heer, F. trachelodes Ett., F. extincta Ett., F. populina Heer, Artocarpidium bilinicum Ett., A. Ungeri Ett., A. olmediaefolium Ett., Cecropia Heeri Ett., C. europaea Ett., Coccoloba bilinica Ett.,*

C. acutangula Ett., *Protea bilinica* Ett., *Laurus nectandroides* Ett., *L. Agathophyllum* Ett., *L. Heliadum* Ung., *Persea Heeri* Ett., *P. speciosa* Heer, *Daphne protogaea* Ett., *Cinchonidium multinerve* Ett., *C. coprosmaefolium* Ett., *Olea Dianae* Ett., *Fraxinus macrocarpa* Ett., *F. lonchoptera* Ett., *Tabernaemontana bohemica* Ett., *Apocynophyllum Reussi* Ett., *A. Cynanchum* Ett., *Heliotropites Reussi* Ett., *H. acuminatus* Ett., *Myrsine celastroides* Ett., *Myrsinites Brauni* Ett., *Ardisia myricoides* Ett., *A. lanceolata* Ett., *Sapotacites sideroxyloides* Ett., *Chrysophyllum Palaeo-Cainito* Ett., *Bumelia Oreadum* Ung., *B. minor* Ung., *Arbutites Euri* Ett., *Aralia palaeogaea* Ett., *Bombax salmaliaefolium* Ett., *B. oblongifolium* Ett., *Grewia crenata* Heer, *Acer dasycarpoides* Heer, *A. trilobatum* Heer, *A. Bruckmanni* Al. Br., *A. populites* Ett., *A. integrilobum* Web., *A. pseudocampestre* Ung., *A. bilinicum* Ett., *Tetrapteris bilinica* Ett., *Sapindus bilinicus* Ett., *Evonymus Proserpinae* Ett., *E. Nepaearum* Ett.. *Celastrus Pseudo-Ilex* Ett., *C. Hippolyti* Ett., *Rhamnus Gaudini* Heer, *Rh. bilinicus* Ung., *Rh. Heeri* Ett., *Rh. Rossmaesleri* Ung., *Zizyphus tiliaefolius* Heer, *Berchemia multinevis* Heer, *Iuglans acuminata* AlBr., *I. Parschlugiana* Ung., *I. longifolia* Heer, *Carya bilinica* Ung., *C. costata* Ung., *Pistacia bohemica* Ett., *Engelhardtia bilinica* Ett., *Rhus prisca* Ett., *Zanthoxyllum bilinicum* Ett., *Eucalyptus oceanica* Ung., *Spiraea Osiris* Ett., *Dalbergia Empetrites* Ett., *Caesaelpinia norica* Ung., *Cassia Phaseolites* Ung., *Acacia parschlugiana* Ung., *A. sotzkiana* Ung.

II.

Die Umgebung von Carlsbad.

Die grosse von der Eger durchströmte Lücke, welche von Komotau und Kaaden über Saaz landeinwärts führt, wird, wie schon bemerkt, von Nordost her vom Mittelgebirge, von Südwest her vom Duppauer Gebirge begrenzt. Die Duppauer Gebirgsmasse breitet sich westlich von Kaaden und von Klösterle bis auf den Fuss des Erzgebirges aus, und bildet somit die nordöstliche Grenze eines Beckens, welches im Süden durch den Stock dieses Gebirges und das unmittelbar daran gelagerte Carlsbader Gebirge, von Norden her vom Erzgebirge begrenzt wird. Von letzterem läuft in südlicher Richtung über Mariakulm herab ein Ausläufer, der zwischen Schaaben und Königsberg sich in das Carlsbader Gebirge einfügt. Wie das Duppauer Gebirge zwischen Schlackenwerth und Klösterle von der Eger durchbrochen wird, so muss sich auch hier der Fluss den Eintritt in das durch besagten Ausläufer vom oberen Egerbecken abgeschnürte Thal erzwingen. Es bildet so ein orographisch abgeschlossenes Gebiet, auf dessen Sohle durch die Randgebilde isolirt, sich die Braunkohlenformation des Carlsbad-Falkenauer Beckens ausbreitet. Im südöstlichen Winkel desselben liegt Carlsbad. Wir werden demnach unsere Betrachtungen auf die zunächst gelegenen Theile der Randgebirge, und auf das Braunkohlenterrain auszudehnen haben.

Geologische Verhältnisse der Umgebung von Carlsbad.

Das Duppauer Basaltgebirge.

Wie das Teplitzer Becken von Nordosten bis nach Süden vom jungplutonischen Mittelgebirge umfasst wird, so bildet auch das basaltische Duppauer Gebirge die Umrandung des Carlsbad-Falkenauer Beckens an der Nordost- und Ostseite. Gleichaltrig mit jenem und auch stofflich gleich hat dieses Gebirge aber doch manches Abweichende zu verzeichnen. Wer die Conturen beider Gebirge vergleicht, wird darin sofort einen Unterschied im Baue erkennen. Im Duppauer Gebirge machen sich die einzelnen Kuppen und Kegel, wie solche das Mittelgebirge krönen, bei weitem nicht so geltend, es stellt auch keine langgestreckte Masse dar, vielmehr ein compactes stockförmiges Ganzes mit steil abfallenden Rändern, welche sich zwischen Klösterle und Schlackenwerth auf den Fuss des Erzgebirges auflagern. Etwas östlich von Carlsbad, auf einer südstreichenden Linie von Schlackenwerth nach Taschwitz, lehnt aich das Duppauer Gebirge an den Granit des Carlsbader Gebirges sn, ohne dass man eine orographische Grenze zu ziehen vermag. Es verfliessen die Conturen und Höhenlinien in einander. Nur gegen Süden und Südosten erhebt sich das Gebirge über die Sedimente der Ebene. Auf der Karte macht das Bild desselben den Eindruck, als ob sich von einem central gelegenen Punkte aus nach allen Seiten hin Ströme ergossen hätten, und das Ganze einen einzigen mächtigen Vulkankegel ausmachte. Indessen entsprechen diese Vorstellungen den Thatsachen nicht, die sich bei näherer Besichtigung des Gebirges ergeben. Das Duppauer Gebirge besteht aus einem ganzen System basaltischer Decken, welche auf einander gelagert durch zwischenliegende Tuffmassen deutlich getrennt werden. Kein Theil desselben giebt hierüber einen so schönen Aufschluss wie die Umgebung von Kaaden und das Egerthal zwischen Klösterle und Schlackenwerth. Der kahle, von der Masse ringsum durch Erosionsthäler abgelöste Purberg bei Kaaden zeigt an seinen von allen Seiten treppenförmig aufsteigenden, wallartigen Gehängen fünf Basaltdecken über einander, deren senkrecht stehende Ränder mit den sanfter abfallenden dazwischengelagerten Tuffschichten abwechseln. Daher ist es wohl erklärlich, dass dieser Berg schon in vorgeschichtlicher Zeit als natürliche Festung aufgesucht werden konnte. In den Ausläufern des Duppauer Gebirges gegen Schönhof einerseits, wie gegen Klösterle anderseits erkennt man unschwer die Fortsetzung der Decken, und die Ränder der Ausläufer sind ebenso treppenförmig aufgebaut, wie die des Purbergs. Man behält diese Linien auch immer im Auge, wenn man im Egerthal die von Süden herantretenden Höhen, namentlich den Herrgottstuhl bei Wotsch, betrachtet und erkennt unschwer, wie die spitzen Kegel am linken Egerufer, der Himmelstein und andere nur aus der Masse ausgenagt sind. Im Innern des Duppauer Gebirges treten die Deckengrenzen an den Thalabhängen weniger scharf hervor, obwohl sie einmal erkannt, sich auch in den sanfteren Böschungslinien immer wieder bemerken lassen.

Dem Deckenbau entsprechen auch die Gänge. Im Egerthal zwischen Warta und Wotsch passiert man auf der Strasse sieben Gänge[1], welche den Granulit durchsetzen und sich darüber deckenförmig ausbreiten. Von Carlsbad kommend, hinter dem Dorfe Warta, ragt der Erpelstein auf, der ganz und gar an den Werkotsch bei Aussig erinnert. Dieser mächtige Gang setzt über die Eger und ist im Wartaer Bahnhof noch zu sehen. Die folgenden Gänge sind weniger deutlich, bis auf den weithin sichtbaren Gammischstein vor dem Dorfe Wotsch, welcher mauerartig aus und über dem Granulit vorsteht, in dieser Art aber auch durch die untere Basaltdecke hindurchgeht, und noch oben weit zu verfolgen ist. Offenbar ein jüngerer, wenn nicht der jüngste von allen. Keiner dieser Gänge ist jedoch auf dem rechten Egerufer zu bemerken. Als Gangkuppen aber werden wohl viele der niedrigen Kuppen vor dem Stocke in der Gegend von Klösterle und Kaaden zu betrachten sein, obwohl auch manche davon als letzte Überbleibsel der ehemaligen Deckenausbreitung anzusehen sind. Kann man im Duppauer Gebirge auch keine Einzelkegel wahrnehmen — es wird vielleicht selbst der dominirende Oedschlossberg nicht als solcher gelten können —, so fehlen solche doch nicht in der Peripherie. Abgesehen von einzelnen kleinen Kuppen, die weit gegen die Eger vorspringend den Abstand vom Mittelgebirge sehr verringern, interessiren uns hier namentlich die dem Carlsbader Granit aufgesetzten Kegel, der Hillaberg, Grasberg, Traben, Huretzberg u. a. m., welche bis an das rechte Ufer der Tepl herantreten. Ja als weiter versprengte Ausläufer müssen noch die Basalte von Carlsbad selbst, die bei Elbogen, nicht minder die im Erzgebirge bei Joachimsthal[2] gelten.

Basaltische Gesteine, hinzugehörige Mandelsteine, Tuffe und Conglomerate machen der Hauptsache nach das Gebirge aus. Bisher sind nur wenige Gesteine des Gebirges mikroskopisch untersucht worden[3], aber diese wenigen Proben haben das Vorkommen von Feldspathbasalten (Liesengebirge und Tschebisch bei Maschau), Nephelin- und Leucitgesteinen (erstere Gieshübel bei Langgrün, Mühlberg bei Duppau, Purberg bei Kaden, und letztere Turtsch und Dürrmaul bei Duppau, Purberg bei Kaaden, Gieshübel bei Buchau, hohe Triebe, zwischen Warta und Wotsch) unter ähnlichen Verhältnissen wie im Mittelgebirge erkennen lassen. Die mittlere Partie des Gebirges um den Oedschlossberg wird von Basaltmandelsteinen gebildet, aber auch im Egerthal finden sich solche von Wikwitz bis Okenau als unterste Decke. Die zwischen auftretenden Tuffe sind zuweilen wackenartig verändert, zuweilen durch eingemengte Gesteinstrümmer breccien- oder conglomeratartig. Eine Eigenthümlichkeit dieser Tuffe sind die von den Umwohnern „Zwerglöcher“ genannten Höhlungen in diesem Gestein. Die bekanntesten sind die zwischen Gieshübel-Puchstein und Zwetbau am Schwedelberg gelegenen (von ersterem Curort führt über die König Otto-Quelle ein Promenadenweg dahin). Hier zeigen sich in einer Tuffwand 50—60 röhrenförmige Löcher von verschiedener Weite, bald wagrecht, bald geneigt oder senkrecht in zwei Etagen übereinander, welche theilweise mit einander in Verbindung stehen. Sie sind meist regelmässig rund und erweitern sich nach innen zu, hinsichtlich ihrer Tiefe sind sie gleichfalls sehr verschieden. Herr v. HOCHSTETTER erklärt die sagenumwobenen Löcher als Lagerstätten von in den Tuff eingebetteten Baumstämmen, die vollständig ausgewittert sind[4]. Die Tuffe am Fusse des Purberges und die bei Schönhof sind ungewöhnlich reich an kleinen Augitkrystallen. Auch die hier in den unteren Basalttuff eingelagerte Grünerde ist offenbar ein Umwandlungsprodukt eines augitreichen Tuffes[5].

Phonolithe[6] sind selten, und hierin liegt wieder ein Unterschied vom Mittelgebirge. HOCHSTETTER beziffert ihre Zahl auf 12 bis 14, von denen übrigens die grösseren, Engelhaus und Schömitzstein bei Carlsbad und der Tschebon bis Theusing, bereits ausser dem Gebirgsstock liegen.

So wie das Mittelgebirge enthält auch der Duppauer Stock einige, wenn auch kleinere Schollen älteren Gebirges eingebettet. Oberhalb Duppau liegt mitten im Gebirge eine kleine Scholle Hornblendschiefer. Südöstlich von Schlackenwerth liegt das Dorf Möritschau auf einer rings von Basaltgesteinen eingeschlossenen Scholle eines schwarzen, auf den Schieferflächen etwas graphitischen Kieselschiefers, welcher ganz und gar dem Gesteine gleicht, welches im Cambrium der mittelböhmischen Silurmulde bei Prag in der Scharka und am Dablitzer Berg ansteht.

Die Unterlage des ganzen Gebirges ist sehr verschieden. In der Gegend von Kaaden sind es Tertiärgebilde, bei Atschau und Gösen unter dem Purberg Süsswassermergel und Kalk, mit Paludinen- und Planorbis-Schalen, deren Inneres meist mit Quarzkrystallen ausgefüllt ist, in der Podersamer Gegend sind es Braunkohlensandsteine. Auf dem Plateau von Engelhaus und Buchau breiten sich sowohl Einzelkegel, wie der Minetitzer Berg, der Traben bei Troskau, der Huretzberg auf einer Unterlage von Braunkohlengebilden aus, auch die Basaltgrenze zwischen Schönau und Gieshübel liegt auf solchen auf. Im Egerthale zwischen Klösterle und Wikwitz liegt das Duppauer Gebirge unmittelbar auf Granulit und sodann bei Gieshübel-Puchstein, Rodisfort und auf dem Plateau von Buchau auf Granit auf. Von Süden her unterteufen Amphibolschiefer und Gneisse den Duppauer Gebirgsstock.

Das Carlsbader, Kaiserwald- und Tepler Gebirge.

Das vom Duppauer petrographisch so verschiedene Gebirge, welches unmittelbar an jenes anschliessend die Carlsbad-Falkenauer Mulde im Süden begrenzt, hat keinen einheitlichen Namen. In der Umgebung von Carlsbad etwa bis Petschau und Schlaggenwald-Elbogen heisst es gewöhnlich Carlsbader Gebirge, der Theil zwischen Schlaggenwald, Falkenau und Königswart wird Kaiserwald genannt; endlich heisst die von Tepl nach Süden und Südwesten sich abdachende Fläche das Tepler Gebirge und der Tepler Rang. Das nach allen Seiten abfallende Massiv bildet eine flache Kuppel, auf welche in dem Winkel zwischen Schlaggenwald, Lauterbach und Königswart einige höhere Berge, Grudum, Spitzberg und Glatze, aufgesetzt sind, während sie sonst eine rauhe von allen Seiten durch Wasserläufe tief eingerissene Hochfläche bildet. Den längsten und tiefsten dieser Risse bildet das bei Carlsbad in das Egerthal ausmündende Teplthal.

Seiner Hauptsache nach besteht dies Gebirge aus alten krystallinischen Gesteinen und vermittelt in seinem Aufbau die Verbindung des Böhmerwaldes mit dem Erzgebirge; denn wenn es von jenem auch durch eine südwärts immer deutlicher hervortretende Senkung, von diesem durch das Egerthal getrennt ist, so setzen sich doch von dort die Gebirgsglieder des Böhmerwaldes[7], von hier die des Erzgebirges bis zu ihrer Vereinigung fort.

In erster Linie sind es die Granite des Gebietes, die uns interessiren, welche neben einer beträchtlichen Entwickelung die Umgebung von Carlsbad ganz, die von Marienbad zum grossen Theil bilden, und zum mindesten in jener Partie des Gebirges, welchen wir vor allem im Auge haben, den weitaus grösseren Raum einnehmen.

Wie schon bei der Schilderung des Duppauer Gebirges bemerkt wurde, grenzt östlich von Carlsbad auf der Linie Schlackenwerth Satteles, Taschwitz, Gieshübel, Deutschkulmes das Basaltgebirge unmittelbar an den Granit, ja dessen westliche Ausläufer legen sich nun, wie im Egerthal und östlich von Engelhaus ersichtlich, auf den Granit auf. Der ganze nördliche Theil des Gebirges, das Carlsbader Gebirge durchaus, das Kaiserwald Gebirge grösstentheils besteht aus Granit. Von Süden her auf einer Linie, welche im Südwesten etwas südlich von Sangerberg beginnt, und von da gegen Nordosten vorrückt, schieben sich etwas südlich von Königswart und etwas nördlich von Sangerberg, und weiter im nach Nordwesten offenen Halbkreis, südlich von Petschau gegen den Duppauer Stock krystallinische Schiefer, Amphibolite und Gneisse, über den Granit, und verdecken denselben mehr und mehr. Eine muldenförmige Einlagerung von Gneiss, welche sich um Schlaggenwald und Schönfeld ausbreitet, und von letzterem Orte westwärts über Lauterbach und Frohnau mit einem schmalen Arm durch den Granit hindurch greift, der sich dann westlich vom Lobsbach wieder erweitert, und in Verbindung mit Glimmerschiefern den Granit von Kirchenbirk bis Miltigau und Schönfeld im Kaiserwald Gebirge mit zahlreichen isolirten Inseln und Lappen überdeckt; trennt so die Marienbad-Königswart-Sandauer-Granitpartie mindestens östlich von dem Granit des Carlsbader Gebirges. Doch ist die unmittelbare Verbindung derselben hergestellt durch den breiten Granitstreifen, welcher zwischen Sangerberg und Lauterbach zwischen den Amphibolschiefern im Süden und dem Gneiss im Norden ostwärts bis ins Teplthal bei Petschau zieht, und auf der rechten Seite desselben gleichfalls in einem nach Nordwest offenen Bogen mit den Graniten des Carlsbader Gebirges sich vereinigt.

Die Granite der Umgebung von Carlsbad sind seit wohl ziemlich einem Jahrhundert Gegenstand der Betrachtung berufener Fachmänner gewesen, Leopold von Buch, von Hoff, nicht minder Goethe [8], dessen Lieblingsgestein ja gerade der Granit war, haben sich viel mit den Graniten von Carlsbad beschäftigt. In unseren Tagen waren Jokély [9], v. Warnsdorff [10], v. Hochstetter [11], und C. F. Naumann [12] bemüht, sich um deren Kenntnisse Verdienste zu erwerben.

Dass man in der Umgegend von Carlsbad zu mindesten zwei Granitvarietäten, eine feinkörnige und eine grobkörnige, unterscheiden müsse, darüber war man stets einig, doch differirten die Meinungen über das Altersverhältniss derselben zu einander. Buch hielt sie dem Alter nach für verschieden, v. Hoff für gleich alt, v. Warnsdorff für verschieden, v. Hochstetter für gleich alt, Naumann für verschieden. Es kann natürlich hier nicht der Ort sein, auf die Begründung der Meinungen näher einzugehen.

Herr v. Hochstetter unterschied um Carlsbad nicht zwei, sondern drei verschiedene Granite:

1. Hirschensprunggranit, identisch mit dem porphyrartigen Granit von Elbogen. In einem grobkörnigen Gemenge von geblichweissem Orthoklas, grauem Quarz und schwarzem Glimmer liegen grosse Orthoklaszwillinge, accessorische Gemengtheile fehlen. Am linken Ufer der Tepl, am Hirschensprung, bei der Hammercapelle und weiter gegen Aich hin, auch das ganze südöstliche Plateau vom Bergwirthshaus bis Pirkenhammer besteht daraus.

2. Kreuzberggranit, feinkörnig, gelblichweisser oder licht fleischrother Feldspath, graulichweisser oder fast rauchgrauer Quarz, schwarzer und weisser Glimmer. Der Feldspath meist matt, neben Orthoklas auch Oligoklas. Accessorisch tritt Schörl auf. Hauptsächlich auf dem rechten Teplufer am Dreikreuzberg, über die Orientierungshöhe und das „Ewige Leben“ und in einem zweiten Zug zwischen Aich und Neudonitz. Er sondert sich plattig in scharfkantige Stücke ab, und weniger der Verwitterung ausgesetzt, bildet er vorwiegend die überragenden Kuppen.

3. Carlsbader Granit, ein ausgezeichnet feinkörnig porphyrartiger Granit, „der sich ebenso aus dem feinkörnigen Kreuzberggranit entwickelt, wie der porphyrartige Hirschensprunggranit aus einem gewöhnlichen grobkörnigen Gebirgsgranit“. Die Grundmasse stimmt vollkommen mit dem Kreuzberggranit, doch sind darin nicht nur grössere Orthoklas-, sondern auch Quarzkrystalle und Glimmerpartien porphyrartig eingewachsen; unterscheidet sich nur durch die Textur vom Kreuzberggranit, vom Hirschensprunggranit auch durch die Gemengtheile, ebenso findet Herr v. Hochstetter die Art der Verwitterung charakteristisch, indem ersterer derselben in der Masse widersteht, und nur die Feldspathe angegriffen werden, während der letztere in Gruss zerfällt. Die Zerklüftung ist wie beim Kreuzberggranit scharfkantig ebenflächig. Die Hauptrichtung der Klüftung geht einmal Stunde 8—10 mit theils Nordost theils Südwest Fallen, die zweite Kluftrichtung folgt Stunde 2—3, fällt in Südost und Südwest. Für den Lauf der Tepl weist Hochstetter nach, dass dieselbe von Süden her beim Eintritt in das Carlsbader Thal erst an der Grenze zwischen dem Hirschensprung- und Carlsbader Granit hinfliesst; dann bei der Carlsbrücke tritt sie in letzteren ein, und folgt nun in einer dreimal gebrochenen Linie den Klüftungen dieses Granites bis zu ihrem Austritt in die Eger. Ebenso wie die Tepl liegen auch die Quellen Carlsbads auf Kluftspalten des Carlsbader Granites.

Die Grenzlinien der drei unterschiedenen Granitpartien sind nach Herrn v. Hochstetter nicht scharf zu ziehen, da die Gesteine durch Uebergänge verknüpft sind. Der Hirschensprunggranit scheidet sich am schärfsten im Teplthale zwischen dem Freundschaftssaale und dem Posthof vom Carlsbader Granit, der auf dem linken Tepl-Ufer bleibt. Noch weniger scharf ist die Grenze zwischen dem Kreuzberg- und Carlsbader Granit. Indem nun Herr v. Hochstetter den Letzteren als ein Uebergangsgestein zwischen dem Hirschensprung- und Kreuzberggranit ansieht, kommt er zu der Ansicht, dass alle drei Granite von Carlsbad gleichen Alters seien, und wird hierin noch durch den Umstand bestärkt, dass die ganze Granitmasse des Carlsbader wie des Erzgebirges an der Zinnerzführung Theil nimmt, wenn gleichwohl die feinkörnigen Granite die eigentlichen Zinngranite seien, welche wohl jünger als die alten krystallinischen Schiefer, aber nicht jünger als die grobkörnigen Granite sind.

Noch einmal hat sich dann C. F. Naumann mit den Carlsbader Graniten beschäftigt, indem er das Verhalten des feinkörnigen (Kreuzberggranites) zum grobkörnigen Granit untersucht, wobei er allerdings die von Hochstetter aufgestellte Varietät des Carlsbader Granites ausser Acht lässt, da er deren schwere Unterscheidbarkeit von manchem Hirschensprungsgranit betont. In Anbetracht der Verhältnisse, wie sie sich am Böhmischen Sitz zeigen, wo der Kreuzberggranit gangartig durch den Carlsbader Granit hindurchgreift, und einiger ähnlicher Beobachtungen kömmt Naumann zur Ansicht, es müsse dem feinkörnigen Granit nothwendig ein jüngeres Alter zuerkannt werden, wenn auch kein langer Zeitraum zwischen ihrer Bildung verstrichen und sie „mehr als successive Glieder ein und derselben Granitformation, denn als zwei völlig verschiedene Formationen zu betrachten sind". Es möchte hierzu bemerkt werden, dass während die von Naumann bezeichneten Gänge zumeist in dem Carlsbader Granit zwischen dem Freundschaftsaal und der Pupp'schen Allee über die Tepl streichen, der östlichste, welcher vom Sauerbrunnen übersetzt über die Tepl wieder zurückkehrt, und südlich vom Freundschaftssaal in dem Gehänge des Plobenberges verläuft.

Nun sei noch gestattet, die Ansicht auszusprechen, welche ich mir sowohl durch Untersuchung des Granits im Erzgebirge, wie im Carlsbader Gebirge gebildet habe[13]. Im gegenüberliegenden Theil des böhmischen Erzgebirges finden sich zwei besonders entwickelte Granittypen, die ich als Gebirgs- und Erzgebirgsgranite[14] unterschied.

Erstere sind die im hercynischen Massiv so weit verbreiteten klinoklasarmen, erzfreien, grauen Granite, mit dunklem Glimmer und eckigem verflössten Quarz, welche arm an accessorischen Gemengtheilen — Turmalin fehlt nicht ganz — grobkörnig oder porphyrartig ausgebildet zu sein pflegen.

Der zweite umfasst die klinoklasreichen, zinnstein- und turmalinführenden Granite mit abgerundetem Quarz und zwei Glimmern, welche vorwiegend im Erzgebirge und im Carlsbader Gebirge auftreten, dagegen im übrigen hercynischen Massiv sparsam oder gar nicht vorhanden sind [15]. Innerhalb desselben kann man porphyrartige und gleichkörnige Varietäten unterscheiden. Die ersteren theils grob-, theils mittel-, theils feinkörnig entsprechen dem Carlsbader und Kreuzberggranit auf das vollständigste, und namentlich sind die zuerst genannten vielfach mit den Gebirgsgraniten verwechselt worden, wie sie denn thatsächlich oft recht schwer zu unterscheiden sind. Ganz dieselben Verhältnisse, welche man im Erzgebirge wahrnimmt, zeigen sich auch auf der Carlsbader Seite, hier nur etwas complicirter. Während nämlich im Erzgebirge der Gebirgsgranit nur zu beiden Seiten des Erzgebirgsgranites auftritt, bildet der letztere im Carlsbader Gebirge mehrere inselartige Massen. Ich bin nun der Ansicht, dass der Gebirgsgranit (Hirschensprung- und Elbogner Granit) ein vom Erzgebirgsgranit (Kreuzberg- und Carlsbader Granit) verschiedenes, nicht durch Uebergänge verbundenes Gestein darstellt. Letzteres durchsetzt das erstere, woraus ich schliesse, dass es jünger als jenes sein müsse, indem ich im übrigen der Ansicht Naumann's beipflichte, dass beide aufeinander folgende Akte einer und derselben Bildungsperiode sind.

Der Granit, welcher dem Duppauer Basalt zunächst und zum Theil von ihm bedeckt, an der Eger bei Gieshübel-Puchstein ansteht, und der sich von da im weiten Bogen über das Buchauer Plateau hinzieht und südlich von Carlsbad im Plobenberg ins Teplthal hereintritt, und von da auch auf der anderen Seite nun bis über Elbogen hinaus das herrschende Gestein wird, ist grobkörniger, meist porphyrartiger Granit. Er begrenzt so den einen Zug Erzgebirgsgranit, welcher von jenseits kommend im Kreuzberg, König Otto-Höhe und soweit der Carlsbader Granit reicht, sein Ende findet.

Der Aberg bildet eine kleine Zunge für sich und während sodann der Gebirgsgranit an der Nordseite bis an die Schlaggenwalder Gneissscholle und an deren Grenze im Lobsbachthal anhält, bilden die zwischen der Scholle und ihrem westwärts vorgestreckten

Arme liegenden Berge Grudum, Schönfelder Spitzberg und Reiterknock wieder eine Insel von Erzgebirgsgranit, welcher unter dem Gneiss hinweg und offenbar mit den in diesem auftretenden Greisenstöcken in Zusammenhang bis ins Teplthal bei Petschau fortsetzen, während sich weiter südlich schon bei Neudorf-Grün wieder Gebirgsgranite zeigen. Wahrscheinlich im Zusammenhang mit jenem steht auch der bei Königswart an der Glatze anstehende Erzgebirgsgranit. Die Granite dagegen, welche in der unmittelbaren Umgebung von Marienbad, dann weiter nördlich zwischen Sandau und Königswart auftreten, sind zu den Gebirgsgraniten zu rechnen.

In beiden Graniten findet man dann noch gangartig auftretende jüngere (Ausscheidungs-) Granite eingelagert. Diese sind entweder sehr glimmerarme, feinkörnige, fast felsitische dichte Massen, welche in Gängen geringer Mächtigkeit, aber oft beträchtlicher Ausdehnung auftreten; oder es sind grosskörnige Pegmatite und Schriftgranite, welche im Erzgebirgsgranit meist röthlichen, im Gebirgsgranit weissen oder gelblichen Orthoklas, oft in ansehnlichen Individuen enthalten, daher sie denn auch zur Gewinnung des „Spathes" für die Porzellanmanufactur von Wichtigkeit sind. Ehedem war der Dallwitzer Bruch, in welchem der Pegmatit an zwei Meter mächtig anstand, besonders sehenswerth.

Als untergeordnete Lagermasse kommt im Granit, und zwar soviel ich beurtheilen kann im Gebirgsgranit, ein Gestein vor, welches mit dem Namen Grauer Granit (JOKÉLY) oder Nestergranit (HOCHSTETTER), ehedem bezeichnet von mir als Minette (Glimmersyenitporphyr) angesprochen wurde [16]. Es besteht aus einer trüben Orthoklasmasse mit Klinoklas, Biotit, Hornblende und Apatit und sehr sparsamen Quarz. Das Gestein ist meist feinkörnig, selten durch grössere Biotittafeln grobkörnig porphyrisch, und bildet im Granit gangförmige, zuweilen auch stockförmige Einlagerungen. Es hat ganz besonders die Eigenthümlichkeit, in sphärischen Massen durch Verwitterung zu zerfallen, wie dies ein im städtischen Steinbruch bei Marienbad anstehender Gang am schönsten zeigt. In der unmittelbaren Umgebung von Petschau ist dies Gestein mehrfach aufgeschlossen. Südlich von dieser Stadt unter dem Koppenstein tritt auch ein Gang von Granitporphyr zu Tage, welcher durch die in einer grauen Grundmasse eingebetteten prächtigen Orthoklase [17] ausgezeichnet ist, die drei bis fünf Centimeter lang, vollkommen glatt und scharfkantig, einfache Krystalle oder Zwillige nach dem Carlsbader und Bavenoer Typus sind.

Eine Eigenthümlichkeit des Carlsbader wie des Marienbader-

Granites sind die hier wie dort auftretenden Hornsteingänge. Sie erinnern unwillkürlich an die Porphyrconglomerate von Teplitz, indem sie hier auch vorwiegend aus grauem oder rothbraunem Hornstein bestehen. Dieser enthält Bruchstücke von Granit und Porphyr, auch Quarzkörner und daneben länglich runde Mandeln von Achat und Chalcedon. Das Streichen dieser Gänge in Stunde 10—11 mit Südwest-Einfall fällt mit der Richtung der Quellspalten zusammen und in der That sprudeln aus ihnen zahlreiche warme Quellen hervor. Sie sind in Carlsbad übrigens nur an wenigen Stellen zu sehen, am ehesten noch am Bernhardfelsen bei der Felsen- und Stephansquelle, dann in der Granitwand unter dem Stadtthurm hinter der Marktbrunnencolonnade. Ganz so wie in Carlsbad ist der Hornstein von Marienbad beschaffen. Hier steht der mächtigste solche Gang in der halben Höhe des Schneidranges an und erstreckt sich in Stunde 9 gegen den Curort. Seine Spuren sind hinter den Häusern „Stadt Berlin", „Stadt Weimar" bis an den städtischen Steinbruch an der Tepler Strasse zu verfolgen.

Herr v. Hochstetter wie Reuss[18] betrachten das Zusammenvorkommen dieser Gebilde mit den Thermalquellen als etwas Zufälliges in der Thatsache begründet, dass diese ihrem Alter nach viel jüngeren Gebilde nur klarlegen, es seien hier vorher Spalten vorhanden gewesen, welche ebensogut heissen Quellen zum Austritt als zur Ausfüllung mit Hornsteinbreccie dienen konnten, deren Bindemittel durch die bei der Kaolinisirung des Feldspathes aus dem Granit sich ausscheidende Kieselsäure erklärt wird. In der Marienbader Gegend fallen diese Gänge in ihrem Streichen gar nicht mit dem der Hauptquellenlinie zusammen. Ebenso hält sie Herr v. Hochstetter für verschieden von den Quarzbrockenfelsgängen des Erzgebirges. Immerhin aber scheint bei dem Umstande, dass man Schwerspathkrystalle in einem Hornsteingang des Militärbadehauses gefunden hat[19], welche als Quellabsätze gedeutet wurden, und bei der unleugbaren Aehnlichkeit, welche die bei Gelegenheit der Regulirungsarbeiten am Marktbrunnen im Jahre 1876 blosgelegten Mangan- und Eisenoxydhydrat führenden Hornsteinbreccien mit den erzgebirgischen Quarzbrockenfelsgängen haben, doch die Thatsache bestätiget, dass die Absätze der Quellen diese Gangausfüllungen in einer diesen entsprechenden Weise beeinflussen[20].

Neben den Graniten sind es nun die krystallinischen Schiefer, welche wir zur betrachten haben. Zunächst der Gneiss. Die Ausdehnung der Schlaggenwalder Gneissscholle ist schon vorn angedeutet worden. Die durchwegs gleiche, feinkörnige, flaserige, an dunklem Glimmer reiche Gneissmasse, welche sich auch über das Teplthal zwischen Wasserhäuseln und Töppeles ausbreitet, zeigt überall eine steile Aufrichtung und ein gegen Südosten gerichtetes Einfallen. Sie setzt scharf gegen den Granit ab, charakteristisch aber für ihre Einlagerung in das umgebende Gestein sind die von ihr abgetrennten, ganz in Granit eingeschlossenen Gneissschollen, welche man bei Petschau zu Gesicht bekommt. Die durch den Lauterbacher Gneissarm mit der Schlaggenwalder Scholle zusammenhängende Gneissmasse zwischen Lobs und Frohnau fällt rings vom Granit ab, und lässt unschwer erkennen, wie sie nur oberflächlich dem alten Massengestein aufgelagert ist. In der Schlaggenwalder Gneissscholle liegen denn auch zwischen Schönfeld und Schlaggenwald die zinnsteinführenden Greisenstöcke[20], welche ehedem durch Bergbau belebt waren, der aber gegenwärtig ganz ruht. Die „Hub", der einst viel gepriesene Bau, gegenwärtig eine mächtige Pinge, ist ein kegelförmiger Greisenstock, welcher ringsum vom Gneiss umgeben wird. An der Peripherie des Stockes, namentlich östlich davon kommen Granite vor, welche grosse Aehnlichkeit mit den Greifensteingraniten des Erzgebirges haben, auch wohl Gneissbrocken enthalten. Es fehlt auch nicht an Andeutungen, dass wie am Geier'schen und anderen Zinnstöcken des Erzgebirges ein sogenannter Stockscheider vorhanden war. Wie in allen zinnsteinführenden Greisen, war auch hier das sogenannte Zwittergestein Gegenstand des Baues, doch setzen auch Zinnsteingänge in dem Gneiss fort, so wie es auch bei den erzgebirgischen Stöcken der Fall ist. Ein wenig westlich von dem Huber Stock liegt der Schnöden Stock. Von ihm ist gegenwärtig kaum etwas zu sehen. Ein dritter Greisen liegt nordwestlich von Schönfeld, schon weithin kenntlich zwischen dem Gneiss und Granit. An der Peripherie dieses Stockes lässt sich recht schön das allmähliche Uebergehen des Greisen in Erzgebirgsgranit wahrnehmen.

Der Glimmerschiefer, welcher westwärts vom Gneiss das Gehänge des Kaiserwaldes bis nach Miltigau und Schönficht hin bildet, fällt zwar auch vom Granit ab, ist aber in eine Menge Lappen und Inseln getheilt, welche sich westwärts immer mehr isoliren, und in den entstehenden Lücken allenthalben den Granit durchblicken lassen. Dies ist in noch viel höherem Masse der Fall mit den von Süden herkommenden Amphiboliten, welche erst aus der Gegend von Königswart und Sangerberg und weiter nach Einsiedel und Neudorf hin zusammenhängend werden, während dem langen Granitstreifen zwischen Petschau und Sandau eine Menge von kleinen Amphibolitschollen aufgelagert sind, deren nördlichste man sogar schon im Gneiss bei Rabensgrün zwischen Schlaggenwald und Petschau antrifft. Es scheint unzweifelhaft, dass die ganze grosse Granitkuppel des Carlsbader- und Kaiserwaldgebirges von einer Hülle von krystallinischen Schiefern bedeckt war, deren Reste sowohl die Schlaggenwalder Gneissscholle wie die Glimmerschiefer- und Hornblendschieferinselchen sind. Als letztes Glied der krystallinischen Schiefer erwähne ich nun noch eines Phyllitzuges, welcher zwischen dem Dorfe Schaaben und Königsberg an der Eger einen nach Norden gerichteten Ausläufer bildet, welcher unmittelbar durch die gegenüberliegenden Höhen von Mariakulm ins Erzgebirge fortsetzt, und so die natürliche, nur durch das Gerinne der Eger durchschnittene Verbindung mit diesem Gebirge herstellt. Wie dieser Phyllit weiter die Verbindung mit dem Böhmerwald vermittelt, wird bei Betrachtung des Egerer Beckens zu berühren sein.

Es sei nun auch der Serpentine hier gedacht, welche, im Amphibolschiefer in der Nähe der Granitgrenze zwischen Neudorf, Grün, Einsiedel und Sangerberg auftreten und hier eine langgestreckte südwest-nordost streichende elliptische Kuppe, die sogenannte Pflugerhaide und nördlich davon zwischen Sangerberg und Neudorf einige isolirte Kuppen, sowie den Calvarienberg westlich von Sangerberg bilden. Im südwestlichen Streichen der grossen Masse liegt denn auch der Serpentin auf dem Filzhübel nördlich von Marienbad. Die kahlen, wildzerrissenen Kuppen — nur die Pflugerhaide ist bewaldet — sind schon weithin zu erkennen. Das dunkele, stellenweise an Granat sehr reiche Gestein enthält auch Einschlüsse von Bronzit; eine genaue Untersuchung der hiesigen Serpentine ist bisher noch nicht durchgeführt worden.

Wenn ich nun noch eines aus der Gegend des Grudum nordwestlich gegen die Falkenauer Ebene streichenden Quarzbrockenfelsganges, wie sie im Erzgebirge häufig angetroffen werden, sowie der Corunbianite erwähne, welche Reuss bei Wudinggrün am Eingange des Lobsbachthales im Contact des Glimmerschiefers mit dem Granit bemerkte, so habe ich nur noch der untergeordnet auftretenden Eruptivgesteine zur Vervollständigung des Bildes zu gedenken. Von Porphyren, welche im Erzgebirge so reichlich sind, erwähnt Hochstetter einzig und allein einige gangförmig im Carlsbader Granit auftretende Felsitmassen. An der Prager Strasse in Carlsbad, unterhalb Bellevue streicht ein drei bis vier Zoll mächtiger Gang in Stunde 6—7 fällt 80° N., ebenso finden sich solche Gänge beim „Altenburger Hause“ in der Egerer Strasse, wo sie bedeutend mächtiger in Stunde 10—11 80° O. fallen. Auch von Marienbad werden einige Gänge angegeben.

Glimmerdiorit bildet einige unscheinbare Gänge im Granit bei Nallesgrün zwischen Elbogen und Schlaggenwald und im Gneiss zwischen dieser Stadt und der Hub, wo er südwest-nordöstlich über die Strasse nach Schönfeld streicht.

Unter den jüngeren Eruptivgesteinen sind es, wie schon oben erwähnt, die Vorposten und Ausläufer des Duppauer Gebirges, welche in zahlreichen einzelnen Kuppen auf das Granitplateau rechts der Tepl zwischen Carlsbad und Petschau aufgesetzt sind. In der Nähe von Carlsbad selbst ist der seiner merkwürdigen Verhältnisse wegen öfter beschriebene Veitsberg eine solche Kuppe. Hier schliesst der Basalt ansehnliche Blöcke von Gebirgsgranit ein, welche zum Theil sehr merkwürdig verändert sind, indem die dunkle Gesteinsmasse zwischen die Lücken des Granites eindringt. Auch eigenthümliche porzellanjaspisartige Einschlüsse, wie Herr v. Hochstetter meint von eingeschlossenen und umgeschmolzenen Braunkohlenthon herrührend, werden hier angetroffen.

Zwischen Carlsbad und Elbogen am linken Ufer der Eger liegt der weithin sichtbare Hornberg, den Goethe [22] beschrieben hat, gerade gegenüber am Eingange in das Hansheilingthal westlich von Aich die Bärenloh ebenfalls basaltische Kuppen. Auch der Schlossberg bei Pirkenhammer besteht aus solchem Gestein. Ferner sieht man auf dem Wege nach Giesshübl-Puchstein zwischen Eichhof und der Brettmühle eine den Granit durchsetzende basaltische Masse.

Phonolith tritt nur an zwei Punkten im Granit auf, der auf dem Plateau gelegene Engelhauser Schlossberg, welcher weithin sichtbar einem riesigen Mahlzahn nicht unähnlich ist, und der Schömitzstein zwischen Carlsbad und Giesshübl-Puchstein. Beide erinnern in ihrer Gestalt an den Teplitzer Schlossberg und Biliner Borschen. Das Gestein des Schömitzsteines ist ausserordentlich dünnschiefrig, die in Stunde 9—10 streichenden Schieferplatten zeigen nach oben ein fächerförmiges Auseinanderweichen. Während der Engelhauser Felsen dem Granit aufsitzt, scheint der Schömitzstein aus diesem durch Erosion freigemacht, indem er sich südwärts in den Granit hineinzuziehen scheint.

Das Erzgebirge bei Carlsbad.

Ich führe nun meinen Leser in das nördliche Randgebirge, in den Carlsbad gegenüberliegenden Theil des Erzgebirges [23]. Ein Blick auf die Karte belehrt darüber, dass wir auf der südwärts gekehrten Seite desselben, ein ganz symmetrisches Bild der nordwärts gekehrten Lehne des Carlsbader und Kaiserwaldgebirges erhalten, genau so wie hier folgen westwärts auf den mächtigen breiten Granit der Reihe nach krystallinische Schiefer, deren jüngstes Glied, wie wir schon erfahren haben, bei Mariakulm sich mit dem Königsberger Riegel des Kaiserwaldes vereiniget. Es fehlt auch nicht an Mittelgliedern in der Mulde selbst, welche die nur sehr oberflächlich seichte Trennung der beiden nicht vereinigten Gebirgsflügel durch das Egerthal darthun. Von dem östlich vom Granit dem Duppauer Basaltgebirge gegenüberliegenden Theile des Erzgebirges findet sich allerdings rechts der Eger kein Gegenflügel, er muss unter den Basaltdecken tief hinabgesunken sein. Wir müssen aber wenigstens den dem Granit zunächst gelegenen Theil des Erzgebirges mit in den Kreis unserer Betrachtung ziehen.

Das Schiefergebirge bei Joachimsthal.

Der Carlsbad zunächst gelegene Theil des Erzgebirges enthält die höchste Anschwellung in der ganzen Kette des Gebirges. Vom 1244 Meter hohen Keilberg bei Joachimsthal fällt das Gebirge sowohl nach Osten, wie nach Westen hin sanft in die wellenförmig auf- und absteigende Kammlinie ab. Eine gewisse Aehnlichkeit mit dem Teplitzer Erzgebirge erhält das Carlsbader durch den Durchbruch des Granites durch die Schiefer, doch sind es hier Schiefer jüngeren Alters, welche rechts und links vom Granit vorkommen.

Der Glimmerschiefer nimmt in der östlichen den Granit begleitenden Partie die weiteste Verbreitung ein, indem er sich auf dem Plateau des Gebirges von Bärringen über Abertham, Gottesgab, den Keilberg und am Nordabfall hin bis Weipert hinabzieht, ebenso östlich vom Granit bis an den Fuss des Gebirges bei Oberbrand hinabsteigt. Das Gestein ist in der weitesten Verbreitung licht gefärbt, vorwiegend mit weissem Glimmer ausgestattet. Nach unten hin nimmt es Orthoklaskörner auf, und geht so deutlich in Gneiss über. Nur an der östlichen Grenze unseres Gebietes treten am Fusse des Keilberges bei Honnersgrün und Arletzgrün eigentliche Gneisse auf; ebenso wie die tiefsten Gesteine im Oehlbecken unter dem Keilberg wohl schon der oberen Gneisszone angehören. Bei Brand am Eingange zum Joachimsthaler Grund wechsellagern Gneissglimmerschiefer mit Glimmerschiefern, dann folgen quarzige Glimmerschiefer, welche südlich von Joachimsthal in die eigenthümlichen Joachimsthaler erzführenden Schiefer übergehen. Diese sind feinkörnig, dunkel, manchmal graphitisch, mit Kiesen imprägnirt, daher an der Luft auf den Klüften rostig, und in ihrem ganzen Auftreten wohl den norwegischen Fahlbändern zu vergleichen. Die Joachimsthaler Schieferzone erstreckt sich quer über den Stadtgrund östlich bis unter Dörnberg und ist weiterhin nicht bekannt. Nach Nordwesten ist das Vorkommen der Joachimsthaler Schiefer in Abertham wenigsten angedeutet. Nördlich von Joachimsthal werden sie von gewöhnlichen Glimmerschiefern überlagert. Hier führt der Glimmerschiefer gangförmige Einlagerungen von magneteisenreichen Amphiboliten und Granatfelse, welche parallel zum Gebirgskamm bis nach Bärringen hin zu verfolgen sind; an der Granitgrenze treten dann zwei Nordwest-Südost streichende Quarzbrockenfelsgänge in den Glimmerschiefer ein.

In der Nähe des Granits accommodieren sich die Schiefer in ihrer Lagerung den Conturen derselben, nur zwischen Bärringen und Platten stösst ihr Streichen so ziemlich senkrecht auf.

Gegen den Keilberg hin zeigt sich ein allgemaches Umkehren des Streichens und Fallens durch West in Nord, wie man denn auch auf dem Keilberg und Sonnenwirbel eine kuppelförmige Auflagerung der Schiefer, die sich nach Westen, Norden und Osten erhalten hat, erkennen wird.

Nur im Süden ist der Zusammenhang unterbrochen. Schon äusserlich deutet hier ein terrassenförmiger Absatz des Gebirges eine Absenkung an, und in der That beginnt schon nördlich von Joachimsthal eine Bruchlinie, welche bis nach Komotau hin zu verfolgen ist[24], vor welcher das Erzgebirge abgesunken ist. Dieser Verwurf ist durch das Absetzen der Joachimsthaler Schiefer und der sie begleitenden Erzgänge nördlich vom Edelleutstollen östlich bei Joachimsthal nachgewiesen. Westlich und nördlich davon deuten wohl die mit Basalttuff ausgefüllten Klüfte, welche in der Tiefe angefahren wurden, auf den Anfang des Verwurfes.

In dem Gehänge des Gebirges vor der Verwerfungslinie zeigen die Schiefer zumeist auch ein gegen Norden und Nordwest gerichtetes Einfallen, nur am Saume sieht man dieselben hie und da in entgegengesetzter Richtung einschiessen; so ist es in unmittelbarer Nähe bei Joachimsthal der Fall. Weiter östlich jedoch kann man sehen, wie die Schichten an den Bruchrand angeschoben sich aufrichten, und nicht selten eine fächerförmige Stellung einnehmen.

Das tiefste Glied der erzgebirgischen Schiefer ist der im Egerthal unter den basaltischen Decken anstehende Granulit. Soweit der abgesteckte Bezirk unserer Betrachtung reicht, kann man nirgends die zwischen den Glimmerschiefergneissen und diesem liegenden Gestein sehen. Weiter östlich jedoch aus der Gegend von Klösterle und Kupferberg, wo die ganze Reihe der auf die Granulite folgenden Gneisse allerdings auch noch vom Gebirgsabsturz verlegt wird, sieht man dichte Gneisse, Plattengneisse und mächtig entwickelte Augengneisse, welche westwärts unter die Glimmerschiefer tauchen, und sich wohl auch in unserem Bezirke zwischen den Granulit und Glimmerschiefer nunmehr am Fusse des Gebirges einlagern.

Das Schiefergebirge um Joachimsthal ist reich an Einlagerungen von Eruptivgesteinen. Abgesehen von Granit, der einen Gang am Fusse des Gebirges ostwärts wirft, welcher zwischen Honnersgrün und Weidmesgrün sich durch Blöcke verräth, sind es namentlich Diorite und Porphyre, und sodann die jüngern Gesteine, die sich bemerkbar machen.

Die Diorite halten sich auf dem Kamm des Gebirges, wo sie Lagergänge im Glimmerschiefer machen, welche vom Granit bei Bärringen nördlich von Abertham bis Gottesgab, dann nördlich vom Keilberg noch zu verfolgen sind. Oestlich vom Keilberg setzen sie unter den Wirbelsteinen fort, welche den Anfang eines ostwärts über Kupferberg hinausstreichendeu Eklogitzuges markiren, zu denen sie parallel auf der südlichen Abdachung des Gebirges Ostwest gerichtet die Aufrichtung der Glimmerschiefer und Gneisss theilende streichen. Das festere Gestein überragt in vorstehenden, mauerähnlichen aber sehr zerrissenen Zügen die umgebenden Schiefer.

Die Porphyre sind in der Umgebung von Joachimsthal besonders häufig. Sie treten in zahlreichen mehr oder minder mächtigen Gängen auf und zeigen ein zur östlichen Granitgrenze paralleles NW-SO.-Streichen. Zwei Gänge übersetzen den Joachimsthaler Grund zwischen Oberbrand und Joachimsthal; ein dritter ist nordnordöstlich von der Bergstadt durch den „grauen Stein“, einen weithin sichtbaren Felsen, markirt. Die übrigen sind durch den Bergbau überfahren worden. Die Gesteine haben entweder eine röthliche oder graugrüne, zuweilen dunkle Grundmasse[25]; in der unmittelbaren Nachbarschaft des Granites werden sie gneissartig.

Nach den Porphyren sind es basaltische Gesteine, welche sich bemerkbar machen. Am Eingang in den Joachimsthaler Grund ragt links oberhalb Oberbrand die Pfaffengrüner Kuppe und nordwestlich davon der Jugel- oder Küberstein, zwei aus schlanken, im Scheitel zusammengeneigten Säulen aufgebaute Kuppen empor, ihr Gestein ist magneteisenreicher, daher die Nadel beeinflussender Nephelinbasit. Zahlreiche Nephelinbasitgänge sind durch den Bergbau bekannt geworden, sie haben meist ein Ostwest-Streichen. Die sogenannten „Putzenwackengänge" sind Spalten, welche mit Tuffen ausgefüllt sind, sie enthalten Geschiebe von Quarz und Schiefer, Biotittafeln und Augitbruchstücke. Die Putzenwacke füllt eine 26—36 Lachtern weite Kluft, welche bis in beträchtliche Tiefe bekannt ist, und nördlich von Joachimsthal beim Stadtteich zu Tage ausstreicht. In diesem Basalttuff hat sich zu wiederholten Malen lignitisirtes Holz gefunden[26]. Diese Tuffe sind wohl mit den Leucitophyren in Zusammenhang zu bringen, welche jenseits des Gebirges bei böhmisch Wiesenthal ihren Sitz haben.

Der 1089 Meter hohe Spitzberg bei Gottesgab, der zweithöchste Berg des Gebirges, ist eine Hauynbasit-Kuppe; im Zusammenhang stand früher offenbar damit die etwa 2000 Meter lange Decke zwischen Seifen und Abertham, die Steinhöhe genannt, welche sich auf einer Unterlage von grobem Geschiebeschotter und Thonen offenbar tertiären Alters ausbreitet.

Phonolith — ein Trachyphonolith oder grauer Phonolith — bildet nordnordöstlich von Joachimsthal zwischen der Pfarrwiese und dem Hirschfleck eine kleine Kuppe.

Joachimsthal ist der einzige Ort im böhmischen Erzgebirge, an welchem noch in etwas grösserem Massstabe Bergbau betrieben wird. Die Gänge[27] treten in der oben erwähnten fahlbandartigen Schieferzone auf, man kennt deren 36 u. z. 21 Mitternacht- und 13 Morgengänge, doch sind nur einige wenige besonders erzreich. Die Gangmasse ist theils hornsteinartig quarzig, theils lettig-kalkig. Der Mineralreichthum der Joachimsthaler Gänge ist bekannt. Sie gehören nach ihrer Gangfüllung zu Breithaupt's Kobalt-, Nickel- und Edle Geschick-Formation[28], und führen Silber-, Nickel-, Kobalt-, Wismuth-, Arsenik- und Uranerze. Das Auftreten der Erze ist sehr verschieden, zumeist haben die Gänge den Charakter der obererzgebirgischen Putzengänge, und zeigen besonders Aehnlichkeit in der Gangformation mit Schneeberg und Johanngeorgenstadt.

Der Granitstock des böhmischen Erzgebirges.

Der Granitstock des böhmischen Erzgebirges, welchen wir nunmehr betreten, auch das Neudeker Granitgebirge genannt, bildet den südlichen Theil der grossen Granitpartie, welche mit einer mittleren Streichenrichtung in Nordwest sich auf dem nördlichen Abhange bis nach Schneeberg in Sachsen erstreckt, und unter dem Namen „Eibenstocker Granitstock" bekannt ist. Der Granit bildet bei seinem Eintritt ins Land zwischen dem Aschberg bei Grasslitz und Platten ein 12—15 Kilometer breites Band und gewinnt die grösste Breite zwischen Grasslitz und Unterbrand mit 28 Kilometer. Die Länge des Stockes in Böhmen beträgt 29.5 Kilometer. Gegen Westen ist die Grenze durch eine scharfe Linie geschlossen. Im Osten und Süden liegen einige isolirte Partien vor, nämlich der grosse Plattenberg, der Hirschberg, die Hengster Höhe und der Sandfels in der Umgebung von Platten; im Süden ragt ein langvorgestreckter Arm bis an die Rohlau- und an den Chodaubach, und wenn man will, unter der schwachen Braunkohlendecke hindurch bis an die Carlsbader Granite. Weiter westlich davon vermittelt eine Kuppe zwischen Wintersgrün und Chodau die Verbindung mit dem gegenüber liegenden Gebirge. Der Granit bildet über der Thalebene, in welche das Egerbett eingeschnitten ist, und vor dem eigentlichen Gebirge eine etwa 4 Kilom. breite Terrasse in Form eines niedrigen Hügellandes von circa 160—220 Meter relat. Höhe. Erst von dieser Stufe erhebt sich das Granitgebirge zur Kammlinie, aus welcher einige Bergkuppen, der Wölfling, Paindlberg bei Neudek, Hartelsberg bei Frühbuss und der Mückenbühlberg bei Grasslitz besonders hervortreten.

Unter den Graniten des Erzgebirges kann man, wie ich das schon oben p. 76 gelegentlich der Besprechung der Carlsbader Granite dargelegt habe, zwei Typen unterscheiden, die erzfreieren Gebirgsgranite meist grobkörnig, porphyrartig, mit verflösstem oder eckig körnigem Quarz, schwarzem Glimmer und weissen oder gelben Orthoklas, und die zinnsteinführenden Erzgebirgsgranite, fein oder grobkörnig, porphyrartig mit abgerundeten Quarzkörnern, meist zweierlei Glimmern, weissem oder röthlichem Orthoklas, Klinoklas, reichlichem accessorischen Turmalin.

Die Gebirgsgranite treten an den beiden Grenzen gegen die Schiefer hin auf, die Mitte nimmt der Erzgebirgsgranit ein. Die östliche Gebirgsgranitpartie bildet den Wolfsberg bei Mariasorg westlich von Joachimsthal und erstreckt sich bis südlich von Abertham. Das hier auftretende Gestein ist grobkörniger Porphyrgranit, im Modesgrund unterhalb Abertham enthält er eine kleine Partie Glimmersyenitporphyr eingelagert. Man sieht, dieser Gebirgsgranit entspricht dem im Carlsbader Gebirge gegen Giesshübl-Puchstein auftretenden.

Die westliche Gebirgsgranitpartie hängt fast unmittelbar mit dem Elbogner Granit zusammen und erstreckt sich über den Weissen Stein nach Heinrichsgrün, dann über Unterrothau nach Grasslitz in den Glasberg, welcher das linke Gehänge des Grasslitz-Silberbacher Thales bildet bis nach Unter-Silberbach, wo er gegen den Erzgebirgsgranit absetzt. Zwischen Pechgrün und den Hammerhäusern bei Neudek sieht man den Gebirgsgranit in Form einer mächtigen Blockwerksmasse dem Erzgebirgsgranit aufgelagert, ohne die mindeste Spur eines Ueberganges zwischen beiden.

Der Erzgebirgsgranit tritt mit dem Aschberg bei Silberbach als breiter Streifen bis Platten aus dem Eibenstocker Gebiet herüber und schiebt sich so zwischen die beiden Gebirgsgranite bis an den Fuss des Gebirges hin. Westwärts taucht er unter den Gebirgsgranit, ostwärts dagegen stösst er durch die bis Putschirn vorgeschobenen Höhenzüge mit den Carlsbader Graniten desselben Typus zusammen. Von Lichtenstadt her schiebt er sich noch etwas weiter vor dem Wolfsberg nach Osten gegen Oberbrand vor und bildet auch den genannten Gang bei Honnersgrün. Die feinkörnigen, Zinnstein führenden bilden im grobkörnigen Granit elliptische Stöcke und gangförmige Züge[29], ganz so, wie es die Carlsbader Granite erkennen lassen. Die östlich vom Massiv rings von Phylliten und Glimmerschiefern umgebenen und so abgesonderten Stöcke bei Platten gehören zum Erzgebirgsgranit[30]. Dass ich diese als die jüngeren betrachte gegenüber den Gebirgsgraniten, habe ich schon weiter oben angeführt. Im Granitgebiet findet sich von den den Glimmerschiefern auf beiden Seiten eingelagerten und bis an sie herantretenden Dioritgängen keine Spur. Dagegen ist wenigstens von Osten her das gangartige Eindringen von Porphyr in den Granit des Wolfsberges bei Mariasorg, und in den Erzgebirgsgranit am Schuppenberg bei Platten erwiesen. Verbreiteter sind die Basaltgesteine. Eine von Tüppelsgrün bei Lichtenstadt bis Heinrichsgrün hinziehende Reihe von Leucitbasitkuppen markirt offenbar an der Grenze der obenerwähnten Vorterrasse gegen das eigentliche Gebirge eine hier verlaufende Bruchlinie. Südlich von Abertham ragt aus dem Granit der weithin sichtbare Blössberg, eine Nephelinbasitkuppe, auf, die unzweifelhaft mit dem Iugelstein und der Pfaffengrüner Kuppe im Glimmerschiefer bei Oberbrand in Verbindung stehen mag, und nebst den Gängen in der Joachimsthaler Gegend als Ausläufer des Duppauer Gebirges angesehen werden kann. Auf- und Einlagerungen von krystallinischen Schieferschollen, wie sie das gegenüberliegende Gebirge so vielfach zeigt, finden sich im erzgebirgischen Granit nur oberhalb Neudek in den Lehnerstauden und bei Lindig unter dem Wolfsberg.

Schon mehrfach wurde erwähnt, dass der Erzgebirgsgranit Zinnerze führt. Das Zinnerz[31] kommt im „Zwittergestein“ vor, dieses ist mit Zinnstein imprägnirter Greisen, welcher gangartige Einlagerungen, aber keine wirklichen Gänge im Granit bildet, indem letzterer durch Abnahme der Feldspathe in jenes Gestein unmerklich übergeht, und dabei mehr und mehr Zinnstein aufnimmt. Daher ist die mittelste Partie eines solchen Zwittergesteinzuges auch die erzreichste. Bei einem nördlich gerichteten Streichen und steilem Einfall fallen sie häufig mit einer Kluftrichtung zusammen. Da sich die Zwittergesteinlager oft dicht nebeneinander befinden und oft schaaren, sind sie meist durch den Stockwerksbau ausgebeutet worden, als dessen Ueberbleibsel die mächtigen Pingen zu betrachten sind, die sich in Zinndistrikten so häufig finden. Gegenwärtig ist von den vielen Zinnbergwerken, welche im Granit umgingen, nur noch eines, St. Mauritius bei Hengstererb nördlich von Abertham im Betrieb. Das Vorkommen des Zinnerzes hier ist im Allgemeinen dem Auftreten in anderen erzgebirgischen Stöcken und auch in den Schlaggenwaldern sehr ähnlich. Auch das Fortsetzen der Zinnerzgänge in den die Granitstöcke umlagernden Schiefern ist in der Plattener Gegend beobachtet worden.

Eigenthümlich und ihrem Wesen nach räthselhaft sind die im Granit nördlich von Neudek auf der Hieronymuszeche bei Hochofen und am Eibenberg vorkommenden Eisenerzlager. Diese bestehen aus einem innigen Gemenge von Rotheisen, Magneteisenstein und Granat, begleitet von einem eigenartigen Turmalin-Granatgestein gangförmig in Granit eingelagert. Am Eibenberg, wo zwei solche Einlagerungen bekannt sind, werden dieselben von einem granitischen Saalband begrenzt, welches einen Uebergang der eisenerz- und granatreichen Gangmasse in den Granit zu vermitteln scheint, so dass man sie wohl als eine Ausscheidungsbildung im Granit ansehen kann.

Zu den wichtigsten Gebilden im Gebiete des Granites gehören die auch in Sachsen bedeutend entwickelten Quarzbrockenfelsgänge, davon auch jenseits der Eger ein Vorkommen erwähnt wurde. Diese Gänge, oder richtiger Gangzüge, gehören zwar dem Granit nicht lediglich an, da sie auch in die benachbarten Schiefer übersetzen, kommen aber hier besonders zahlreich vor, und fallen zunächst durch paralleles Streichen in SO—NW, sowie durch ihre stellenweise bedeutende Mächtigkeit auf. Das Ganggestein besteht aus einer durch Kiesel oder thonige Masse verbundenen Breccie von Quarz-, Hornstein-, Eisenkiesel-, Jaspis-, Amethyst-Brocken, zuweilen mit Orthoklasen aus dem Granit untermischt. Streckenweise ist der Gang auch nur mit Letten gefüllt. Im Quarzbrockenfels oder

Letten bilden Rotheisensteine von verschiedener Ausbildung und Manganerze ihre steten Begleiter, kleinere und grössere Putzen oder Nester. Die Mächtigkeit wechselt zwischen 5.5—15 Meter und darüber. Die Gänge sind nur im Granit oder an der Schieferscheidung erzreich, im Schiefer vertauben sie, in der Tiefe werden sie ebenfalls erzärmer. Zwischen Grasslitz und Joachimsthal kennt man zahlreiche solche, zum Theil durch Bergbau aufgeschlossene Gänge, welche weithin noch in Sachsen bekannt sind [34]. Der am meisten bekannte und zugleich ausgedehnteste Zug ist der in Sachsen „Rothgrubner Zug“ genannte westlichste dieser Gänge. Er ist dort auf 11 Kilom. Länge bekannt, kommt im Streichen von Stunden 10 nach Junghengst, dann längs des Plattenberges gegen Hengsterereb und durch den Glimmerschiefer bis an den Fuss des Gebirges, wobei er nahezu 18 Kilom. Erstreckung erlangt. Auf diesem Gangzuge baut an der Schieferscheidung zum Granit die Segen-Gottes-Zeche am Irrgang die bekannten herrlichen Glasköpfe ab. Der Plattner Zug, welcher am Hirschberg bei Platten die schönen Mangane, Polianite u. s. w. liefert, ist die Fortsetzung des in Sachsen auf eine Länge von 5700 Meter bekannten Rehhübler Zuges, er verläuft südwärts im Granit und führt hier Rotheisenstein.

Das westliche Schiefergebirge.

Es ist nun erforderlich, noch Einiges über die dem Granit von Westen her anliegenden Schieferpartie zu sagen. Sie ist im Wesentlichen viel niedriger als das Granitmassiv, von welchem sie westwärts in die Mulde von Schönbach abdacht, welche die orographische Grenze gegen das Fichtelgebirge macht. Die terrassenförmige Erhöhung, welche vor dem Granit im Süden sich ausbreitet, dehnt sich auch vor dem Schiefergebirge westwärts aus. Diese Stufe von circa 15 Kilom. Breite überhöht das Braunkohlenland bei Falkenau um etwa 190 Meter und fällt auch um soviel gegen das Egerbecken ab. An ihrem Westende schiebt diese Terrasse gegen Süden einen Ausläufer vor, markirt durch die Mariakulmer Doppelkuppe, welche, wie wir schon wissen, mit dem Königsberger Rang die natürliche Verbindung mit dem Kaiserwalde herstellt. Das Schiefergebirge baut sich aus Glimmerschiefern, Phylliten und Urthonschiefern auf.

Die am weitesten nach Süden vorgeschobene Partie, die Mariakulmer Kuppe, liegt an der Grenze der Glimmerschiefer und Phyllite. Sie stellt eine Sattelfalte dar, deren Inneres aus Glimmerschiefer, das Aeussere aus Phyllit besteht, der Phyllit setzt sowohl auf der

Erzgebirgsseite nordwestlich, wie im Kaiserwald südwestlich fort. Oestlich, im Innenrande des Falkenauer Beckens, breitet sich Glimmerschiefer aus. Seine südliche Grenze verläuft von Nonnengrün bis an den Granit des Weissen Steines bei Rossmeisel, von hier über Heinrichsgrün bis Unterrothau liegt der Glimmerschiefer dem Granit an. Gegen Nordwesten gehen die Glimmerschiefer allgemein in Phyllit über, daher eine strenge Abgrenzung nicht leicht möglich, man kann dieselbe etwa auf einer Linie finden, welche etwas nördlich von Neukirchen in nordöstlicher Richtung gegen Annathal im Zwodtathal verläuft. Zu unterst an den Granit angelagert treten auch hier Glimmerschiefer mit einzelnen Feldspathaugen auf, welche jedoch mit normalen Glimmerschiefern wechsellagern, und daher nicht den älteren echten Gneissen zugezählt werden können. Im übrigen herrscht im ganzen Gebiet die bekannte Monotonie, welche nur durch eine kleine Eklogiteinlagerung bei Hartenberg und durch einen Kalkschiefer bei Heinrichsgrün unterbrochen wird. Die Schiefer lagern sich in einem nach Nord geöffneten Bogen, indem sie anfangs am Granit in Stunden 24, dann durch alle Compassstunden weiter westwärts in ein constantes Streichen in Stunden 6—7 übergehen. Zwischen Frauenreuth und Gossengrün verläuft ein Nord-Süd abfallender Sattel, nördlich davon haben die Schiefer ein nördliches Fallen, welches in der Weise, wie sich das Streichen in Nord wendet, gleichmässig westlich wird. Längs des Laufes des Leibitschbaches schneiden dieselben plötzlich am Tertiär des Egerbeckens ab.

Conform in der Lagerung folgen auf die Glimmerschiefer in einer Zone, deren Breite am Granit durch die Entfernung von Unter-Rothau bis Silberbach im Osten, und von Ullersgrün und Absroth im Westen gegeben ist, Phyllite. Nur die dem Granit von der Landesgrenze bis Grasslitz folgende Fleckschieferzone, die im Hausberg zwischen Silberbach und Grasslitz, dann bei Schieferhütten und an den Gehängen des Glasberges besonders schön entwickelt ist, kann in dem sonst ganz einförmigen Gebiete einiges Interesse wecken.

Endlich folgen nun noch eigentliche Urthonschiefer, welche diesseits der Grenze den Winkel zwischen Schönbach, Ruhstatt, Markhausen bei Grasslitz ausfüllen, und jenseits der Grenze mit den sie unterteufenden Phylliten und Glimmerschiefern den Nordabfall der Ausläufer des Fichtelgebirges decken, sodann durch das Voigtland in weitem Bogen gegen Osten um die nördliche Abdachung des Erzgebirges bis an die Elbe, und selbst wohl bis an's Isergebirge fortsetzen. Auch sie zeigen im Streichen und Fallen mit den früher erwähnten übereinstimmende Verhältnisse. Zur muldenförmigen Lagerung, welche die Schiefer diesseits vom Granit zeigen, bilden die an der Nordseite des Fichtelgebirges aufsteigenden äquivalenten Glieder den Gegenflügel.

Zwischen Schönbach, Grasslitz und der Landesgrenze treten hier, den Urthonschiefern und Phylliten mit merklicher Discordanz aufgelagert, einige kleine Depots von dunklen, halbkrystallinischen, von Quarzadern durchzogenen Schiefern auf, ihre grösste Ablagerung ist der weithin sichtbare, in bizzare Pfeiler zernagte „Hohe Stein“ bei Kirchberg. Ich nannte sie Hohensteinschiefer.

Herr Gümbel hat die Verbreitung ähnlicher Gesteine im Fichtelgebirge bei Lichtenberg, Schönbrunn, Albersreut nachgewiesen, und schreibt ihnen ein untersilurisches Alter zu. Ich halte sie für cambrisch und die kleinen Ablagerungen als die Spur eines Verbindungscanales, welcher das mittelböhmische Cambrium mit dem ausserhercynischen verband.

Eruptivgesteine treten im diesseitigen Schiefergebirge nur ganz untergeordnet auf. Einige unbedeutende Dioritgänge finden sich im Phyllit bei Grasslitz. Der Granit des Fichtelgebirges schiebt einen Ausläufer, eine kleine Kuppe, bis herüber ins Erzgebirge bei Berg an der Mündung des Leibitschgrundes. Granitporphyr[33] bildet im Phyllit des Grünberges bei Grasslitz zwei circa 5—6 Meter mächtige, Ostwest streichende Gänge, welche sich bis nach Sachsen fortsetzen. Quarzporphyr bildet einen Ostwest streichenden, 6 Meter mächtigen Gang am linken Ufer der Zwodta beim Bleistädter Bahnhof. Von Nephelinbasalt findet sich nur eine Kuppe bei Unterrothau.

Ehedem war auch in diesem Gebirgstheil lebhafter Bergbau im Gange. Bei Bleistadt und in dessen Umgebung wurde auf silberhaltigen Bleiglanz[34] gebaut, welcher in Mitternachtsgängen und einigen Morgengängen mit quarziger oder lettiger Gangausfüllung auftrat. Auf Kupfererze wurde bei Grasslitz gebaut, doch ist ausser den mächtigen Halden am Eibenberg hievon nichts mehr vorhanden. Es waren vorwiegend Kupferkiese, welche hier ziemlich reichlich vorkommen sollen[35].

Jüngere Gebilde

finden sich, mit Ausnahme der tertiären Unterlage der Steinhöhe bei Seifen, in diesem Theil des Erzgebirges nur noch aus der Quartärzeit. Es bestehen diese aus Gebirgsschutt aller Art, der bald zu riesenhaftem Blockwerk gehäuft, bald als grober Schutt, als Sand und Gruss und selbst als thonig-lehmige sandige Masse auftritt, letztere manchmal einem Blocklehm nicht unähnlich. Diese letzteren haben sich nur da erhalten, wo sie nicht so leicht vom Wasser weggespült werden konnten, daher sie entweder zwischen den langgezogenen Schuttwällen auf der Terrasse, oder in seichten schüsselförmigen Becken auf dem Plateau des Gebirges auftreten. Im Granitgebirge und namentlich im Bereiche des Erzgebirges enthält der Gebirgsschutt Zinnstein und ward zum Beginn des Zinnbergbaues zu Ende des fünfzehnten und Anfang des sechzehnten Jahrhunderts durch schwunghaft betriebene Seifenarbeit, davon noch grosse Haldenzüge Zeugniss geben, ausgebeutet. Die wasserstauende Eigenschaft des zersetzten thonigkaolinigen Granitgrusses lässt darauf die weiten Torf- und Moorstrecken gedeihen, mit denen das Gebirge um Gottesgab, Abertham, Platten, Frühbuss u. s. w. belegt ist.

Die Braunkohlenablagerungen.

Es bleibt uns nur noch übrig die Ausfüllung der Mulde zwischen den geschilderten Randgebirgen zu skizziren.

Die die Verbindung des Erzgebirges mit dem Carlsbader Gebirge herstellenden Granitpartien links der Eger zwischen Elbogen und Schlackenwerth habe ich schon mehrfach erwähnt, etwas östlich davon tritt dann noch an der Grassethöhe gegenüber von Altsattel eine kleine Insel von Elbogner Granit hervor. Das ganze Becken wird nun von Braunkohlengebilden[36] erfüllt, welche sogar bis auf die Höhen des Carlsbader Gebirges hinaufreichen.

Wieder sind es Gesteine, welche denen gleichen, die wir schon aus dem Teplitzer Becken kennen gelernt haben. Sie sind hier deutlicher als dort in einer unteren und oberen, durch zwischengeschobene Basalttuffmassen getrennten Stufe — einer vor- und nachbasaltischen — ausgebildet. Der unteren, vorbasaltischen, Stufe gehören der Braunkohlensandstein und die unteren Thone mit Moor- und Pechkohlenflötzen, der oberen, nachbasaltischen, die Lignite, Hangendthone, Cyprischiefer, Braunkohlensande und Schotter an. Zwischen beiden liegen hier stellenweise erhaltene Basalttuffe eingelagert.

Die Braunkohlensandsteine sind wie die des Teplitzer Beckens bald locker grob, selbst conglomeratartig oder mittelkörnig mit harten quarzitischen Bänken durchlagert, theils fester, feinkörnig dick- oder dünnbankig: Ihr geringer Widerstand gegen die Verwitterung lässt sie auch hier leicht in Gruss und Sand zerfallen, und es bleiben, wenn diese weggeführt sind, nur die härteren Bänke als Blockwerk zurück.

Sie sind stellenweise ausserordentlich reich an fossilen Pflanzenresten, so namentlich bei Altsattel[37], in der Grassethöhe[38] und im Steinberg bei Davidsthal. Ihnen folgen dann graue oder braune, oft plastische Thone, welche mit Sand- und Schotterlagen wechseln, und stellenweise vielen Kies enthalten. Diesen eingelagert sind 1—4 Meter mächtige Flötze von Braun- und Pechkohle, gewöhnlich zwei, die nicht selten auch ganze Lagen von Pyrit und Markasit enthalten, und von einem an zersetzten Kiesen besonders reichen Letten (Alaunletten) überdeckt werden. Als eine untergeordnete lokale Bildung der unteren Braunkohle erwähne ich des Süsswasserquarzes von Littmitz und vom Lanzer Berg, welcher daselbst in losen Blöcken, nicht anstehend, zwischen Braunkohlensandsteinen getroffen wird. Er enthält Süsswasser-Schnecken- und Pflanzenreste, die gleichfalls verkieselt sind. Ein kleines Depot von Süsswasser-Kalk ist nur von Satteles bei Carlsbad bekannt[39].

Die obere Abtheilung der Braunkohlenformation besteht aus dem in der Regel sehr mächtigen (12—20 Meter) Lignitflötz und dessen Hangenden, vorwiegend dünnblättrigen Schieferthonen und Disodylschiefern, zumeist von einer eigenthümlichen pappdeckelartigen Consistenz, in welchen sich Reste von Süsswasserthieren, Fische, Insecten, Schalenkrebse und Weichthiere, sowie auch von Pflanzen[40] erhalten haben. Namentlich *Cypris angusta Rss.* bedeckt oft in unzähligen Individuen die Schichtflächen, so dass die Bezeichnung „Cyprisschiefer“[41] nicht schlecht gewählt erscheint. Ihnen zugesellt sind wie im Teplitzer Becken Erdbrandgesteine und endlich der Hangendsand und Schotter, welche nicht selten sehr eisenreich, zu eisenschüssigen Sandsteinen und Conglomeraten zusammenbacken.

Eine für das Carlsbader Becken eigenthümliche Bildung sind die in der Gegend von Carlsbad auftretenden Kaolinlager[42]. Sie finden sich in grösserer oder geringerer Reinheit und Verwendbarkeit, und darnach als Porzellan- und weisse Erde unterschieden an mehreren Punkten zwischen Fischern und Sodau, vorzüglich entwickelt aber bei Zettliz, nördlich von Carlsbad, wo die Porzellanerde durch 16—24 Meter tiefe Schächte, welche die obere Braunkohle durchsinken, aus 8—12 Meter mächtigen Lagern, die dem Granit unmittelbar aufliegen, hervorgeholt wird. Die rohe Kaolinerde, von welcher das Kaolin erst durch Schlemmen gesondert wird, ist im frischen Zustande knetbar, wasserhaltig, licht gefärbt und ein Gemenge von Quarz, Kaolin, Glimmerblättchen und Turmalinbrocken. Nach ihrem Zusammenhang mit den Erzgebirgsgraniten, wie nach der Form der Quarzkörner und dem reichlichen Auftreten des Turmalin zu schliessen, ist dieselbe ein Zersetzungsprodukt des letztgenannten Gesteines. Eigenartig sind die Markasitknollen, welche der Kaolinerde beigemengt sind, analog denen, wie sie sich in der Braunkohle finden, welche Herr v. Hochstetter als charakteristisches Zeichen dafür ansieht, dass die sie führende Erde an Ort und Stelle durch Zersetzung der Granite, in Folge der Einwirkung der Wasserbedeckung der Braunkohlenformation entstanden sei.

Die Carlsbad-Elbogner Mulde zerfällt ebenfalls in zwei Partien, in eine östliche, in der Umgebung von Carlsbad bis an den Uebertritt des Granites vom Erzgebirge über die Wintersgrüner Kuppe nach Elbogen hin reichend, und in eine westliche, das übrige, engere Falkenauer Becken. Als einen Anhang zu ersterer betrachten wir auch die Braunkohlenbildungen im Carlsbader Gebirge.

Im Carlsbader Theil der Mulde liegen, wie man dies schon aus den Verhältnissen an den Gehängen des Egerufers ersieht, die Braunkohlengebilde sehr seicht auf dem Granit. Die älteren Gebilde halten sich randlich, vor der Carlsbader Schlucht reicht der Braunkohlensandstein bis an die Kaiser-Franz-Brücke heran, hier eine schwache Neigung gegen Norden zeigend. Ostwärts folgt er dem Gebirgsabfall um den Nordfuss des Kreuzberges über Drahowitz bis nach Satteles an den Basalt. Zwischen beiden Orten bildet er kleine aus Blockwerk bestehende Depots. Jenseits der Eger ist er namentlich in der Umgegend von Wehetitz, Dallwitz, Schobrowitz entwickelt, und hier macht das weithin verbreitete Blockwerk einen recht eigenthümlichen Eindruck. Westwärts findet man an der Gebirgslehne die Eger aufwärt, auch einzelne kleine Inselchen, mehr zusammenhängend um Fischern und weiterhin im Thale des Chodaubaches. Am Fusse des Erzgebirges fällt er in die Bucht zwischen den Granitvorsprüngen von Douglasgrün und Stelzengrün, wo er westlich sich weiter fortsetzt. Die flötzführenden Schichten der unteren Braunkohlenstufe sind um Carlsbad wenig entwickelt. Einige kleine Flötze von Aich und Taschwitz scheinen allein hierher zu gehören. Nachdem die Zettlitzer Porzellanerdenlager von den jüngeren Braunkohlen bedeckt werden, gehören sie offenbar auch in die ältere Stufe, ob vorbasaltisch oder basaltisch, ist schwer zu sagen, letzteres scheint mir wahrscheinlicher. Die basaltische Stufe wird durch die Tuffe des Kapellberges bei Fischern angedeutet, sowie durch die sehr eisenschüssigen Tuffe von Putschirn, welche

Pflanzenreste der aquitanischen Stufe geliefert haben[13]. Der oberen Stufe gehören sodann die Lignitflötze und Thone an, welche zwischen Zettlitz und Dallwitz bis hinüber nach Ottowitz und Chodau mehr in der Mitte der Mulde auftreten, und in der Regel sehr seicht von ockergelben, eisenschüssigen Hangendletten bedeckt werden, so dass sie vielfach durch Tagebaue aufgeschlossen sind.

Im Carlsbader Gebirge sind es Gebilde der unteren Braunkohlenstufe, die ich vorher zum Theil schon erwähnte. Sehr bemerkenswerth ist die Fortsetzung des Braunkohlensandstein-Blockwerkes auf dem Plateau des Gebirges zwischen dem Teplthal, Engelhaus und dem Duppauer Gebirge, und von hier oberhalb Carlsbad zwischen dem Veitsberg und der Orientirungshöhe bei Espenthor, wo die Masse der Blöcke einen förmlichen Strom darstellt, der sich an der Pragerstrasse gegen das Bergwirthshaus herabzieht; auch vor dem Aberg oberhalb Neudonitz liegen zahlreiche Blöcke auf den Höhen verstreut. Schon weiter vorn wurde bemerkt, wie sich die gegen das Teplthal vorgeschobenen Kuppen des Duppauer Gebirges auf Braunkohlengebilden ausbreiten. Unter dem Traben bei Troskau, und dem Steinberg bei Donawitz liegen Braunkohlenthone mit abbauwürdigen Flötzen. Die wachs- oder paraffinreiche Kohle bei Donawitz liegt wie die von Salesl an der Elbe unter Basalttuffen; es gehören also alle diese Gebilde der älteren Stufe an.

Unzweifelhaft ist dieses Vorkommen in einer Höhe von mehr als 300 Metern über der Sohle der Braunkohlenmulde ein sehr merkwürdiges, und es kann kein Zweifel sein, dass nach dem Absatze der unteren Braunkohlenglieder auf ehemals gleichem Niveau eine bedeutende Dislocation stattgefunden haben müsse, welche unzweifelhaft in einem Einsinken der Mulde in der Richtung ihrer grössten Axe bestand.

Darauf deutet auch die nordgekehrte Neigung des Sandsteines vor dem Teplthal, sowie die steilen Ränder, welche das Carlsbader Gebirge dem Egerthal zukehrt. Nicht minder deuten dies auch die Granitkuppen an, welche wie Bruchstücke zwischen dem Erzgebirge und dem Carlsbader Gebirge die Braunkohlen durchbrechen, und auch die offenbar am Steilrand des Erzgebirges abgesunkene Vorterrasse. Für das Alter der Carlsbader Teplspalte aber ist das Fehlen der Braunkohlenformation im ganzen Bereiche derselben, wo sie doch so nahe an sie herantritt, werthvoll; sie kann nicht vor der älteren Braunkohlenformation entstanden sein, sie stammt somit aus jener Zeit, in welcher überhaupt in der ganzen Länge des Erzgebirges ein Absinken erfolgte, mit dem ein Aufreissen sich kreuzender Klüfte nothwendig verbunden sein musste, auf denen sowohl schmelzflüssige Gesteinsmassen, wie die zu den basaltischen Gebirgen erstarrten hervordringen, oder aus denen heisse oder mit Kohlensäure beladene Wässer hervorbrechen konnten, wie wir sie heute noch allhier begegnen[44].

Im Falkenauer Becken stellen sich die Braunkohlenverhältnisse ähnlich dar. Der Braunkohlensandstein ist wieder randlich entwickelt, doch ist er hier weit mächtiger (bis 40 Meter) als auf der Carlsbader Seite. Er füllt die Bucht zwischen den Graniten von Elbogen links der Eger beim Kalten Hof und Kellerberg in einem nordwärts gerichteten Zuge die beiden Muldenhälften trennend, und bildet zwischen Elbogen-Altsattel und Königswehr von der Eger durchflossen eine ehemals zusammenhängende Partie, von welcher sowohl die links der Eger liegende Grassethöhe steil gegen die Muldenaxe abfällt, wie auch die Altsattler Sandsteinpartie einen Bruchrand gegen diese Richtung erkennen lässt. Weiter westlich sinkt der Sandstein unter die aufgelagerten Thone und die sie begleitenden älteren Flötze, welche nun zwischen Altsattel und Teschwitz, südlich von Reichenau und Falkenau, und um Schaaben am Rande der Mulde über dem Sandstein sichtbar sind. Am Südfusse des Erzgebirges jedoch zieht ein breiter Streifen von Sandstein und Conglomeraten zwischen dem Glimmerschiefer als Liegendem und den weiter muldeneinwärts entwickelten unteren Thonen über Annadorf, Josefsdorf, den Steinberg bei Davidsthal, Lanz und Littmitz bis an den Granit bei Douglasgrün, von wo an wir ihn schon in der Carlsbader Mulde kennen gelernt haben. Westlich von Littmitz und an den Gehängen des Lanzer Berges liegen die oben erwähnten Süsswasser-Quarzblöcke. Ein Bruchrand im Braunkohlensandstein, wie er an der Südseite der Mulde zu sehen, ist auf der Nordseite nicht zu bemerken, es legen sich die unteren flötzführenden Schichten darauf, allerdings mit nach dem Inneren der Mulde gerichtetem Einfallen, das theils sanfter, theils steiler zwischen 5—20 Grad, bei Littengrün, Davidsthal und anderen der Muldenaxe genäheteren Punkten auch 45° und mehr beträgt, und zusammen mit dem Bruchrand des Sandsteines bei Grasset, von dem die jüngeren Schichten steil westlich fallen, nebst anderen hierin begründeten Störungen das Absinken auch dieses Theiles der Mulde nach der Bildung der älteren Braunkohlenschichten unzweifelhaft machen.

Die noch übrige Partie im Muldentiefsten füllt die jüngere Braunkohle aus. Die gleichfalls sanft gegen das Innere der Mulde einfallenden Schichten führen ein beträchtlich mächtiges Lignit-Flötz, welches von den Rändern gegen die Mitte der Mulde immer mehr zunimmt, und von Hangendthonschiefern und Cyprisschiefern, Schotter und Sandlagen bedeckt wird, die nirgends eine bedeutende Mächtigkeit erlangen, daher es durch Tagebaue, wie durch die sehenswerthen EATON'schen beim Falkenauer Bahnhofe, aufgeschlossen ist. Im Ausgehenden der Formation finden sich auch hier wie in der Teplitz-Duxer Mulde Erdbrandbildungen, doch in geringerer Ausdehnung als dort. Am meisten entwickelt sind sie am linken Egerufer, etwas westlich von Falkenau, wo sie, kenntlich an der rothen Farbe, an der Lehne über Zieditz bis gegen Hohe Stauden hinziehen. In der Zieditzer Rachel sind sie recht hübsch aufgeschlossen, auch zwischen Boden und Haberspirk, dann bei Königswehr liegen einige kleinere Erdbrand-Depots.

Bezeichnend für die oben angedeuteten Vorgänge und Veränderungen, welche sich nach Absatz der unteren Braunkohlenformation vollzogen haben, ist jedenfalls der schon von JOKÉLY und HOCHSTETTER hervorgehobene Umstand, dass die Flötze der nachbasaltischen Braunkohlenformation von jenen Störungen nicht betroffen werden, welchen die vorbasaltischen ausgesetzt waren, indem sie fast horizontal gelagert, nunmehr nach der Senkung dieser die entstandene Lücke ausfüllen, und nur sehr unbedeutende, in der Natur der Oertlichkeit oder Masse bedingte Verschiebungen erkennen lassen.

Die Quartärbildungen.

Das Quartär des Carlsbad-Falkenauer Beckens besteht aus Sand-, Schotter- und Lehmablagerungen. Um mit einiger Sicherheit „Löss" ausscheiden zu können, fehlen mir genügende Anhaltspunkte. Man kann unter den Sand- und Schotterlagern ältere und jüngere unterscheiden. Die ersteren liegen etwas höher und sind namentlich rechts der Eger, im Falkenauer Becken zwischen dem Lobsbach und Schaaben, auf den Braunkohlen abgelagert. Sie sind zumeist aus Geschieben von krystallinischen Gesteinen und Quarz mit mehr weniger sandiger oder lehmiger Beimengung zusammengesetzt. Aehnlich so finden sich auch „Flussgerölle auf höherem Niveau", wie Herr v. HOCHSTETRER bereits erwähnt, 15—20 auch 30 Meter über dem heutigen Niveau der Eger bei Fischern, Taschwitz, Wehetitz und am linken Ufer der Tepl zwischen Pirkenhammer und dem Freundschaftssaale. Der jüngere Schotter liegt tiefer gegen die Mulde hin und enthält schon Braunkohlensandstein und andere Geschiebe beigemengt Auch hier breitet sich vor dem Fusse des Erzgebirges ein breiter Gürtel Gebirgsschotter aus, welcher seiner granitischen Natur nach in Gruss und Sand und koalinisch lehmige Massen zerfällt, welche dann den Schotter wasserundurchlässig machen und viel Wasser aufsammeln. Beweis dessen die vielen Teiche, welche nördlich von Chodau zwischen Stelzengrün, Pechgrün und Neu-Rohlau, dann in der Gegend von Lichtenstadt in den Schotterboden eingesenkt sind. Aus gleichen Gründen ist die Schotterzone zur Aufnahme von Sumpf- und Moorstrecken sehr geeignet.

Auch in der Umgebung von Carlsbald sind die im Granite gelegenen Lehmlager wohl Verwitterungsgebilde aus diesem Gestein. Vielleicht kann man die Ablagerungen von Lessau, welche einstmals Lössthierreste geliefert haben, als Flankenlöss bezeichnen. Uebrigens scheinen auch manche Koaline der Carlsbader Gegend, wie die bei Sodau, jüngeren Ursprungs zu sein und aus dem Quartär zu stammen.

Die Thermen von Carlsbad.

(Nach Ferd. v. Hochstetter.)

Carlsbad hat fünfzehn heisse Quellen und drei bezw. vier Säuerlinge, welche als Trink- und Badequellen benutzt werden. Die heissen Quellen liegen sämmtlich im Teplthale, da wo dasselbe in nordsüdlicher Richtung in Stunde 11 streicht. Die Hauptquelle ist der Sprudel, zu welchem eine Anzahl auf einer Fläche von 180 Metern stossweise hervorbrechender Quellen gehören, deren verschiedene Oeffnungen künstlich erhalten werden müssen, da sie sonst mit der Zeit versintern. Die Zahl und Lage derselben hat sich mit der Zeit geändert. Die wichtigste ist der „Springer oder eigentliche Sprudel“, dessen Wasser in 40—60 ungleichen, schwächeren und stärkeren Stössen in der Minute 2—4 Meter hoch ausgeschleudert wird. Die zweite dazugehörige Quelle, die Hygiaeaquelle, ist erst beim Ausbruch des Sprudels 1809 durch Zerspringen der Sprudelschale entstanden. Sie springt nicht, doch sieht man an ihrem Ausfluss die stossende Bewegung des Wassers. Mitten im Teplbett macht sich der sogenannte kleine Sprudel bemerkbar.

Diese Quellen sind die wärmsten und ergiebigsten. Bei einer Temperatur von 59—60° R. (70—75° C.) liefert der Sprudel allein 11·192 Hectoliter (1·1 Cubikmeter) mit der Hygiaeaquelle und den übrigen Nebenquellen 27·95 Hectoliter (2·70 Cubikmeter) Wasser in der Minute. Die übrigen theils aus Granitspalten, theils aus Hornsteingängen hervortretenden Quellen fliessen meist ruhig aus, und sind minder warm und ergiebig.

Der Marktbrunnen mit 42° R. (52·5° C.) liefert 11 Liter in einer Minute. Der Schlossbrunnen, circa 14 Meter über dem Sprudel, die höchstgelegene Carlsbader Therme mit circa 40° R. (50° C.) liefert 8·5 Liter, der Mühlbrunnen mit 45° R. (56° C.) 5·3 Liter, der Neubrunnen circa 50° R. (62·5 C.) 6.7 Liter, der Theresienbrunnen 45° R. (54° C.) 4·2 Liter, der Bernhardsbrunnen 55° R. (68·70 C.) mit 26·5 Liter, die Felsenquelle 45° R. (56·0 C.) 2·1 Liter, der Spitalbrunnen 36° R. (45° C.) 9·1 Liter. Noch sei die Quelle im Militärbadehaus der Kaiserbrunnen, die Kaiser Karls- und die Elisabethquelle erwähnt. Ausser diesen Quellen dringt in Carlsbad noch an vielen Stellen warmes und laues Wasser zu Tage aus, der Boden um die Quellen ist beständig erwärmt.

Die Carlsbader warmen Quellen liegen auf zwei Parallelzügen von Südost-Nordwest (Stunde 9—10). Sprudel-, Markt- und Schlossbrunnen bilden den südwestlichen Hauptzug, Mühlbrunnen, Neubrunnen, Bernhards-Elisabethbrunnen, Felsen-Curhausquelle und Kaiserbrunnen den zweiten nordöstlichen Nebenzug. Die parallelen Quellgänge sind bedingt durch zwei parallele Spalten im Carlsbader Granit, die südwestliche die Sprudel-Hauptspalte, die nordöstliche die Mühlbrunnen-Nebenspalte. Beide Spalten entsprechen genau der Hauptklüftrichtung des Carlsbader Granites noch Stunde 8—10, fallen mit ihr zusammen und sind durch diese Zerklüftung selbst bedingt. Da auch der Tepllauf zweimal dieser Richtung folgt, so liegen beide Quellenzüge mit dem Lauf der Tepl auf dieser Strecke parallel.

Die Sprudelhauptspalte ist die grosse Gebirgsspalte, auf welcher in einem Hauptstrom alles heisse Wasser aus der Tiefe kommt. Sie ist oberflächlich durch eine Schlucht, durch die die Prager-Gasse zur Kaiserstrasse führt, und jenseits der Tepl in der Einsenkung zwischen dem Schlossberg und der Hirschensprunggasse, angedeutet.

Der Sprudel selbst bricht an der Kreuzungsstelle der Hauptspalte mit der Teplseitenspalte in Stunde 3 hervor, nur ein kleiner Theil des Wassers dringt in der Fortsetzung der Hauptspalte jenseits der Teplspalte als Markt- und Schlossbrunnen zu Tage. Ihr thatsächlicher Zusammenhang mit dem Sprudel ist durch zu Tage getretene Wechselbeziehungen erwiesen. Die Mühlbrunn-Nebenspalte fördert ihre Quellen auf einem Hornsteingang zu Tage, welcher auf dem linken Teplufer vom Bernhardfelsen zum Militärbadehaus streicht. Dieser Quellenzug muss in der Tiefe mit der Hauptspalte communiciren, indem die nordöstlich einfallende Sprudelhauptspalte mit der südwestlich einfallenden Nebenspalte sich in 258 Meter Tiefe schneiden. Für den Theresien- und Spitalbrunnen scheint die Verbindung erst näher der Erdoberfläche durch Nebenspalten hergestellt.

Die Carlsbader alkalischen Glaubersalzthermen enthalten als Hauptbestandtheile schwefelsaures und kohlensaures Natron[45]. Bei 5.5 Theilen fester Körper auf 1000 Gewichtstheile Sprudelwasser berechnete v. HOFF jährlich $22^1/_2$ Millionen Pfund fester Bestandtheile im vom Sprudel ausgestossenen Wasser. Hievon sind circa 5 Theile auflösliche Salze, Glaubersalz, Soda und Kochsalz, von denen das allermeiste, was nicht zur Curzeit getrunken wird, unbenützt in die Eger fliesst. Die restlichen 0.5 Theile löslicher Bicarbonate von Kalk und Eisen, welche sich als kohlensaurer Kalk und kohlensaures Eisenoxydul, das sich später in Eisenoxydhydrat umwandelt, niederschlagen, bilden den meist gelb oder braun gefärbten, gebänderten, gestreiften Sinter oder Sprudelstein. Die grosse Menge des Wassers macht es erklärlich, dass sich selbst in kürzerer Zeit in das Wasser gelegte Gegenstände schon mit einer Sinterkruste überziehen. Daher die versinterten Blumensträusse, Kornähren u. s. w., welche man bei den Sprudelsteinhändlern zum Kaufe ausgelegt findet. Seiner mineralischen Natur nach ist der Sprudelstein Aragonit.

Im Laufe von Jahrtausenden hat sich die Sprudelsteinkruste um und über der Hauptspalte zu einer dicken gewölbeartigen Decke ausgebildet, die sogenannte Sprudelschale, auf welcher ein grosser Theil von Carlsbad erbaut ist. Zur Vermeidung der Versinterung der Ausflussöffnungen der Quellen müssen diese öfter umgebohrt werden, da sich im anderen Falle die Quellen durch Zersprengung der Sprudelschale einen neuen Ausgang bahnen. Hierdurch hat man auch die ehedem häufiger und für Carlsbad verhängnissvollen Sprudelausbrüche, deren man vom Jahre 1713—1834 neun zählt, glücklich hintangehalten. Die Sprudelschale selbst ist des Sprudels eigenste Bildung, die übrigen Quellen setzen auch Sinter ab, aber keine Sprudelschale, und wie überhaupt eine grössere Anzahl der Carlsbader Quellen erst in diesem Jahrhundert hervorgetreten ist, so ist wohl nach dieser Bildung zu schliessen, dass der Sprudel die älteste, wohl ursprünglich einzige heisse Quelle ist, und es ist möglich, dass die übrigen Quellen überhaupt erst dadurch hervorgedrängt wurden, dass die sich verdickende Sprudelschale der Wassermasse des Hauptstromes mehr und mehr den Ausweg verlegte, wodurch ein Theil in die Seitenspalte weichen musste.

Die Sprudelschale, deren Ausdehnung Herr v. HOCHSTETTER auf 719.3 □Meter schätzt, erhebt sich übrigens zu beiden Seiten beträchtlich über das heutige Niveau der Quellfassung, was erklärlich wird, wenn man bedenkt, dass ehedem auch das Teplbett höher gelegen war. An ihrer Ausbreitung mögen wohl vordem auch noch mehrere nun verlegte Nebenquellen mitgewirkt haben.

Im Jahre 1878 wurde auf dem Marktplatze zu Carlsbad behufs Anlage einer Trinkcolonnade beim Marktbrunnen eine Abgrabung vorgenommen, welche einen neuen bemerkenswerthen Aufschluss im Gebiete der Carlsbader Thermen lieferte, darüber Herr v. HOCHSTETTER eine sehr ausführliche Abhandlung[46] veröffentlichte. Zunächst zeigte sich dem Granit unmittelbar aufgelagert, eine flachgewölbte Schale von Sprudelstein, bestehend in ihrer ganzen 1·3 Meter betragenden Mächtigkeit aus concentrischen Lagen von Sprudelstein (Aragonit), welche von sehr verschiedener Färbung waren. Die unterste enthielt viele Graniteinschlüsse, nach dem Granitfelsen unter dem Stadtthurme lief die Sprudelsteinschale aus, nach Westen stieg sie aufwärts und liess hier im Hangenden wie Liegenden eine Granit-Hornsteinbreccie erkennen.

Nach oben folgte dann eine lockere eisenschüssige gelbe Masse, etwa 50 Centimeter mit zahlreichen Aragonitdrusen und Schnüren. Darauf lag eine sehr zellige, zähe Aragonitmasse mit Granit und Hornsteineinschlüssen, 75 Centimeter mächtig. Der Granit unter der Sprudelsteindecke, dessen Gestalt die Wölbung derselben, welche nirgends einen Hohlraum erkennen lässt, bedingt, ist Carlsbader Granit. Unmittelbar unter der Schale war er eigenthümlich grünlich gefärbt, und ging in eine sehr zähe grünliche oder röthliche Quarzmasse über, die Orthoklase waren zum Theil frisch, zum Theil kaolinisirt. Gegen den Marktbrunnen zu, unmittelbar über der Sprudelschale, stand Granit mit zahlreichen Sprudelsteinäderchen durchsetzt an, und nordöstlich unter der Felswand unter dem Stadtthurme zeigten sich mit rothem Eisenocker gefüllte Klüfte; ähnliche Verhältnisse waren südwestlich auch entblösst. Auf dieser Sprudelsteinbildung lagerte nun rother Granit, der nach oben in grünen zum Theil quarz-schwefelkiesreichen Granit und weiter südwestlich in gewöhnlichen grauen Granit überging. Der Granit hatte auf allen seinen vielen Kluftflächen einen Ueberzug von Kaolin. Der rothe Granit zeigte zahlreiche, der Plattung des Gesteines folgende, zur Sprudelschale parallele Sprudelstein-Einlagerungen, deren mächtigste 30 Centimeter stark war. Das am Rande der abgetragenen Schalenpartie an vielen Stellen hervortretende Thermalwasser schien gleichfalls auf horizontalen Absonderungsklüften des Granites hervorzukommen. Die über der Sprudelsteinschale folgende Granit-Hornsteinbreccie wurde schon erwähnt, ebenso die unter derselben lagernde gleiche Bildung; in letzterer wurde ein bläulich grauer Cement beobachtet, welcher, wie durch die chemische Analyse nachgewiesen wurde, wesentlich (60·3 %) aus kohlensaurem Eisenoxydul bestand, was den Beweis liefert, dass die schon den Quellen präexistirenden Hornsteingänge durch diese doch noch beeinflusst worden seien. Im festen Granit unter dem Stadtthurm treten zahlreiche, namentlich aber fünf 50—70 Centimeter mächtige Hornsteingänge auf, welche zwischen Stunde 10—11 streichen und fast senkrecht stehen. Sie enthalten viele Granittrümmer und Schwefelkies, in einer Partie schien der Granit durch zahlreiche Hornsteinadern nach und nach in die Breccie überzugehen.

An den Klüften zwischen Hornstein und Granit zeigten sich dünne Schnüre Aragonit, und mit hörbarem Geräusch drangen darauf Dämpfe und Gase hervor. Auf den flachliegenden Klüften des Granites fanden sich 2—5 Centimeter dicke Schichten von gelbem und rothem Eisenocker. Durch diese Aufschlüsse sieht Herr v. Hochstetter seine frühere, schon ausgesprochene und weiter vorn mitgetheilte Anschauung, dass die Hornsteingänge im Granit in Bezug auf die Thermen nur zufällige Bildungen sind, bestätigt; indem der Hornstein sich aus der Kieselsäure bildet, welche bei der Kaolinisirung der Feldspäthe im Granit durch Tagwasser sich abscheidet. Die Hornsteingänge selbst beweisen nur das Vorhandensein sehr tief gehender Klüfte, welche den Tagwässern von oben, den Thermalwässern von unten den Zutritt gestatten.

Es tritt somit zwischen schwefelkiesreichen und hornsteindurchsetzten Graniten eine 15—20 Meter breite Gesteinszone auf, welche sich als ein von Aragonitsinterbildungen durchsetztes, hornsteinreiches Granittrümmergestein darstellt. Die schwefelkiesreichen Granite sind als Salbänder einer mächtigen von Hornsteinbreccie erfüllten Gangspalte zu betrachten, innerhalb welcher auf allen Klüften Thermalwässer circuliren, deren Absätze in allen Fugen theils als Sinter, theils als Eisenoxyd und Eisenoxydhydrat zu finden sind; gleichzeitig ist die Temperatur der ganzen Zone eine erhöhte. Die Durchtränkung der zerklüfteten Granitmasse mit Thermalwasser musste in dem leicht zerstörbaren Granit mannigfache Umwandlungsprocesse anregen, deren Resultat sich in Kaolinisirung des Gesteins, in eigenthümlichen Kieselausscheidungen, dann in der Bildung von Schwefelkies und Eisencarbonaten auf den Klüften und Sprüngen zum Ausdruck bringen.

Nach der Lage und Richtung dieses Aufschlusses, sowie nach dem Streichen der Hornsteingänge, welches einerseits nordwestlich gegen den Schlossbrunnen, anderseits südöstlich gegen den Sprudel läuft, findet Herr v. Hochstetter seine Ansicht über die Richtung der Sprudelhauptspalte vollständig bestätigt.

Ausser seinen heissen Quellen besitzt Carlsbad noch drei Säuerlinge, den Säuerling in der Dorotheenau, am rechten Teplufer in der Nähe des böhmischen Sitzes thalaufwärts gelegen, die Eisenquelle oberhalb dem Wiesenthal rechts von der Tepl am Thaleingang, und den Cambridgesäuerling links vom Fluss, ebenfalls in der Nähe der Thalmündung oberhalb dem Bernhardsbrunnen und der Felsenquelle gelegen. Die Wassermenge derselben ist nicht bedeutend. Dass dieselben mit den übrigen Thermen in keinem Zusammenhange stehen, geht aus ihrer niederen Temperatur (+ 8° R. bei der Eisenquelle) hervor. Auch scheint die Ansicht, dass diese Wässer sich mit der aus den Thermen entweichenden Kohlensäure sättigen, wie sie v. Hoff aussprach, immer noch fragwürdig. Wenn man selbst zugeben wollte, dass dieses Gas leichter als Wasser auf sehr engen Klüften durchdringen könnte, würden ihm nicht doch auch heisse Dämpfe folgen können? Ich bin der Ansicht, dass die Säuerlinge von Carlsbad einem ganz anderen Quellensysteme zugehören, von dem wir gleich zu sprechen haben.

Die Säuerlinge an der Eger zwischen Klösterle und Mariakulm.

An der Eger, und zwar sehr charakteristisch an dem steilen Bruchrand des Carlsbader Gebirges, tritt eine lange, der Ausdehnung des Carlsbad-Falkenauer Beckens folgende Säuerlingskette auf. Sie beginnt östlich mit der Stefanienquelle bei Krondorf im Egerthal bei Warta, wo der Säuerling aus dem Granulit am Fusse der Basaltdecke hervortritt. Weiter stromaufwärts folgt sodann bei Rodisfort die Gruppe der Gieshübler Sauerbrunnen, die König Otto-Quelle, welche sehr merkwürdiger Weise hoch oben auf einem steil gegen das Egerthal abstürzenden Granitfelsen entspringt, und ein wenig östlich davon am Eingang zu einer Thalschlucht zwei schwache Säuerlinge, Kaiser Franz Josef- und Kaiserin Elisabeth-Quelle genannt. Ehe wir noch zu den Carlsbader Sauerwässern gelangen, begegnen wir dem „rothen Säuerling" halbwegs zwischen Satteles und Drahowitz, und nach den Carlsbadern, von denen sich wenigstens zwei am Eingang des Thales in die Reihe stellen lassen, habe ich nun noch weitere zwei zu erwähnen, welche zwischen dem Dorfe Schaaben und dem Spiegelwirthshaus westlich von Falkenau nahe dem Königsberger Riegel auf einer Ost-West gerichteten Linie zum Vorschein kommen. Im Ganzen können also neun Säuerlinge aufgeführt werden, welche sich alle an die Peripherie des Carlsbader Gebirges, in die Nähe der Bruchlinie halten, die hier nach der Bildung der älteren Braunkohlenstufe entstanden ist. Mit dieser, glaube ich, sind auch diese Säuerlinge in genetischen Zusammenhang zu bringen, und obwohl der Säuerling in der Dorotheenau weit hinauf im Teplthal, sogar jenseits der Carlsbader Thermenzone liegt, braucht er deswegen von den übrigen nicht ausgenommen zu werden. Wie die Reihe der Basalte zwischen Tippelsgrün und Heinrichsgrün eine Bruchlinie längs des Fusses des Erzgebirges, so markiren diese noch bestehenden Kohlensäureaushauchungen eine tiefgehende Spalte längs der Peripherie des südlichen Randgebirges des Carlsbad-Falkenauer Beckens, deren Richtung mit der des Wondrebthales, der orographischen Grenze zwischen Böhmerwald und Fichtelgebirge nahe zusammenfällt, in welcher Jokély eine jener Spalten erkannte, an welcher das Egerbecken abgesunken sei[47].

Verzeichniss einiger Höhen in der Umgegend von Carlsbad.

A. Duppauer Gebirge.

Kaaden 279 m.
Purberg bei Kaaden 591 m.
Liesenberg 806 m.
Herrgottstuhl in der Wotsch 719 m.
Gammischfels bei Wotsch 570 m.
Himmelstein 633 m.
Buschkoppe bei Giesshübl 594 m.
Zwerglöcherwand am Schwedelberg 541 m.
Oedschlossberg 925 m.

B. Carlsbader- und Kaiserwald-Gebirge.

Carlsbad 380 m.
Sprudel 373·6 m.
Schlossbrunnen 391·2 m.
Bahnhof 403·3 m.
Niveau der Eger unter der Brücke 360 m.
Dreikreuzberg 551 m.
Hirschensprung 492.2 m.
Aberg, oberste Plattform des Aussichtsthurms 616·9 m.
Hornberg 575 m.
Engelhaus (Ruine) 713 m.
Hillaberg 690·3 m.
Espenthor 584.1 m.
Tafelberg bei Aich 582 m.
Hansheilingfelsen 388·5 m.
Trabenberg bei Trossau 762 m.
Huretzberg 814 m.

Egerthal bei Petschau 492 m.
Koppenstein 694 m.
Elbogen 443 m.
Schlaggenwald 588 m.
Schönfeld 693 m.
Grudum 835 m.
Lauterbacher Knock 856 m.
Spitzberg bei Schönfeld 825 m.
Neudorf 739 m.
Einsiedel 736 m.
Sangerberg 723 m.
Glatze 978 m.
Podhorn bei Marienbad 846 m.
Marienbad 604 m.

C. Erzgebirge.

Keilberg 1244 m.
Gottesgab 1028 m.
Spitzberg 1111 m.
Joachimsthal 814 m.
Pfaffengrüner Koppe 752 m.
Küberstein 900 m.
Wolfsberg 899 m.
Abertham 880 m.
Plattenberg bei Platten 1040 m.
Peindelberg bei Neudek 974 m.
Neudek 559 m.
Frühbuss 887 m.
Hartelsberg 989 m.
Sauersack 879 m.
Graslitz 656 m.
Hausberg 712 m.
Eibenberg 802 m.
Aschberg 932 m.
Hoher Stein 771 m.
Tippelsgrün 497 m.
Hutberg bei Alt-Rohlau 544 m.
Föllerberg bei Douglasgrün 493 m.
Mariakulm 541 m.
Mariahilfberg bei Mariakulm 567 m.

D. Carlsbad-Falkenauerbecken.

Schlackenwerth 400 M.
Zettlitz 417 m.
Ober-Chodau 428 m.
Altsattel 426 m.
Grassethöhe 493 m.
Falkenau 401 m.
Steinberg bei Davidsthal 505 m.
Lanzer Berg 489 m.
Eger unter Mariakulm 411.

Anmerkungen.

(L bezieht sich auf den literarischen Nachweis.)

[1] JOKÉLY, Leitmeritzer vulk. Mittelgebirge (L. 44) Anhang. — [2] LAUBE, Geolog. des böhm. Erzgeb. (L. 86). — [3] BORICKY, Basaltgesteine (L. 7). — [4] HOCHSTETTER, Karlsbad (L. 72). — [5] JOKÉLY, a. a. O. (L. 44). — [6] BORICKY, Phonolithgesteine (L. 8). — [7] HOCHSTETTER, Geognost. Studien aus dem Böhmerwald. V. Jahrb. geol. R.-Anst. 6. Bd. 1855. p. 810. — [8] GOETHE, Zur Kenntniss der böhm. Gebirge, GROTEsche Gesammtausgabe 31. Bd. p. 217 ff. — [9] JOKÉLY, Geol. Besch. d. Egerer Kreises. 2. (L. 94). — [10] v. WARNSDORF, Bemerkungen über Karlsbad (L. 68, L. 70). — [11] v. HOCHSTETTER, Geol. Aufnahme 1855 (L. 71). Karlsbad (L. 72), hier auch weitere Literatur. — [12] C. F. NAUMANN, Granit des Kreuzberges (L. 83). — [13] LAUBE, Geolog. d. böhm. Erzgeb.

(L. 86). — [14] Herr K. Dalmer erklärt sich (Erläuterungen zur geolog. Specialkarte des Königr. Sachsens. Sect. Schneeberg, p. 6) gegen die Bezeichnung Erzgebirgsgranit, weil diese Bezeichnungsweise die Vorstellung erwecke, als ob das Gestein jenes Granitmassives als Typus für die Granite des Erzgebirges gelten könne, was durchaus nicht der Fall sei, daher wählt er zur Bezeichnung desselben „Turmalingranit". Nun geht aber schon aus obiger Stelle im Text hervor, dass ich zwei Granite im Erzgebirge selbst unterscheide, daher also nicht gesagt haben will, es sei dies der Typus der Granite des Erzgebirges, sondern wie p. 15 in meiner Geol. d. böhm. Erzgebirges zu lesen, deswegen so nannte, „weil er mir ausserhalb des Erzgebirges und Carlsbader Gebirges im hercynischen Massiv zu fehlen scheint, oder doch sehr untergeordnet auftritt". Nachdem im Gebirgsgranit auch Turmalin sehr häufig vorkommt, ist mit dem Namen Turmalingranit die Nomenclatur des Granites um eine Bezeichnung reicher, aber — weiter auch nichts gewonnen. — [15] F. Sandbrger, Neue Beweise für die Abstammung der Erze aus dem Nebengestein, Würzburg 1883, hält sämmtliche drei Granite von Carlsbad nach ihrem Lithiongehalt im Glimmer für einerlei. — [16] Laube, Geolog. d. böhm. Erzgeb. (L. 86) p. 42. — [17] Hochstetter, Orthoklaskrystalle vom Koppenstein (L. 84). — [18] Reuss, Geogn. Verhältn. von Carlsbad. (L. 81). — [19] Haidinger, Barytkrystalle als Absatz des neuen Militärbadehausquelle in Carlsbad. Jahrb. geol. R.-Anst. 1854. V. Bd. 142. — [20] Hermann Müller, Beziehungen zwischen Mineralquellen u. Erzgängen (L. 3). — [21] Jantsch, Vorkommen von Zinn in Böhmen (L. 75). Nowicki, Zinnstein in Schlaggenwald (L. 77). Glückselig, Schlaggenwald (L. 79). Rücker, Zinnvorkommen von Schlaggenwald (L. 82). Reyer, Granit und Schiefer von Schlackenwald (sic) (L. 90). Reyer, Zinn (L. 19). — [22] Goethe, a. a. O. Der Horn. p. 279. — [23] Laube, Geologie des böhm. Erzgebirges (L. 86). — [24] Löwl, Mittleres Egerthal (L. 92). — [25] Zirkel, Mikroskopische Gesteinsstudien (L. 80). — [26] Unger, Chloris protogaea p. 96. tb. 25. fg. 6—9, nannte das von den Alten „Sintfluthholz" genannte Vorkommen *Ulminium diluviale* — [27] Vogl, Silberanbruch z. Joachimsthal (L. 69). Vogl, Gangverhältnisse v. Joachimsthal (L. 73). Laube, Geolog. d. böhm. Erzgebirges (L. 86). Babanek, Joachimsthaler Erzgänge (L. 92ª). [28] Breithaupt, Paragenesis. p. 230 u. 254. — [29] Reyer, Granitergüsse (L. 88). — [30] Suess, Antlitz der Erde. I. p. 217. — [31] Jokély, Geol. Beschaffenheit des Egerer Kreises. 2. (L. 94). Laube, Böhm. Erzgeb. (L. 86). Weiter siehe oben Note 21. — [32] Herm. Müller, Eisenerzlagerstätten (L. 76). — [33] Boricky, Porphyrgesteine (L. 16). — [34] Jokély, a. a. O. — [35] Nowicky, Kupfererz bei Graslitz (L. 78). — [36] Jokély, Tertiäre Süsswassergebilde (L. 95). Hochstetter, Karlsbad (L. 72). Reuss, Geognost. Skizze. Umgebung von Carlsbad (L. 81). Spathenberg, Braunkohlenablagerungen (L. 85). Engelhardt, Hauptschacht bei Falkenau (L. 89). Stur, Altersfolge der Braunkohlenbildungen (L. 10). — [37] Schon Leibnitz, Protogaea Edt. Scheidii p. 81. erwähnt dieses Fundortes (Ephippium veterum Altensattel). — [38] Rossmässler, Versteinerungen des Braunkohlensandsteins (L. 17). Engelhardt, Fossile Pflanzen von Grasseth (L. 30). — [39] Reuss und Meyer, Tertiäre Süsswassergebilde (L. 18). Hochstetter, Karlsbad (L. 72). — [40] Engelhardt, Cyprisschiefer Nordböhmens (L. 27). — [41] Reuss, Egerer Bezirk (L. 93). — [42] Hochstetter, Karlsbad (L. 72). — [43] Engelhardt,

Pflanzenreste von Putschirn (L. 29). — [44] Ueber den hierdurch bedingten Charakter der Mulde siehe Löwl, Ueber Thalbildungen, Prag 1884. p. 34. — [45] Wasseranalysen im Anhang. — [46] Hochstetter, Neuer geol. Aufschluss im Gebiete der Carlsbader Thermen (L. 87). — [47] Jokély, Tertiäre Süsswassergebilde (L. 95) p. 409 ff.

Geologische Excursionen in der Umgegend von Carlsbad.

1. Das Carlsbader Quellengebiet.

Unzweifelhaft wird den Besucher von Carlsbad zunächst dessen Quellengebiet, vor Allem den Sprudel zu sehen, interessiren. Obwohl nun nach der örtlichen Lage der Thermenstadt an und für sich kaum eine Führung hiezu nöthig scheint, glaube ich doch einige Bemerkungen mitgeben zu sollen.

Wir nehmen den Weg vom Bahnhof über die Egerbrücke und kommen vor dem Eingang in die Teplspalte in den vorliegenden Braunkohlensandstein (p. 96). Aufschlüsse darin finden sich leicht, namentlich gegen die Tepl hin. Hinter dem Gasthause „Zur Stadt Schneeberg“, daran man vorübergeht, ehe man zur Franzensbrücke über die Tepl kommt, liegen Braunkohlensandsteinmassen aufgerichtet, welche Herr v. Hochstetter[1] besonders als einen Beweis dafür betont, dass die ältere Braunkohlenformation in ein tieferes Niveau abgesunken sei. Ein mit einem Kreuze versehener Felsen am Eingange des Thales markirt den Anfang des Granites. Die Egerstrasse aufwärts, dann über eine der Brücken durch den Stadtpark, kommen wir zu den Quellen beim Militärbadehause, weiter hin zum Mühlbrunnen. Vorher über der Felsenquelle der durch einen kleinen Tempel kenntliche Bernhardsfelsen. Leider werden die sonst gut sichtbar gewesenen Hornsteingänge (p. 79) daran durch den sich ansetzenden Staub und Russ immer unkenntlicher. Wir sind also jetzt in der Mühlbrunn-Nebenspalte (p. 100) und haben nun Neubrunnen, Mühlbrunnen u. s. w. der Reihe nach vor uns. Durch die enge Mühlbrunngasse am Ende der Quellenreihe der Nebenspalte gelangen wir jetzt auf den Marktplatz; rechts die hölzerne Marktbrunnencolonnade. Leider hat ihr Aufbau den sehenswerthen Aufschluss in der Sprudelschale verdeckt (p. 102). Wenn man durch die in der Mitte der Colonnade befindliche Glasthür in den dahinter befindlichen Raum tritt, vermag man an der Felswand unter dem Stadtthurm noch die von Herrn v. Hochstetter beschriebenen Hornsteingänge, dann die obere Partie des Aufschlusses bis auf die Hornsteinbreccie wahrzunehmen; nur kann man nicht nahe genug herankommen, und Staub und Russ, nicht minder Algen, welche zum mindesten das Thermalwasser andeuten, machen auch hier den Aufschluss immer undeutlicher, aber noch kann man ungefähr die Breite der Spalte übersehen. Nun über die nächste Teplbrücke am kleinen im Teplbett aufkochenden Springer vorüber zum Sprudel und zur Hygiaeaquelle (p. 99), wobei man, sich die Richtung der Hauptspalte (p. 100) zu vergegenwärtigen, noch einen Blick auf die hinter der Stadtkirche eingeschnittene Schlucht mit der Prager Strasse und jenseits der Tepl nach der Hirschensprung-Gasse wenden mag. Ueber letzterer oben sieht man auf hervorragendem Felsen ein Kreuz und eine Gemse den Hirschensprung andeuten, von welchem der Sage nach ein von Carl IV. gejagter Hirsch in das Teplthal oder gar in den Sprudel hinabsprang und so die Entdeckung Carlsbads herbeiführte. Man beachte auch, wie vom Sprudel ab die Teplspalte (p. 75) nach Südwesten umbiegt. Mit der Besichtigung dieser wunderbaren mächtigen Therme haben wir das Wichtigste im Quellenbereiche gesehen.

2. Excursion in die Granite um Carlsbad.

Wir knüpfen gleich an die Quellenbesichtigung an, in dem wir unseren Weg auf dem linken Teplufer stromaufwärts (alte und neue Wiese, Puppsche Allee) fortsetzen. Wir folgen hierbei zuerst der einen Teplkrümme bis zum Pupp'schen Etablissement südwestlich, von dort bis zur Carlsbrücke der anderen südöstlichen. Vor uns haben wir nun in dem Felsengehänge rechts vom Wege den Carlsbader Granit in seiner typischen Ausbildung (p. 75). Das Teplthal verengert sich allmählich, indem hinter der auf dem rechten Ufer gelegenen protestantischen Kirche und griechischen Kapelle die Felsen immer näher an den Fluss herantreten. Man wird nun an einer gegen Westen gekehrten Felswand einen Löwenkopf mit einer Schlange im Rachen bemerken (Votivtafel des Bildhauer Kiss), dies ist der Felsen am böhmischen Sitz in der Dorotheenau. Um zu ihm zu gelangen, geht man den Promenadenweg weiter, dann über die erste Brücke und nun am Ufer herunter. Die viel citirte Stelle (p. 76), welche die gangartige Einlagerung des Kreuzberggranites in den Carlsbader zeigt, welch letzterer wie drüben hier die Uferlehne zusammensetzt, befindet sich auf der stromaufwärts gekehrten Seite des Felsens, man kann sie nicht übersehen. In der Nähe liegt auch der Säuerling der Dorotheenau (p. 104). Die lehrreichsten Stellen über das Verhältniss beider Granite zu einander, insofern sie durch Uebergänge verbunden sind, sind, glaube ich, die Steinbrüche in der Nähe des Helenenhofes beim Wiener Sitz, gleich über dem Felsen am böhmischen Sitz. Man kann dieselben entweder gleich aufsuchen, indem man aus der Marienbadergasse beim Lusthaus (gegenüber Pupp) zur Laurentiuskapelle hinaufgeht, und von dort rechts abbiegt, oder man geht nochmals bis zur Carlsbrücke, und nimmt den sich dort darbietenden Promenadenweg, welcher immer links über dem Felsgehänge hin zum Wiener Sitz und zu dem Steinbruche führt. Hier einmal im Kreuzberggranit (p. 75) kann man die Höhe aufwärts bis zur „Stadt Lemberg" gehen, und entweder rechts auf der Prager Chaussee ein Stück aufwärts wandern, da hier schon der Hirschensprunggranit (p. 75) ansteht, oder man kann, der Strasse links folgend, nun den Granit am Kreuzberg selbst, wo es nicht an Aufschlüssen fehlt, besichtigen, und sodann zur Stadt zurückkehren; auf dem Wege vom Lützowschen Panorama herab sieht man beide Granite scharf absetzen.

Nun die steile Bergwand zum Hirschensprung erklettern. Man behalte wohl im Auge, dass nur der Hirschensprung selbst und dann das westlich davon gelegene Gebirge aus dem von v. Hochstetter so bezeichneten Granit besteht. Auf dem steilen von der Hirschensprunggasse aufwärts führenden Zickzack-Treppenweg wird man, bevor man zur Theresienhöhe kommt, ebenfalls eine Einlagerung von feinkörnigen in grobkörnigen Granit sehen. Es empfiehlt sich nun, von hier entweder über „das Bild" oder die Leonhardskapelle und Ziegelhütte auf den Aberg zu gehen. Der sehr feinkörnige Granit des Aberg (p. 77), welcher einen breiten aus dem Egerins Teplthal nordsüdlich streichenden Streifen darstellt, ist vom Kreuzberggranit im Aussehen verschieden und dichter und feinkörniger, doch zeigt er stellenweise viele regellos eingestreute Turmalinnadeln. Die Aussicht vom Thurm auf dem Aberg ist nur nach der Carlsbader Mulde und dem gegenüberliegenden Erzgebirge frei, nach den übrigen Seiten bietet sie, wie es nach der örtlichen Lage nicht anders sein kann, wenig Uebersicht über die Umgegend.

Den Rückweg nimmt man am besten gegen die städtische Ziegelhütte, wo man Steinbrüche im Aberggranit findet, dann nach dem Egerthal über Aich und Neu-Donitz. An der Lehne hat man wiederholt Gelegenheit, grobkörnige und feinkörnige Granite (Felswand beim ersten Ziegelofen von Donitz her, beim zweiten von Carlsbad aus), so wie an herumliegenden Blöcken die eigenthümlich im Gebirgsgranit vorkommende Absonderung feinkörniger sphäroidischer Massen zu beobachten.

3. Excursion nach Giesshübl-Puchstein, über die Zwerglöcher, den Schömitzstein und Engelhaus nach Carlsbad.

Für diese etwas ausgedehnte Tour dürfte es sich empfehlen, zum mindesten bis Eichhof den von Carlsbad verkehrenden Omnibus zu benützen, da der Weg nichts Neues sehen lässt. Auf der Wegstrecke vom Kreuzberg bis gegen Satteles hat man den Braunkohlensandstein unter den Füssen, man sieht dann auch auf dem anderen Egerufer das Blockwerk desselben bei Schobrowitz und Dallwitz über die Höhen gestreut. Zwischen Eichhof und Giesshübl sieht man einmal unmittelbar an der Strasse einen Basaltdurchbruch im Granit. In Giesshübl selbst findet man nächst der Otto-Quelle mit einem Wegweiser bezeichnet einen Promenadenweg, der bis zu den Zwerglöchern am Schwedlberg (p. 72) führt. Hat man diese eigenthümlichen Gebilde besehen, so dürfte es angezeigt sein, anstatt den Weg nach Giesshübl zurückzunehmen, den alten Weg, welcher auf der rückwärtigen Seite des Schwedlberges herabführt, nach Zwetbau einzuschlagen, um von dort auf der Strasse nach Schömitz zu gehen. Von hier findet sich der Weg selbst an den Schömitzstein. Man beachte an der Nordseite den senkrechten Absturz, und den davorliegenden Trümmerhügel, sowie die deutlich hervortretende fächerförmige Stellung der sehr dünnschiefrigen Phonolithplatten (p. 82). Bei Schömitz und um den Hammerhof liegen Basalt- und Conglomeratblöcke wild durcheinander geworfen, in derselben Weise zieht sich dieses Blockwerk ostwärts bis Hartmannsgrün, Zwetbau und bis über den Eichhof, die Reste eines gewaltigen Bergsturzes, welcher, wie Herr v. Hochstetter[2] sagt, mit dem Absinken des Elbogner Beckens nach dem Absatz der älteren Braunkohle eintrat.

Von Hammerhof gehen wir der Strasse nach an der regelmässigen runden Grasbergkuppe (? Leucitophyr) vorüber oder über Stichlmühl nach Engelhaus. Es ist hier interessant zu sehen, wie der Granit, welcher den Fuss des Phonolithfelsens bildet, eine sockelförmige Kuppe unter demselben bildet, indem er offenbar durch den auflagernden Phonolith länger gegen die Erosion geschützt war, als das übrige Plateau.

Die Aussicht vom Engelhauser Schlossberg ist nach allen Seiten frei und sehr lohnend. Man sieht ostwärts über das Duppauer Gebirge mit dem dominirenden Oedschlossberg (p. 71). Gegen Süden hat man die zahlreichen Basaltkuppen (p. 72), den Minetizer Berg bei Buchau, Neu-Kaunitzer, Killmeser, Troskauer Berg, den Traben und

Huretz etc. vor sich. Jenseits des Teplthals im Westen sieht man auf die Granitkuppen zwischen Schlaggenwald und Königwart, Grudum, Schönfelder Spitzberg und Glatze. Sodann fällt der Blick nach Norden über den Steilrand des Carlsbader Gebirges, auf die Braunkohlenebene und das dahinter aufsteigende Erzgebirge um Joachimsthal mit dem mächtigen Keilberg gerade gegenüber. Die Abrisscontur des Bergsturzes, über welchen wir von Schömitz hierher gingen, ist scharf markirt.

Auf dem Rückweg nach Carlsbad wird man nun sehr bald auf die zahlreich verstreuten Braunkohlensandsteinblöcke (p. 96) aufmerksam werden, welche auf dem Plateau verstreut liegen. Man macht dann von der Strasse den kleinen Umweg über Espenthor, um hier die bergsturzartige Häufung der Sandsteinblöcke anzusehen, und kann unschwer den in der Nähe gelegenen Veitsberg (p. 82) aufsuchen, von welchem man auf einem Feldweg sodann nach dem nördlich davon an der Prager Chaussée gelegenen Bergwirthshaus geht und nun auf dieser Strasse nach Carlsbad zurückkehrt.

Die Excursion lässt sich auch umgekehrt machen über das Bergwirthshaus auf den Veitsberg, Espenthor, Engelhaus, Hammerhof, Schömitzstein, Schömitz, Gieshübl-Puchstein, zurück mit dem Omnibus, oder von Schömitz über Satteles auf der Sauerbrunnstrasse zu Fuss oder Wagen nach Carlsbad.

4. Excursion in das Egerthal zwischen Warta und Pürstein.

Ich empfehle diese Partie, welche mit Zuhülfenahme der Buschtiehrader Eisenbahn leicht zu unternehmen und sehr hübsch ist, nicht stromab-, sondern stromaufwärts zu machen, indem man den Bahnzug bis Pürstein benutzt und von hier bis Warta oder Welchau-Wikwitz zurückgeht. Auch wer von Teplitz her kommt, steigt zu dieser Excursion in Pürstein aus.

Die Station liegt auf dem rechten Egerufer, während der Ueberfuhr über den Fluss hat man Gelegenheit, die eigenthümliche pfeilerförmige Absonderung im Granulit (p. 84), welcher auf beiden Ufern ansteht, zu übersehen.

Der Blick aufs Erzgebirge trifft auf dem Kamm den Kupferhübel bei Kupferberg (Granatfels) und links davon einen hochaufragenden Eklogit-Felsen. Rechts vom Dorfe Pürstein sieht man in dem terrassenförmigen Berg ein Ausgehendes einer Basaltdecke (Pürsteiner Purberg), östlich davon der mit einer Ruine gekrönte Kegel Schönburg, eine Secundärkuppe. Links (nordwestlich) den Mühlendorfer Spitzberg, eine Primärkuppe. Von Aubach, wo die

Fähre anlegt, geht man den Fussweg durchs Dorf, dann links hinaus nach Pürstein, und biegt nun die Strasse links ein. Die prächtige Landschaft, welche man durchwandert, wird dafür entschädigen, dass man bis Wotsch nichts besonderes zu sehen bekommt, nur im Gehänge des Duppauer Gebirges über Okenau wird das Hervortreten der Decken (p. 70) schon bemerkbar. Wie man das Dorf Wotsch verlassen hat, tritt rechts an der Strasse aus dem Granulit ein mächtiger Basaltgang (p. 71), der „Gammischstein“, hervor und lässt seine Fortsetzung nach aufwärts durch die Basaltdecken, welche nun auch diesseits der Eger auftreten, recht weit hinauf verfolgen. Gleich daneben sieht man einen zweiten minder hervortretenden Gang. Jetzt werden auch gegenüber am „Herrgottstuhl“ die Absonderungen der Decken sehr schön sichtbar. Die nun weiter an der Strasse folgenden Basaltgänge sind weniger markirt. Erst vor dem Dorfe Warta ragt der „Erpelstein“ hart an der Strasse auf, das getreue Gegenstück des Werkotsch bei Aussig. Er reicht nur bis in die unterste Decke, ist somit der älteste der Gänge. Der thaleinwärts sichtbar werdende sehr spitze Berg mit einer Ruine, „der Himmelstein“, ist durch Erosion von der Decke abgelöst.

Man kann von der Station Warta nun wieder die Bahn benützen und hat im Bahnhof Gelegenheit zu bemerken, dass der Erpelsteingang über die Eger in das Duppauer Gebirge fortsetzt. Zieht man es vor, noch ein Stück weiter zu wandern, so kann man bis zur nächsten Station — Welchau-Wikwitz — gehen, und noch die von JOKÉLY[3] abgebildete Felswand bei Wikwitz mit ihren abwechselnden Lagen von Tuffen und festen Gesteinen näher besichtigen. Eventuell kann man vom Dorf Warta aus nach Hauenstein — auf der Strasse zwei Kilometer weiter, dann auf das rechts in einer Thalschlucht sichtbare Schloss zu — gehen, und den wegen seiner eigenthümlichen Mesolite und Comptonite bekannten Phonolith — das Hauensteiner Schloss steht darauf und hinter demselben finden sich Aufschlüsse[4] — ansehen. Man muss natürlich dann nach der Station Warta zurückgehen, um den Zug zur Weiterfahrt benützen zu können.

5. Von Carlsbad durch den Hans-Heiling-Grund nach Elbogen und Falkenau.

Der Weg führt immer am rechten Egerufer aufwärts über Neudonitz und Aich; wenn man die vorn (p. 110) angeführten Granitverhältnisse auf dem Rückweg vom Aberg über Aich nicht kennen gelernt hat, mag man sie hier beachten. Weiterhin von Aich sind vorbasaltische Braunkohlen aufgeschlossen. Der Weg führt darüber hin und über den anstehenden Basalt der Bärenlohe. Auf dem linken Egerufer hat man nun den Hornberg (p. 82) ziemlich nahe, welcher mit seinem ebenen Scheitel und steilen Wänden von hier wie ein Kraterwall aussieht. Daran lehnen sich schon die Granite von Hans-Heiling. Bald werden auch die mächtigen und phantastischen Granitpfeiler und Säulen am Walde auf dem linken Flussufer sichtbar, welche die Volkssage in einen zu Stein gewordenen Hochzeitszug umgewandelt hat. Nachdem sich der Weg noch eine Strecke auf dem rechten Ufer gehalten hat, führt er über eine Brücke auf die linke Seite und auf dieser weiter bis Elbogen. Ueberall umgiebt uns der grobkörnige Porphyrgranit. Unmittelbar bei Elbogen, unter dem alten Friedhof, welcher rechts oben an der Berglehne bleibt, und wo sich die Strasse von der Stadt zur Egerbrücke senkt, beachte man die wegen ihres ganz abnormen Reichthums an grossen Orthoklasindividuen merkwürdigen Felsen. Die kleine Stadt Elbogen hat neben ihrem alterthümlichen Aussehen nichts Sehenswerthes aufzuweisen, ausser dem Rest des grossen hier 1809 in einem Brunnen gefundenen Meteoreisenblockes, „der verwunschene Burggraf“[5] genannt. Es ist daher zu empfehlen, nun über die Egerbrücke zu gehen und der Strasse in der Flusskrümmung, von der die Stadt den Namen hat, bergauf zu folgen. Wenn man vorher noch keine Gelegenheit gehabt hätte, pegmatitische und hablitartige Einlagerungen im Granit zu sehen, so wird man von ersteren gleich schöne Beispiele an den Felswänden sehen, welche man jenseits des Flusses in der Rabitschvorstadt beim Eingange in den nach Schlaggenwald führenden Zechgrunde, findet[6]. (Von da nach Schlaggenwald eine Wegstunde.) Weiter hinauf sind es meist feinkörnige, glimmerarme Ganggranite. Kleine Verwerfungen zeigen sich mehrfach. Im Innersten des Strassenbuges setzt ein basaltisches Gestein gangförmig auf. Ehedem fand man in dem Strassengraben viele ausgewitterte Orthoklaszwillinge. Jetzt stellt die Elbogener Mittelschule zu viele angehende Mineralogen, als dass man sicher sein könnte, hier etwas Gutes zu finden.

Bei der Kettenbrücke angelangt, kann man nun in die Stadt gehen und im Rathhaus auf dem Markt, rechts neben der Post, das Meteoreisen besehen, welches bereitwilligst gezeigt wird.

Sodann setzen wir unsern Weg auf der Strasse jenseits der Brücke wieder fort. Eine Strecke geht es noch in Granit, dann folgt Braunkohlensandstein. Vor dem Dorfe Altsattel liegt links an der Strasse ein grosser Steinbruch, ein Hauptfundort von Pflanzenresten[7]. Man beachte an der Wand desselben im grobkörnigen Gestein die grosse Menge horizontal liegender Baumstämme[8] und Aeste, ein wahrer versteinerter Wald. Die Blattabdrücke im gröberen Sandstein sind minder schön; prächtig sind sie in einer gegen das Hangende vorkommenden, sehr feinkörnigen, kaolinig-glimmrigen Bank, die man leicht finden kann. Hier liegen die bis ins zarteste Detail erhaltenen Blätterabdrücke zu Tausenden durcheinander.

Vom Steinbruch führt die Strasse weiter durch Altsattel, rechts von der Strasse die Stark'schen Alaunsiedereien, welche die kiesreichen Braunkohlen und Thone der antebasaltischen Stufe, die zwischen hier und Falkenau abgebaut werden, verarbeiten. Sodann Falkenau; man sieht rechts von der Strasse in die mit der jüngeren Braunkohle ausgefüllte Mulde zwischen den Braunkohlensandsteinen der älteren Stufe.

Da dieser allerdings bequeme Weg nicht viel bietet, so kann man einen anderen einschlagen, indem man vom Steinbruch durch das gegenüberliegende Birkenwäldchen bis auf einen Weg geht, der nach den vorliegenden Stark'schen Schwefel- und Vitriolwerken führt. Diesem folgt man, geht hinunter zum Flusse, über die Brücke und jenseits die Berglehne hinan. Wer sich für die Production der Stark'schen Werke interessirt, erhält zu den Manipulationsstätten bereitwilligst Zutritt und nöthige Erläuterung gegen Anmeldung in der Kanzlei. Die vorliegende Höhe, die Grassethöhe, ist ebenfalls Braunkohlensandstein ganz wie bei Altsattel. Man kann den Weg geradeaus nehmen, kommt auf Steinbrüche, in denen man Pflanzenabdrücke sammeln kann, und geht jenseits derselben auf der alten Poststrasse linkswärts bis Grasset, sodann am Littmitzer Bach thalabwärts. Oder man nimmt den links emporführenden Weg durch den Haidwald, und kommt dann auch zum Littmitzer Bach herunter, geht an diesem hinab nach Königswehr und längs der Bahn egeraufwärts nach Falkenau. Hier hat man dann Gelegenheit gleich die Ausbisse der nach West abfallenden oberen Braunkohlenstufe zu beobachten.

Zwischen Königswehr und Falkenau liegen einige Aufschlüsse im Cyprisschiefer, welche Insekten und Pflanzenreste geliefert haben[9], und stellenweise mit der kleinen *Cypris angusta Rss.* ganz bedeckt sind. Man muss sich die Mühe nicht verdriessen lassen, die sehr dünnblättrigen, pappdeckelartigen Schiefer zu spalten und zu durchsuchen.

Wer auf der Strasse nach Falkenau gekommen ist, wendet

sich rechts bei der Kirche, oder schon früher gegen die Eger, über die Brücke, der Strasse nach über das Bahngeleis beim Bahnhof und jenseits desselben links zum Eingang des Eaton'schen grossen Braunkohlentagbaues. Ueber Königswehr kommt man geradeaus hierher. Die Erlaubniss zur Besichtigung wird sehr gern in der gleich am Eingang gelegenen Kanzlei ertheilt, ohne vorhergehende Meldung ist der Zutritt nicht gestattet.

Der Aufschluss in der nachbasaltischen Kohle, welche nur wenig, theils von Schieferthonen, theils von Schotter bedeckt ist, übertrifft, wenn auch nicht an Ausdehnung, doch an Mächtigkeit die Duxer, und ist wohl einzig in seiner Art. Zu der noch tiefer darunter gelegenen (antebasaltischen) Gaskohle führt mitten in der Sohle des Tagebaues ein Schacht. Die Lagerungsverhältnisse werden mit aller Bereitwilligkeit von den Werkbeamten erläutert. Damit hat man das Wichtigste des Falkenauer Beckens gesehen und kann Rück- oder Weiterfahrt mit der Bahn antreten. Wer noch weiter Zeit und Interesse hat, kann die Excursion auf der Heinrichsgrüner Strasse, rechts vom Eaton'schen Tagebau, bis Lanz fortsetzen, und von da über den Lanzer Berg hin nach Littmitz, den Süsswasserquarz (p. 94) aufsuchen, dann über Wintersgrün zur Bahnstation Chodau, oder über Grasset zur Station Elbogen-Neusattel zurückkehren. Oder, wenn er sich für die Erdbrandbildungen interessirt, vom Eaton'schen Werk auf dem linken Egerufer weiter nach Zieditz gehen, und hier namentlich die nach Meierhöfen hinaufführende Schlucht nahe bei der Bahnstation Zieditz besehen.

6. Excursion nach Schlaggenwald über Petschau zurück.

Wer es nicht vorzieht, mit der Bahn nach Elbogen zu fahren und von hier auf der Strasse nach Schlaggenwald zu gehen, wandert an der Eger bis Aich, dann durch diesen Ort rechts hinauf und auf dem vielbetretenen Fussweg über den Tafelberg und Hirschberg dorthin. Der Weg ist nöthigenfalls in Aich zu erfragen und führt immer geradeaus südwestlich. Geologisch Interessantes bietet er kaum etwas. Was auf dem anderen Wege zu sehen ist, wurde in der Elbogen - Falkenauer Partie angedeutet. Schlaggenwald selbst bietet keine Sehenswürdigkeiten. Man geht nun die Strasse durch die Stadt hinauf immer am Wassergraben fort, kommt dann bald zu ehemaligen Pochwerken, die nunmehr zu anderen Zwecken eingerichtet sind. Halbwegs zwischen Schönfeld hat man links die gewaltige Pinge auf der „Hub" (p. 80). Die um den kraterförmigen Schlund aufgebauten Halden sind meist nur Greisengestein, das man hinter dem in die Pinge eingebauten Schiesshaus, rechts von der Schiessbahn, an einem zu Bruche gegangenen Schacht (bei der Besichtigung ein wenig Vorsicht!) anstehen sieht. Von den vielen schönen Mineralien, die ehedem hier zu finden waren[10], verkauft ein alter Mann in einem jenseits der Strasse gelegenen Häuschen um billiges Geld noch dürftige Rudera, wobei zugleich an Zeit erspart wird. Erst wenn man in der äusseren Peripherie der Pinge, und zwar auf der Ost- oder Südseite sucht, wird man den eigenthümlichen, dem Granit des Greifensteins im sächsischen Erzgebirge gleichenden Granit, sowie Einschlüsse von Gneissbrocken darin finden; auch fehlt es hier nicht an Blöcken des grobkörnigen Orthoklasquarzgesteines, welches dem an der Grenze des Zinnstockes von Geyer gegen das Nebengestein vorkommenden „Stockscheidergranit" gleicht; dazu gehören auch die hübschen Kappenquarze, die jetzt sehr sparsam zu finden sind. Von dem dem Huber Stock gegenüberliegenden Schnöden Stock ist kaum die Andeutung einer flachen Pinge vorhanden, der einst so blühende Bergbau ist seit einer langen Reihe von Jahren schon eingeschlafen.

Von der Huber Pinge hinweg wendet man sich nach dem darüber gelegenen Dorf Rabensgrün, geht von hier ins Teplthal nach Wasserhäuseln hinab, und wendet sich nun nach Petschau südwärts. Etwa fünfhundert Schritt oberhalb Wasserhäuseln sieht man eine senkrecht stehende Gneissscholle in der Granitwand (p. 80) rechts an der Strasse. Weiter hinauf, höher über der Strasse im Steinbruch, davon das gebrochene Gestein gewöhnlich an der Strasse aufgefahren liegt, feinkörnige Minette (p. 78), welche hier einen ziemlich mächtigen Gang bildet. Bei der grossen nun folgenden Mühle (Gänger-Mühle) ein, in einen Gang fortsetzender Stock dieses Gesteines im Granit. Um die Gneissschollen im Granit (p. 80) zu sehen, bleibt man in Petschau zunächst auf der Strasse. Ein paar Häuser aufwärts über dem Gasthaus „zur Krone" drängt sich der Mühlgraben zwischen die Strasse und eine Felswand. In letzterer wird man bei dem Hause Nr. 185 unschwer die rings von Granit umschlossenen Gneissschollen wahrnehmen. Geht man noch ein Stück die Strasse aufwärts, so sieht man auch in der Felswand unter dem altem Schloss eine grosse steilgestellte Gneissmasse im Granit eingeschlossen. Beim Gasthaus zur Krone führt ein Steg über die Tepl. An den gegenüberliegenden Felswänden zwischen der Scheuer und dem ersten flussaufwärts folgenden Hause wird man im Granit nicht nur Gneissschollen, sondern auch glimmerreiche Minette im

Granit eingelagert finden. Die Minette ist mit einem schmalen Pegmatit-(Schriftgranit)Gang durchsetzt.

Im Süden von Petschau sieht man einen kleinen, aber sehr steilen Kegel von der Höhe aufragen, dies ist der Koppenstein; an seinem südwestlichen Fusse bricht der Mikrogranit (p. 78) mit den prächtigen Orthoklasindividuen. Das basaltische Gestein des Koppensteines selbst enthält zahlreiche, nicht selten sehr veränderte Granitbrocken eingeschlossen. Man gelangt dahin, indem man durch Petschau bei der Kirche hinauf immer dem sich an der Lehne ziehenden Wege folgt.

Der Rückweg von Petschau nach Carlsbad auf der Strasse zeigt im Teplthal wenig bemerkenswerthes, man kann ihn, falls sich Gelegenheit bietet, zu Wagen zurücklegen. Wer sich für die antebasaltischen Ablagerungen (p. 96) unter den basaltischen Kuppen des Carlsbader Gebirges interessirt, kann den Rückweg nach Carlsbad (aber dann Nachtquartier in Petschau) so antreten, dass er von Wasserhäuseln rechts hinauf nach dem oben sichtbaren Hurtz, von diesem auf den Traben bei Unter-Troskau, dann nach Neu-Donawitz über den Donawitzer Berg und schliesslich über Espenthor nach Carlsbad zurückgeht.

7. Von Carlsbad nach Marienbad.

Die Wanderung nimmt auf der kürzesten Route über Petschau, bis dahin im Teplthal, dann über Grün, Einsiedel, Royau einen Tag in Anspruch, und bietet weiter keine Sehenswürdigkeit als die vorgeschilderten Verhältnisse von Petschau. Wer jedoch zwei Tage zur Verfügung hat, kann die Partie so einrichten, dass er zu Fuss oder Wagen bis Petschau, dann nach Besichtigung der hiesigen Verhältnisse über Wasserhäuseln und Rabensgrün nach Schlaggenwald geht und dort übernachtet. Die Hub macht man an diesem Tage oder den folgenden ab (besser den ersten, weil man die Ausbeute gleich von Schlaggenwald expediren kann). Den folgenden Tag kann man noch den Greisen bei Schönfeld besehen. Dann durch Schönfeld, vom Markt die Strasse unter der Kirche links hinaus, und auf dieser hinauf bis zu einem Wegkreuz, wo rechts ein Fussweg nach einem einzelnen Hause abgeht. Diesen schlägt man ein, kommt bei diesem Hause an den Pfluger Graben — ein berühmtes Denkmal alter Bergbautechnik, welcher die Wässer aus der Gegend von Sangerberg löst, und diese als Aufschlagswässer auf die Schlaggenwalder Aufbereitungswerke führte —, doch nun thalabwärts. Man sieht den nächsten Ort — Neudorf — nun gerade querüber, doch trennt davon eine tiefe Thalfurche, welche man überschreiten muss. Bei Neudorf ein eigenthümlicher grobkörniger, gneissartiger Granit. Weiter auf dem Wege nach Grün kommt man bald zu einer Serpentinkuppe rechts von der Strasse. Sie ist das Ende der grossen nordost-südwestlich streichenden Ellipse (p. 81), die Ausbreitung des Serpentines selbst erkennt man an der Sterilität desselben und dem rauhen, zerrissenen Wesen der Kuppen, die man im Südwest und West überschaut. Weiter hin geht man nicht bis in das Dorf Grün, sondern biegt bei einem Wegkreuze vor dem Dorfe den Fussweg rechts ab, welcher um die Lehne einer Anhöhe herum, dann ziemlich steil zur Brandmühle herab auf die Einsiedler Strasse führt. Von hier bis Royau resp. Marienbad auf der Strasse nichts Sehenswerthes. Bei Abaschin, wo sich dann der Weg nach Marienbad hinabsenkt, bleibt der basaltische Pohdornkegel (Leucitophyr) links liegen. Man kann ihn, falls Zeit dazu ist, noch besuchen. Am Ende des Dorfes an der Strasse ein Wegweiser dahin.

8. Excursionen in das Erzgebirge bei Carlsbad.

Nicht so leicht wie von Teplitz lassen sich von Carlsbad aus Excursionen in das Erzgebirge in der beschränkten Zeit eines Tages unternehmen. Selbst mit Zuhilfenahme der Eisenbahn nach Grasslitz, Neudek oder Schlackenwerth wird man nur schwer in einem Tage ein grösseres Gebiet mit genügendem Erfolge durchstreifen können, da die einzelnen Punkte, welche des Besuches werth sind, weit auseinanderliegen. Leichter und bequemer schon kann man mit zwei Reisetagen zum Ziele kommen; selbstverständlich aber ist, dass man noch wenigstens einen Tag zugeben muss, wenn man beabsichtigt, in Joachimsthal die Gruben zu befahren. Da man zu letzterem Zwecke sich auf dem Bergamt einen Fahrschein lösen muss, und ohnehin nicht ohne kundige Begleitung die unterirdische Excursion antritt, entfällt es, hierzu an dieser Stelle besondere Anweisung zu ertheilen. Natürlich wird man seinem Führer vor Antritt der Fahrt anzugeben haben, was man vor allem zu sehen wünscht.

Das Erzgebirge bei Carlsbad gleicht, wie dargelegt wurde, in sehr vielen Stücken, namentlich in den Graniten dem jenseitigen Gebirge. Immerhin aber wird es sich lohnen, abgesehen von der interessanten Gebirgsgegend, die diesseitigen Verhältnisse, sei es auch nur wegen des Vergleiches mit den jenseitigen, und das Schiefergebirge um Joachimsthal auf einem Ausflug dahin kennen zu lernen.

Für eine eingehende Besichtigung des Carlsbader Erzgebirges darf ich wohl eine Durchsicht meiner weitläufigen Arbeit darüber empfehlen, es wird, hoffe ich, darnach nicht schwer werden, den geeigneten Weg zu finden; um wenigstens das Wichtigste gesehen zu haben, dürften die folgenden Andeutungen genügen.

a. Excursion zwischen Joachimsthal und Neudek über den Keilberg und Platten.

Man benützt den allerersten Frühzug von Carlsbad bis Schlackenwerth, da eine Wanderung über das Thal hinüber zum Erzgebirge kaum die Mühe lohnt. Legt man Werth darauf, sich besonders um Joachimsthal umzusehen, thut man wohl, von Schlackenwerth auch noch den Postomnibus bis dahin zu benützen, welcher zu allen Zügen Anschluss hat. Sonst geht man die Strasse bis nach Oberbrand, hier stehen Gneissglimmerschiefer an, die südwärts fallen, später ist die Richtung umgekehrt. Von Oberbrand biegen wir links ab gegen die hochaufragende, mit einem Kreuz versehene Kuppe, es führt ein etwas holpriger Weg hinauf, an dessen Rand man Brocken eines Nephelingesteins mit eigenthümlichem, glasartigem, flaschengrünem Olivin finden wird. Die erwähnte, aus schlanken (Nephelinbasalt-)Säulen aufgebaute Kuppe (p. 85) liegt vor dem Dorfe Pfaffengrün. Sie bietet eine schöne Rundsicht gegen das Duppauer und Carlsbader Gebirge dar. Nordwestlich sieht man weiter oben noch eine zweite Kuppe aus dem Wald aufragen, der Jugel- oder Küberstein, welcher wegen seines Gehaltes an Magneteisen stark auf die Nadel wirkt. Die Aussicht ist von dort noch lohnender. Es ist gut, will man ihn besuchen, einen Jungen aus dem Dorfe mitzunehmen, um den Weg nicht zu verlieren. Vom Jugelstein kehrt man am besten auf den Pfaffengrüner Weg zurück. Auf dem Wege, welcher hinter der Kuppe thalauf gegen Joachimsthal führt, wandern wir weiter, und kommen in einiger Entfernung zu einem mächtigen Porphyrgang (p. 85), welcher quer über den Weg setzt und in einigen kleinen Kuppen aufragt. Von den noch folgenden Gängen wird man ausser Lesesteinen kaum etwas angedeutet finden. Man beachte, um später auf Aenderung des Gesteins aufmerksam zu werden, den Glimmerschiefer, theils ein gewöhnlicher glimmerreicher, theils Lagenglimmerschiefer. Der Pfaffengrüner Weg führt beim Joachimsthaler Friedhof in die Stadt. Hier wird man schon an den Halden die nun beginnende Joachimsthaler Schieferzone (p. 83) merken. Wenn nicht zufällig bei einem Hausbau, wird man oberirdisch keine Aufschlüsse darin finden, dagegen auf den Halden, die nun rechts und links von der Stadt an den Abhängen liegen, genügende Auswahl von Handstücken schlagen können. Hier fehlen auch Porphyr- und Basaltbrocken nicht, leider sind sie aber meist verwittert und zerstört.

Das Bergamt liegt am Platz hinter dem Rathhaus und von diesem durch ein Gassel getrennt. Hier hat man sich wegen eines Fahrscheines zum Besuche der Gruben zu melden. Gewöhnlich sind dort auch Joachimsthaler Mineralien vorhanden, die man zu sehr billigem Preise kaufen kann. Ohne Fahrschein ist auch das Betreten der Grubengebäude nicht erlaubt. — Das links über den Häusern sichtbare Schachtgebäude ist der Einigkeitsschacht. Zu ihm gehört die östliche Grubenabtheilung. Die westliche — Elias — Grubenabtheilung liegt in einem Seitenthal jenseits des Bergrückens.

Da ich, wie oben gesagt, für eine Grubenbesichtigung keine Anleitung zu geben brauche, führe ich den geehrten Leser weiter und zwar nun gegen den Keilberg.

Man schneidet die Kehren, welche die Strasse oberhalb Joachimsthal macht, ab, indem man am Wassergraben weiter aufwärts wandert, bis beim allerletzten Hause ein Weg rechts hinauf auf die Strasse führt.

Ein Stück weiter auf der Strasse rechts liegt ein Steinbruch. Schon bei den unter der Strasse gelegenen „Dürrenschönberger Sollen" wird man, wenn man darauf geachtet hat, die Aenderung des Gesteines bemerkt haben. Hier hat man schon die Grenze der erzführenden Schiefer von Joachimsthal überschritten. Im Steinbruch gewöhnlicher Glimmerschiefer. Nun den Fussweg rechts von der Strasse hinauf. Oben auf dem Plateau angelangt hat man rechts ein Thal mit der Schönerzzeche, links von einer weiten Moorhaide umgeben den Spitzberg (p. 96) (Hauynbasit). Man kann gleich einen sich rechts darbietenden Fussweg über die Hutweiden antreten, was aber nur bei trockenem Wetter rathsam ist. Er schneidet eine grosse Krümmung der Strasse ab und führt seitwärts von Gottesgab über alte Halden hinüber auch wieder auf die Strasse, der man dann unausgesetzt folgt. Bei den einsamen „Sonnerwirbelhäusern" im Steinbruch Glimmerschiefer mit sehr kleinen Feldspathkörneln; schon von dort geniesst man einen prächtigen Blick auf das Land im Süden. Ein Stück noch weiter hin auf der Strasse führt dann ein durch einen Wegweiser kenntlicher Weg auf den Keilberg, hier weisser Glimmerschiefer.

Die Aussicht vom Keilberg ist eine sehr umfassende und

eine der prächtigsten in den böhmischen Gebirgen. Man übersieht nach Osten hin den langen Erzgebirgswall, davor die weite Braunkohlenebene und am Horizont darüber das vielzinnige Mittelgebirge an hellen Tagen bis zur Lausche. Zwischen dem Mittelgebirge und dem Duppauer Gebirge sieht man als terrassenförmige Höhe den Abfall des mittelböhmischen Kreidebruchrandes des Schbanwald (Zban) zwischen Saaz und Laun.

Das Duppauer Gebirge, und zwar der Liesenkamm, liegt südöstlich gerad vor, man sieht in die tiefgerissenen, zum Egerthal herabgehenden Schluchten und in dieses selbst hinein, und wird auch den staffelförmigen Absatz unmittelbar vor dem Keilberg bemerken, welcher den Beginn des grossen bis Komotau am Gebirge hinlaufenden Sprunges und Verwurfes erkennen lässt. Nach Süden und Südwesten sieht man auf das Plateau des Carlsbader Gebirges und des Kaiserwaldes, davor das Falkenauer Becken. Westlich von der hochragenden Glatze folgt am Horizont der Tilln als nördlichster Ausläufer des Böhmerwaldes; zwischen diesem und dem Erzgebirge über der Fläche des Egerer Beckens die fernen Kuppen des Fichtelgebirges im Westen. Im Erzgebirge sieht man von dem Granitrücken des Auerberges im Westen bis zum Wieselstein im Osten über eine sanft abdachende, wellige, für das Gebirge sehr charakteristische Fläche hinweg. Rechts vom benachbarten Fichtelberg sieht man bei Annaberg den steilwandigen Pöhlberg und Bärenstein als Reste einer ehemaligen Basaltdecke, die sich hier ausbreitete, erhalten.

Vom Keilberg müssen wir nun wieder nach Gottesgab zurück, nehmen jedoch von dort die Strasse nach Platten. Unter dem Städtchen Gottesgab an der Strasse kommen Dioritgänge (p. 85) vor, davon man gewöhnlich Bruchsteine aufgefahren findet. Moor und Haide ringsum. Dazwischen werden zahlreiche lange Schutthaufen, Hügel und runde Gruben auffallen. Sie sind das Ueberbleibsel der Seifenarbeit, welche zu Anfang des sechzehnten Jahrhunderts, vor Eröffnung des Gangbergbaues auf Zinnerze, auf dem ganzen Plateau zwischen Gottesgab, Bärringen, Platten u. s. w. betrieben worden ist.

Nach ungefähr einstündigem Marsche erreicht man die weitzerstreuten Häuser von Seifen. Hinter der Kirche erhebt sich eine flache Höhe, welche weiter hin bis nahe an die Strasse herantritt. Dies ist die Steinhöhe (p. 56), sie besteht aus Hauybasit, und liegt als Decke, wie dies auch beim Pöhlberg, Bärenstein u. s. w. der Fall, auf einer wahrscheinlich tertiären Unterlage von Geschiebeschotter und mehr oder weniger plastischem oder sandigem gelben Thon auf. Wir bleiben auf der Strasse, bis an der Höhe in unmittelbarer Nähe ein kleines Haus und ein Steinbruch sichtbar wird. Nun nehmen wir den Weg dahin, können das Gestein — manchmal sind an etwas angewitterten Stellen stecknadelkopfgrosse Hauyne wahrzunehmen, auch Einflüsse, wie es scheint, von Granitgeschieben finden sich — wie auch die Unterlage besehen, und gehen nun den an der Felswand neben dem Bruche sichtbaren Fusssteig weiter südwärts. Aus dem basaltischen Gestein kommt man bald in Granit, und die grosse Menge von Pingen und Brüchen — ihretwegen ist auf diesem Wege immer einige Achtsamkeit zu empfehlen — zeigt schon, welch grossartiger Bergbau auf Zinn hier betrieben wurde. Man übersieht nun das Plateau bis Abertham. Die Häuser zunächst sind Hengstererb, daraus die Bergwerksanlagen des St. Mauritius-Zinnwerkes links leicht herauszufinden. Der jenseits Abertham aufragende kahle Berg ist der Blösberg (Nephelinbasit). Auf dem Mauritiuswerk hat man Gelegenheit, das sogenannte Zwittergestein kennen zu lernen, und verschiedene auf das Zinnvorkommen im Granit bezügliche Proben zu sammeln. Wer besonderes Interesse daran hat, wird einen Tag in Abertham verweilen, und den Bau durch den Blasiusstollen befahren.

Das nächste Ziel ist dann Abertham. Ehe wir das Städtchen erreichen, fällt eine Reihe dunkler, westlich streichender niedriger Felsen auf, die man rechts vom Wege sieht. Es ist dies ein bis an den Granit fortstreichender Dioritgang (p. 85), wohl derselbe der bei Gottesgab und noch östlich bis an die Wirbelsteine und darüber hinaus verfolgt werden kann.

Ich rechne, dass man zur Vollführung der Tour in der angeführten Weise bis hierher ohne übermässig langen Aufenthalt unterwegs reichlich einen Tag benöthigt, daher in Abertham Nachtquartier genommen werden muss.

Von Abertham kann man am folgenden Tag den Rückweg nach Schlackenwerth so nehmen, dass man — um Zeit und Irrwege zu ersparen am besten mit einem Führer — über den Blösberg und die „Drei Brüder“ hinab nach Werlsgrün geht, dann am Lindigbach hinab ins Salmthal, nach Lichtenstadt und weiter nach Schlackenwerth. Der Weg führt von Abertham ein Stück auf der Joachimsthaler Strasse. Jenseits des von Hengstererb kommenden Baches sind rechts von der Strasse gleich vor den letzten Häusern Bruchsteine zu Mauern aufgeschichtet. Darin finden sich Blöcke einer schönen Minette mit grossen Glimmertafeln, auch verschiedene

Granitvarietäten eigenthümlicher Art (Gebirgsgranit mit rothem Feldspath). Wo dann der Weg von der Strasse gegen die Wiesen abbiegt, hat man ganz nahe im Walde auf der andern Seite der Strasse verlassene Gruben, in denen ehedem Granitfels (p. 84) gebrochen wurde. Weiterhin bietet der Weg, ausser verschiedenen Granitvarietäten, anfangs Gebirgsgranit, dann unter Merkelsgrün und vor Lichtenstadt Erzgebirgsgranit, nichts Besonderes.

Ebenso kann man durch den Modesgrund ins Salmthal und darin über Lichtenstadt nach Schlackenwerth, oder über Ruppelsgrün, Ottowitz, Zettlitz nach Carlsbad zurückgelangen.

Eine weitere, einen ganzen Tag ausfüllende Partie würde von Abertham zunächst nach Irrgang und Platten führen. Man geht zurück nach der Hengster Höhe, wobei man nicht mehr nach dem Mauritiuswerk, sondern links abgeht. Der Weg führt jetzt über den Dioritgang. Am Granit hält man sich immer links zwischen den zerstreuten Häusern hin, kommt dann auf die Plattner Strasse und sieht bald rechts davon das Schachthaus vom Segen Gottes am Irrgang. Ueber das hier brechende Rotheisenerz möge man sich an Ort und Stelle orientiren. Es bricht auf einem der grossen Quarzbrockenfelsgänge (p. 89). Jetzt auf der Strasse weiter nach Platten. Der rechts von der Strasse zwischen Irrgang und Platten gelegene flachkuppige Berg ist der grosse Plattenberg, zinnsteinführender Granit, in welchem ebenso mächtige Verhaue, wie auf der Hengster Höhe, anzutreffen sind. Wer den Umweg über Mauritius und Abertham nicht machen will, kann von der Seifener Höhe auf der Strasse weiter nach Irrgang und Platten gehen, hier übernachten und den folgenden Tag den Plattenberg besuchen. Man findet den Weg leicht vom Markt, am hinteren, oberen Eck hinaus, bei der Löffelfabrik vorbei, dann dem Wassergraben entlang. Die grosse flache Delle, welche man jenseits des Grabens unter dem Berge sieht, ist die uralte Seifenstätte „Auf der Platte“, davon die Stadt den Namen hat. Der Fusssteig führt in den Wald, zuerst zur grossen Wolfspinge, dann etwas höher zur Eispinge, sie bildet, wie die grosse Hengster Pinge, einen natürlichen Eiskeller. Man ersieht aus der Richtung des Schlundes gegen Nord das Streichen (in 2—3 Stunden) des Zwittergesteins, welches zugleich mit der einen Klüftung des Gesteines zusammenfällt. Einige Vorsicht ist auch hier beim Besuche anzurathen.

Der Weg zu der Mangangrube am Hirschberg, wo der Braunstein ganz in analoger Weise auf einem Quarzbrockenfelszug vorkommt wie das Rotheisen auf dem Irrgang, führt an der entgegengesetzten Ecke des Marktes hinaus und ist leicht zu erfragen. Vom Hirschberg kann man, am Heinrichsstein hinab, in den Blaufarbengrund gelangen, in welchen die Strasse nach Johanngeorgenstadt führt. Die hier am Granit lagernden Phyllite sind ebenfalls durch kupferfarbige Flecke als Fleckschiefer gekennzeichnet.

Von Platten kann man den Weg durch den Erzgebirgsgranit nach Neudek nehmen. Man verquert westlich von Platten auf der Höhe noch einmal einen rotheisenführenden Quarzbrockenfelszug (den Rehhübler), auch zeigen sich hier an der Schiefergrenze gegen den Granit Turmalinschiefereinlagerungen, freilich nur in Lesesteinen. Die Wanderung durch den Granit bietet natürlich nicht viele Abwechselung. Man folgt beständig der Strasse, will man sich von der Einlagerung der ellipsoidischen Massen des feinkörnigen Granites (p. 88) im grobkörnigen überzeugen, so geht man in Neuhammer von der Strasse ab, links hinauf gegen die vorspringende Kuppe des Peindlberges; von da hinab kann man nach Eibenberg gehen und die oben erwähnten Magneteiseneinlagerungen (p. 89) aufsuchen; sodann hinab nach Neudek. Oder man bleibt auf der Strasse bis zum Hasenwirthshaus, hier führt rechts ein Weg nach Hochofen hinüber. Diesem folgt man und besucht hier die Hieronymus- oder Pingerzeche (p. 89), deren ebenfalls oben gedacht wurde. Man nimmt von da den Weg, der sich thalabwärts bietet, und kommt nach einiger Zeit wieder auf die Strasse. Vor Neudek dann der eigenthümliche, eine natürliche Stadtmauer bildende Fels mit einem Thurm und einem nasenartigen Ueberhang über die Strasse, ein feinkörniger, aus dem grobkörnigen ausgewitterter Granit. Gangartige Bildung wie die beim böhmischen Sitz in der Dorotheenau bei Carlsbad. Wer noch Zeit übrig hat, möge den Calvarienberg am linken Thalgehänge vor der Stadt besuchen, als solcher leicht an den Kreuzwegkapellen, die hinauf führen, kenntlich, um aus eigener Anschauung kennen zu lernen, was Herr REYER sah, der diesen Berg für seine Theorie der Tektonik der Granitergüsse besonders bezeichnend hält. Man sieht hier über dem feinkörnigen Granit, welcher den Kern desselben bildet, die Hülle des grobkörnigen, „gleichsam einen Panzer bildenden“ Gesteines noch ziemlich erhalten, während diese letztere Hülle anderwärts mehr oder weniger ganz abgewittert ist.

Von Neudek benutzt man die nach Chodau zur Buschtiehrader Bahn führende Lokalbahn um nach Carlsbad zurückzukehren, oder weiter zu reisen. Da die Züge nur frühmorgens und spätabends verkehren, thut man vielleicht wohl hier zu übernachten, und am nächsten Morgen erst weiter zu reisen.

b. Von Grasslitz über Frühbuss nach Neudek.

Man kann diese Partie in einem Tage bewältigen, wenn man den frühesten Zug von Carlsbad nach Falkenau und von hier nach Grasslitz benutzt; und, wie vorgehend angegeben, von Neudek mit dem letzten Zug der Lokalbahn nach Chodau und von hier weiter nach Carlsbad fährt. Bei Grasslitz präsentirt sich gleich über der Stadt, zwischen den übrigen kahlen Bergen, der gegen Nordosten steil abstürzende Hausberg. Rechts hat man Gebirgsgranit, die darauf sitzenden Höcker sind Quarzfleckschiefer, links Phyllite. Der Hausberg und seine Verlängerung eigentliche Fleckschiefer (p. 91). Um diese kennen zu lernen, besteigen wir den Berg, gleichgültig von wo. Ehe man zur Kirche kommt, führt rechts zwischen den Häusern ein Weg hinaus, den man nehmen kann, auch wenn man am Silberbache aufwärts geht, führen bald Promenadenwege in die schroffen, gegen das Thal gekehrten Felswände hinauf. Man hält sich unter dem Gloriett rechts, indem man immer den Wegen an der Lehne hin folgt. Hier hat man nun den Fleckschiefer in typischer Ausbildung, und sieht gegenüber den Granit (p. 87), kenntlich durch das viele abgestürzte Blockwerk an der Lehne über der Strasse. Wo der Hausberg dann mit dem Eibenberg eine Einsattelung bildet, gewinnt man einen Blick auf das Nachbarthal, und sieht hier die mächtigen Haldenzüge von dem ehemals hier bestandenen Kupferbergbau (p. 92).

Weiterhin sieht man dann unten zwischen der Strasse und dem Silberbach ein Mühlgehöft liegen; auf dieses zu nimmt man den Abstieg, um an den Granit zu kommen, und geht dann auf der Strasse weiter. Bei den unteren Häusern von Silberbach setzen die Fleckschiefer zwischen dem Gebirgsgranit und dem von dem nördlich vorliegenden Aschberg herüberkommenden Erzgebirgsgranit in einer lang östlich vorgestreckten Zunge über. Erst wo dann die Strasse in Obersilberbach östlich biegt, hat man den Erzgebirgsgranit zu beiden Seiten. Für die Monotonie im Gestein entschädigt der prächtige Weg durch eines der schönsten Erzgebirgsthäler. Die Strasse führt oben auf dem Plateau in die weite flachschüsselförmige Vertiefung, welche das Sauersackmoor trägt. Für Jemanden, der sonst keine Gelegenheit hatte, ein Hochmoor in allen seinen Theilen von wasserundurchlässigem Untergrund, hier der zersetzte kaolinig-thonige Erzgebirgsgranit, bis hinauf zur Vegetationsdecke durch alle Stadien der Vertorfung kennen zu lernen, ist eine Besichtigung dieser ausgebreiteten Bildung sehr sehenswerth. Man verlässt die Strasse gleich bei den ersten Häusern von Sauersack auf dem rechts abgehenden, in die Torfstiche führenden Wege, und folgt nun diesem ohne weitere Beschwerniss bis an die Torfwände hin, nur muss man ein wenig des Sumpfbodens und seiner Tücken eingedenk bleiben, und daher Tümpel und nasse Strecken zu umgehen suchen. Der immer sichtbare Weg führt dann wieder auf die Strasse heraus, die nach Frühbuss geht.

Die Kuppe, südwestlich von dieser ärmlichen Bergstadt, ist der Hartelsberg; er lässt etwas Aehnliches sehen, wie der Neudeker Calvarienberg; auf dem feinkörnigen Granit liegen grobkörnige Greisenblöcke, als Ueberbleibsel einer ehemaligen Hülle.

Von Frühbuss nimmt man dann den Weg über Trinkseifen herab nach Hochofen. Von hier über die Pingerzeche nach Neudek wie in der vorigen Excursion angedeutet wurde. — Da es auf dieser Excursion durch den rauhesten, weltentlegensten Theil des Erzgebirges mit den Wirthshäusern recht dürftig bestellt ist, thut man wohl etwas Proviant, zum mindesten etwas Fleisch mitzuführen. Ein leidliches Bier und Brod findet sich schon. Auf eine Unterkunft zwischen Grasslitz und Neudek aber ist kaum zu rechnen.

Wer sich mehr für die Granitverhältnisse interessirt, wird natürlich die Excursion in umgekehrter Richtung machen.

Endlich kann man dieselbe auch nach Platten fortsetzen, oder von dorther nach Grasslitz gelangen, indem man von Frühbuss nach Neuhausen an dem Rohlaubach herab, dann auf der Strasse nach Neuhammer und von da nach Platten und so auch umgekehrt geht. Für den Besuch der Pingerzeche bleibt keine Zeit, da die Wanderung von Grasslitz bis Platten einen vollen langen Sommertag in Anspruch nimmt. Auch für die Tour von Grasslitz nach Neudek und umgekehrt empfehle ich die Zeit gut zu Rathe zu halten.

Damit glaube ich Andeutungen gegeben zu haben, wie man in verhältnissmässig kurzer Zeit wenigstens die wichtigsten Punkte dieses Theiles des Erzgebirges kennen lernen kann. Abstecher hier oder dahin, wie z. B. von Grasslitz auf den Schneckenstein bei Brunndöbra in Sachsen, auf den Hohen Stein bei Kirchberg, anderer Touren um Joachimsthal nicht zu gedenken, erfordern mehr Zeit, werden sich aber, wenn man solche zur Verfügung hat, und in der Hauptsache orientirt ist, leicht und unschwer auffinden lassen. Rath und Wegweiser findet man überall, dafür sorgen neuerer Zeit in höchst anerkennenswerther Weise die verschiedenen Sectionen des Erzgebirgsvereins.

Anmerkungen.

(L. bezieht sich auf den literarischen Nachweis.)

[1] v. HOCHSTETTER, Carlsbad (L. 72) p. 47. — [2] v. HOCHSTETTER, a. a. O. p. 58. — [3] JOKÉLY, Leitmeritzer Mittelgebirge. Anhang. p. 43. — [4] JOKÉLY, a. a. O. hier auch Literatur p. 440. — [5] Der verwünschte Burggraf. Carlsbad 1834. — [6] REYER, Granit und Schiefer von Schlackenwald (L. 90).

[7] ENGELHARDT (L. 30) beschreibt folgende Pflanzen aus dem Braunkohlensandstein von hier: *Aecidium Rhamni tertiaria Engelh., Pteris crenata Web., Hemitelia Laubei Engelh., Steinhauera subglobosa Prs., Phragmites oeningensis Al. Br., Flabellaria Latania Rossm., Majanthemophyllum petiolatum Web., Widdringtonia helvetica Heer, Pinus oviformis Endl. sp., Potamogeton Poacites Ettgh., Myrica salicina Ung., M. laevigata Heer., M. hakeaefolia Ung., Alnus Kefersteini v. gracilis Göpp., Quercus chlorophylla Ung., Qu. Drymeja Ung., Qu. lonchitis Ung., Qu. furcinervis Rossm., Qu. Lyelli Heer, Qu. Weberi Engelh., Qu. Charpentieri Heer, Salix elongata Web., Populus mutabilis Heer, Ficus lanceolata Heer, F. arcinervis Rossm., F. sagoriana Ett., F. tiliaefolia Al. Br,, Cecropia Heeri Ett., Laurus protodaphne Web., L. Lalages Ung., L. Ungeri Engelh., L. primigenia Ung., L. Swoszowiciana Ung., L. ocoteaefolia Ett., L. phoeboides Ett., L. styracifolia Web., Persea Heeri Ett., Cinnamomum spectabile Heer, C. Buchi Heer, C. polymorphum Al. Br., C. Scheuchzeri Heer, C. lanceolatum Ung., C. Rossmässleri Heer, Daphnogene Ungeri Heer, Eleagnus acuminatus Web., Olea bohemica Ett., Apocynophyllum augustum Ett., A. helveticum Heer, Echitonium Sophiae Web., Sapotacites Daphnes Ung., S.. lingua Rossm., Chrysophyllum reticulosum Rossm., Andromeda protogaea Ung., Cornus orbifera Heer, C. rhamnifolia Web., Loranthus Palaeo-Eucalypti Ett., Magnolia Cyclopum Web., Sterculia Labrusca Ung., Acer integrilobum Web., Malpighiastrum lanceolatum Ung., Sapindus undulatus Heer, S. grandifolius Engelh., Dodonaea pteleaefolia Web., Celastrus Andromedae Ung., Evonymus glabroides Engelh., Rhamnus Rossmässleri Ung., Rh. Decheni Web., Rh. Eridani Ung., Rh. rectinervis Heer, Rh. Reussi Ett., Iuglans Ungeri Heer, I. acuminata Al. Br., Eucalyptus oceanica Ung., — Caulinites ellipticocicatricosus Engelh., C. Acaciae Engelh.*

[8] — — acciperat ab Ephippio vetere (Altensattel) loco Bohemiae, ubi etiam non procul Egra flumine integri arborum trunci in saxum versi deteguntur. LEIBNITZ Protogaea Edt. SCHEIDII p. 87.

[9] JOKÉLY, Fischtrümmer von Leuciscus- und Esoxarten. Insecten: *Libellula Doris Heer Cercopis Glückseligi Heer* (HEER, Tertiäre Flora der Schweiz. III. 859 p. 304), Hohlabdrücke von Helix und Lymnaeus. Vergleiche auch NOWAK, Fauna der Cyprisschiefer (L. 24). Folgende Pflanzen macht ENGELHARDT namhaft: *Sphaeria canescens Heer, Xylomites Cassiae Engelh., Chara neogenica Engelh., Pinus rigios Ung., P. fuscata Ung. S. pseudonigra Engelh., Poacites caespitosus Heer, P. rigidus Heer, P. aequalis Heer, Myrica lignitum Ung., Alnus Kefersteini var. gracilis Göpp., Quercus sclerophyllina Heer, Qu. elaena Ung., Planera*

Ungeri Kov., Cinnamomum Scheuchzeri Heer, C. lanceolatum Ung., Banksia longifolia Ett., Grevillaea Jaccardi Heer, Lambertia tertiaria Engelh., Dryandroides concinua Heer, D. serotina Heer, D. undulata Heer, Vaccinum acheronticum Ung., Andromeda protogaea Ung., Styrax stylosa Heer, Sapotacites tenuinervis Heer, Fraxinus deleta Heer, Clematis trichiura Heer, Eucalyptus oceanica Ung., Acer trilobatum Sterbg., Sapindus falcifolius Al. Br., S. dubius Ung., Ilex lenticulata Heer, Rhus coriacea Engelh., Rhamnus Gaudini Heer, Iuglans bilinica Ung., Carya elaenoides Ung., Engelhardtia Brongniartii Sap., Cassia palaeocrista Engelh., C. lignitum Ung., C. phaseolites Ung., C. Berenices Ung., C. Fischeri Heer, Podogonium Knorri Heer, Caesalpinia Townshendi Heer, Leguminosites celastroides Heer, Incertae: Potamogeton sp., Spargamium sp., Paliurus sp., Phyllites diospyroides Heer, Ph. vaccinoides Engelh., Fructus Quercus, Carpolithes annulifer Heer, C. parvulus Heer, C. longepetiolatus Engelh., C. baccata Engelh., C. nervosus Engelh., C. sequoioides Engelh.

[10] ZEPHAROVICH, Mineralogisches Lexicon (L. 1). GLÜCKSELIG, Elbogner Kreis (L. 66), Schlaggenwald (L. 79) und Mineralien im Egerer Kreise (L. 79b). — [11] REYER, Tektonik der Granitergüsse (L. 88).

III.

Die Umgebung von Eger-Franzensbad.

Im Becken von Eger-Franzensbad betreten wir das westlichste jener muldenartigen, durch zwischengeschobene Gebirgsriegel von einander abgetrennten Gebiete, welche an der Bruchlinie des Erzgebirges in nordost-südwestlicher Richtung einander folgen. Auch hier stellt das Ganze ein ringsum von krystallinischen Gebirgen umschlossenes, mit Braunkohlen und Quartärgebilden erfülltes Becken dar. Die Form desselben ist eine Ellipse, deren grosse Axe im Gegensatze zu der des Carlsbad-Falkenauer Beckens Nord-Süd gerichtet ist, deren kleinere mit der Tiefenlinie West-Ost zusammenfällt. Vom eigentlichen Egerer Becken erstreckt sich westwärts zwischen die Ausläufer des Fichtelgebirges eine Bucht, welche fast allseitig von krystallinischen Gebilden begrenzt, nur ostwärts mit den Braunkohlengebilden des Beckens zusammenhängt, die man sohin als Franzensbader Becken im engeren Sinne bezeichnen kann. An der Begrenzung des ganzen Beckens betheiligen sich im Nordosten und Osten das Erzgebirge, im Südosten das Kaiserwaldgebirge, gegen Süden der Böhmerwald, von Südwesten in weitem Bogen bis im Norden das Fichtelgebirge. Orographisch von einander abgegliedert, hängen sämmtliche Gebirge hier zusammen und bilden so den berühmten Egerer Gebirgsknoten.

Geologische Verhältnisse der Umgebung von Eger-Franzensbad.

Schon Jokély[1] hat seinerzeit betont, dass auch das Egerer Becken ein Senkungsgebiet ist. Er macht auf drei Spaltenrichtungen aufmerksam, welche scharf ausgesprochen zu Tage treten. Die erste Südnord gerichtete drückt sich durch das plötzliche Abbrechen des Glimmerschiefers senkrecht auf das Streichen zwischen Ullersgrün und Katzengrün aus; südwärts setzen auch im Kaiserwald die Phyllite bis Conradsgrün fast rechtwinklig gegen das Becken ab. Eine zweite Nordost-Südwest gerichtete Bruchspalte sieht er im Wondrebthal, eine dritte im Abbruch des Fichtelgebirgsgranit zwischen Tobiesenreuth und Fleissen.

Es ist jedenfalls sehr bezeichnend, dass die erstgenannte Bruchlinie, an welcher auch die Braunkohlen bei Königsberg-Pochlowitz aufgerichtet sind[2], in die Richtung des grossen Süd-Nord gerichteten Quarzfelszuges zwischen Furth und Tachau fällt, welchem Herr Suess eine besondere Bedeutung zumisst[3]. Unzweifelhaft breitet sich das Franzensbader Becken auf einem abgesunkenen Theil des Fichtelgebirges aus, nicht der Rand des Granites allein, auch der vom Körper des Grünberges durch die Egerspalte westlich von Eger abgelöste Höhenzug des Kammerwaldes bezeugt dies. Der Verlauf des Wondrebthales aber fällt mit der Richtung des südlichen Steilrandes des Falkenauer Beckens zusammen und bildet gleichsam dessen südwestliche Fortsetzung.

In den tektonischen Verhältnissen ganz entsprechender Weise kreuzen sich demnach im Egerer Becken zwei grosse Spaltenrichtungen, die Nordost-Südwest gerichtete Thermalspalte und die vom Rande des westlichen Böhmerwalds kommende nordgerichtete. Zwischen diesen bildet der mittlere Theil des Egerbeckens ein Senkungsfeld, und die Contouren desselben entsprechen in der That den Bruchlinien.

Das Erzgebirge.

Während Reuss[4] in Berufung auf die von Zippe gegebene Gliederung des egerischen Ringgebirges[5] den zwischen Asch und Schönbach verlaufenden Kamm mit dem Kapellberg bei Sächsisch-Schönberg noch zum Erzgebirge rechnet, und das Fichtelgebirge erst mit dem Hainberg bei Asch beginnen lässt, halte ich es für tektonisch wie orographisch richtiger, das Erzgebirge mit dem gegen Schönbach gekehrten Abfall und dem gegen die Eger herablaufenden Leibitschkamm, dessen Ende die Mariakulmer Berge sind, abzugrenzen, wie es Jokély[6] that, und den das Egerland im Norden umfassenden Flügel bis zur Einsenkung bei Schönbach dem Fichtelgebirge zuzuzählen, mit dem er orographisch wie tektonisch verbunden ist.

Ueber den Bau des Erzgebirges ist daher nichts weiter nachzutragen. Jener Theil, welcher das Egerer Becken abschliesst, ist eingehend schon im früheren Capitel (p. 90) besprochen worden, es ist das westliche und südwestliche Ende der Schieferpartie, welche dem Neudeker Granit auf dieser Seite angelagert ist. Nördlich bei Schönbach sind es Urthonschiefer (Schistite), im Leibitschkamm und in den Kulmer Bergen dagegen Phyllite, welche hier ohne weiteren Wechsel auftreten. Der mittlere Theil wird von Glimmerschiefern eingenommen, welche in der Gegend von Frauenreuth einen Sattel bilden, von dem die Schiefer theils nach Nord, theils nach Süd fallen, bis sie in dem Kulmer Mariahilfberg noch einmal sattelförmig gefaltet sind und in ihrem Streichen auf der ganzen Grenzlinie von Ullersgrün bis Mariakulm gegen das Tertiärland absetzen.

Dieser Rücken, dessen Fortsetzung in den Kaiserwald bereits mehrfach (p. 9, 81 und 91) erwähnt wurde, bildet zwischen dem Senkungsgebiet des Carlsbad-Falkenauer Beckens im Westen, und dem Egerländischen im Osten einen Horst[7].

Das Kaiserwaldgebirge.

Auch von diesem habe ich bei der Schilderung der Umgebung von Carlsbad (p. 73) ausführlicher berichtet. Der Phyllit des Mariakulmer Rücken setzt, nur von der Eger durchbrochen, bis ins Kaiserwaldgebirge fort. Südwärts verschmälert sich das von demselben eingenommene Gebiet immer mehr, und bildet bei dem Dorfe Müln nur noch einen ganz schmalen Streifen, der etwas nördlich von Miltigau ganz verschwindet. Oestlich lagert er anfänglich auf Granit, dann auf einem schmalen Streifen von Glimmerschiefer, der auch bei Miltigau sein südliches Ende erreicht. Beide fallen von dem darunterliegenden Granit ab. Zwischen Miltigau und Untersandau verläuft in einem westgekrümmten Bogen die Grenze des grossen Granitmassives, welches, wie (p. 74) mitgetheilt wurde, ostwestlich, zwischen den Glimmerschiefern und Gneissen im Norden, den Amphibolschiefern im Süden, östlich bis Petschau fortsetzt und von da nordöstlich aufbiegend mit den Carlsbader Graniten zusammenhängt. Dass sich hier dieselben Verhältnisse zeigen, wie jenseits, wurde auch schon betont. An der nordwestlichen Grenze des Granites folgt nun unmittelbar auf den Granit gelagert der Phyllit, welcher bei Miltigau durch Tertiär unterbrochen, nun von Schüttüber bis Conradsgrün sich erstreckt, und von hier hinüber in den nördlichen Böhmerwaldsaum streicht.

Eine eigenthümliche Einlagerung im Granit bildet ein mächtiger Quarzbrockenfelsgang, welcher bei Altwasser beginnend, östlich von Untersandau bis über Leimbruck nach Schüttüber fortstreicht, und hier unter dem Tertiär verschwindet. Sein Streichen ist im Allgemeinen Südost-Nordwest; wenn dasselbe auch zwischen 9—13 Stunden streckenweise hin- und herschwankt. Die 80—100 Schritte breite Gangmasse, welche bald aus weissem, brockigem Quarz, bald aus Hornstein, Jaspis oder einem bunten Gemenge davon besteht, ragt an vielen Stellen über den abgewitterten Granit in Form von rauhen Felskuppen hervor, so dass der Verlauf der Einlagerung weithin zu übersehen ist[8]. Allem Anschein nach gehört hiezu auch der im Schneidrang bei Marienbad ausstreichende Quarzbrockenfelsgang.

Der Böhmerwald.

Der nördlichste Ausläufer des westlichen Böhmerwaldes, der hart an der Landesgrenze gelegene Tilln, bildet mit seinem nordgekehrten Abfall den Südrand des Egerer Beckens.

Ein vom Tilln gegen Osten über Mayersgrün an den Granit bei Altwasser verlaufender Rücken bildet die Wasserscheide zwischen der Eger und Mies, und schliesst gegen Südwesten das Egerer Becken ab. Der Tilln selbst ist das Ende einer breiten Glimmerschieferzone, welche ununterbrochen im westlichen Böhmerwald südwärts bis in die Gegend von Mähring fortstreicht. Ueber die nördlichen Abhänge des Tilln bis Ullersgrün, Zeidelweid und herüber bis an die Granitgrenze zwischen Ober- und Untersandau und Altwasser ist Glimmerschiefer verbreitet, doch geht derselbe ganz unmerklich in den Phyllit über, welcher von Lindau über Gosel, Taubrath bis Conradsgrün nun an den von Norden aus dem Erzgebirge herkommenden Zug anschliesst. Eine Eigenthümlichkeit dieses Gesteins wie des eigentlichen Glimmerschiefers ist die Einlagerung von Quarzknollen, die nicht selten im Inneren drusig sind, auch mehr oder weniger mächtige gangartige Einlagerungen von Quarz finden sich darin (Quarzphyllit bei Gümbel), welche, da sie von der Verwitterung verschont bleiben, nun überall herumliegen und im tertiären wie im quartären Schotter einen Hauptbestandtheil bilden. Am Südwestabhange des Tilln bei der Rumplermühle, aber auch an anderen Stellen, führt der Quarz röthliche oder gelbliche Andalusitkrystalle. Manche Lagen des Glimmerschiefers sind auch granatreich — am Granatenbrünnel —, davon der Berg in der Umgegend eine besondere Berühmtheit erlangt hat; hiezu trägt wohl auch bei, dass bei Altalbenreuth am Fusse des Berges ehedem Gold gewaschen und auf Quarzgängen abgebaut wurde.

In nordwestlicher Richtung, gegen die Wondreb zu, deren Lauf und die damit verbundene Einsenkung man als Grenze des Böhmerwaldes gegen das Fichtelgebirge ansehen kann, werden die Phyllite allgemach zu wirklichen Urthonschiefern, die sich nun schon durch die vorwiegend dunkle Färbung von dem anderen, meist lichten Gestein unterscheiden und bald ebenschiefrig, bald gefaltet und gebogen ebenfalls Quarzknauern und -lagen eingeschaltet enthalten.

In sehr charakteristischer Weise fallen die Schiefer in einem nach Nordwest geöffneten Bogen gegen das Egerer Becken ein. Im Wondrebthal jedoch stellen sich die von der Nordwestseite des Tilln abfallenden Phyllite und Urthonschiefer synklinal zu den gleichartigen Schiefern des Fichtelgebirges[9].

Das Fichtelgebirge.

Der weit nach Osten vorgestreckte Arm des Fichtelgebirges, welcher aus dem Ascher Gebiet an der Grenze gegen das Voigtland und gegen das Erzgebirge vorgeschoben ist, umrandet das Becken von Eger her bis an die Schönbacher Einbuchtung. Der nördliche Abfall desselben, welcher die Umgegend von Asch, dann einen tief nach Süden eingreifenden Theil des Voigtlandes und endlich den nordöstlichsten Theil der Umrandung des Beckens bildet, ist aus krystallinischen Schiefern zusammengesetzt, die mittlere Partie besteht aus Granit, dem wieder nach Süden zu krystallinische Schiefer aufgelagert sind.

Der Granit, welcher in unserem Gebiete auftritt, gehört dem grossen Fichtelgebirgsmassiv an, welches sich in weiter Ausdehnung von Wunsiedel her gegen Liebenstein über Haslau, Sächsisch-Schönberg bis Wildstein in westöstlicher, und von hier bis an die Senkung von Fleissen in nordöstlicher Richtung hinzieht und am ganzen südgekehrten Rande, eine einzige Stelle bei Seeberg ausgenommen, bis an die bayerische Landesgrenze von Tertiärschichten unmittelbar überlagert wird, unter welchen er noch ein Stück südwärts fortsetzen mag. Seiner petrographischen Beschaffenheit nach gehört er zum Gebirgsgranit. Er ist meist grobkörnig, porphyrartig und, namentlich in der Gegend von Liebenstein, durch ungewöhnlich grosse Orthoklaskrystalle ausgezeichnet. Er enthält daneben auch Plagioklas und zumeist zweierlei Glimmer, letztere lassen sehr häufig eine eigenthümliche Verwachsung erkennen, indem ein schwarzes Glimmerblatt von lichtem Glimmer wie von einem Rande umgeben ist[10]. Ich halte dieses für ein charakteristisches Merkmal des Fichtelgebirgsgranites. Das grobkörnige Gefüge befördert die Verwitterung sehr. An der Lehne von Haslau, gegen Wildstein herüber, wird er nach und nach gleich- und feinkörniger, wie in den Steinbrüchen bei Haslau, Sirmitz, Hojerhäuser zu sehen ist. Die

Klüftung ist hier in den Steinbrüchen ebenflächig und meist steil in Richtung, Stunde 10—12, 2 und 6—7, 8 streichend. Bei Oberlohma, dann unter der Antonienhöhe, nimmt der Granit ein gneissartiges Aussehen an, in welchem gangförmige Kluftausfüllungen mit Ausscheidungsgraniten auftreten. REUSS hat diese Granite geradezu als Gneisse angesprochen, wiewohl zwischen ihnen und dem später zu erwähnenden Seeberger Gneiss ein merkbarer Unterschied besteht. Auch JOKÉLY bezeichnet sie als „Granitgneisse", aus denen durch allmähliches Schwinden der Paralleltextur den Gebitgsgraniten vollkommen ähnliche Abänderungen hervorgehen.

Ein eigenartiges Gebilde ist die Einlagerung von Egeranschiefer, welche mitten in Granit bei Haslau auftritt. Das Gestein stellt im wesentlichen einen lichtgefärbten dünnschiefrigen, stellenweise sehr brüchigen, feinkörnigen Kalkschiefer, mit beigemengtem sahlitähnlichem Augit dar, in welchem Nester oder Einlagerungen von der haarbraunen, stänglichen, Egeran genannten Vesuvianvarietät, Albit, Grammatit, seltener Granat und Opal vorkommen. Das Gestein steht nordwestlich von Haslau im sogenannten Burgstall an; streicht zwischen Stunde 11—1 und steht senkrecht oder steil westfallend. Im Liegenden erscheint ein grobkörniger gneissartiger Granit, im Hangenden liegt den Schiefern zunächst ein feinkörniger, dann ringsum ein grobkörniger Porphyrgranit. Dies Gebilde, welches offenbar an die ähnlichen von Auerbach an der Bergstrasse und andere erinnert, darf wohl als eine Contactbildung betrachtet werden[11]. Ursprünglich, wie JOKLÉY betont, mag dieselbe von grösserer räumlicher Ausdehnung gewesen sein. Wenn man sich vergegenwärtigt, dass nahe der Granitgrenze im bayrischen Fichtelgebirge ein meilenweit von Hochberg über Arzberg hinstreichender serpentinführender Kalkzug bekannt ist, kann man die ihrem Wesen nach auch aus krystallinischem Kalk bestehende Haslauer Scholle damit in Verbindung bringen, als das östlichste durch den Granit abgerissene und metamorphosirte Ende des Zuges.

Der Gneiss, welcher selbst mit den dem Granit zugewiesenen Gesteinen keine grosse Verbreitung hat, tritt im Süden nur in Gestalt einer aus aller Verbindung mit den übrigen krystallinischen Schiefern gerissenen Scholle hervor, welche steil aufgerichtet auf dem Granit liegt und auf ihrem Abfall von Tertiärgebilde überdeckt wird, unter denen er sich wohl weiter ausdehnen mag. Die Gneissscholle bildet die am Nordwestrand des Franzensbader Beckens aufragende, von einer tiefen Schlucht zerrissene malerische Felspartie, welche Kirche und Schloss Seeberg trägt. Das Streichen des Gneisses ist

Stunde 3—4, das Fallen 8—9. Das Gestein ist zweiglimmerig flaserig. Die steile Aufrichtung der Scholle, die zwischen dieser und dem Granit einerseits und der südlich vorliegenden Schieferpartie andererseits mit den Tertiärschichten ausgefüllte Lücke des Franzensbader Beckens deutet unverkennbar auf ein hier eingesunkenes Gebiet.

Die nun folgende Schieferpartie hängt erst ausserhalb oder wenigstens knapp an der Landesgrenze mit dem Granit zusammen, indem hier die Franzensbader Bucht bei Markhausen ihr westliches Ende erreicht, wenn auch die tertiären Ablagerungen sich noch als schmaler Streifen bis in die Gegend von Arzberg fortsetzen, um welches herum nun wieder die auf der Südseite weit vorgeschobenen Fichtelgebirgsausläufer die Umrandung bilden. Fast parallel zum Granitzuge, von diesem durch das Thal der Rossla und Eger getrennt, streicht westöstlich der Bergzug des Kulmwaldes mit dem Oberkunreuther- und Grünberg und der weithin sichtbaren St. Anna Kirche. Er fällt nach allen Seiten hinab, der Kammerwaldzug mit der Wolfsgrube links der Eger zwischen Pirk und Reichelsdorf gehört dazu und die Stadt Eger selbst liegt auf seinem Fusse, auch südwärts gegen das Wondrebthal dacht er ab, und erreicht hier die orographische Grenze des Böhmerwaldes. Das vorherrschende Gestein ist Phyllit, welcher hier in seiner nördlichen Partie, dies ist vorzüglich am Rande gegen die jüngeren Gebilde des Franzensbader Beckens, wo er zugleich das Liegendste der ganzen Masse bildet, noch am meisten glimmerschieferartig ist. Aber schon im Egerthal hört der Glimmer auf individualisirt zu sein, und je mehr man sich südwärts wendet, desto mehr nehmen die Schiefer das Wesen des eigentlichen Urthonschiefers an. Mit diesem Namen kann man wohl die Gesteine alle bezeichnen, welche südlich von Eger von den Abfällen des Heiligenkreuzwaldes bis zur Wondreb und gleicherweise in den ostwärts vorgestreckten Partien auftreten. So schliessen also diese Gesteine vom Fichtelgebirge hier den weiten Bogen, welcher das ganze Egerland rings bis ans Erzgebirge umfasst.

Die Phyllite treten zwischen Hohberg und Markhausen in einem schmalen Streifen zwischen den Graniten von Liebenstein und den Tertiärgebilden an den nördlichen Gebirgszug heran, und bilden von der Grenze bis Reichelsdorf zu beiden Seiten das Rinnsal der Eger. Die auf dem linken Ufer des Flusses gelegene Partie wird zwar nächst der Landesgrenze zwischen Pirk und Markhausen von Tertiärschichten verdeckt, welche auch zwischen Zettendorf und Reisig noch einmal aus dem Franzensbader Becken ins Egerthal übergreifen. Die östlichste und grösste Phyllitpartie beginnt mit der Thalsperre westlich von Eger bei Stein und erstreckt sich über den Galgenberg und Spittelberg bis an die Egerkrümmung bei Reichelsdorf. Im Süden zwischen Eger und Stein steigt der Phyllit steilwandig vom Flusse auf zum Rücken des Grünberges und nach St. Anna; ebenso steilwandig fällt die nördliche Partie gegen den Fluss ab, welcher demnach in einer Spalte fliesst, die im mittleren Streichen von Stunde 7—8 die Phyllitmasse links der Eger von der südlich sich ausbreitenden trennt. Der gegen das Egerthal steil abfallende Rücken des Kammerwaldes verflacht sich allgemach gegen das Franzensbader Becken, und bildet hier von Schlada westwärts zum grossen Stadtteich eine niedrige Stufe, in welcher das Gestein glimmerschieferartig ausgebildet ist. Im Streichen und Verflächen wechseln die Schiefer sehr, indem ersteres zwischen Stunde 2—8, letzteres zwischen 2—12 wechselt, doch ist das Verflächen des Höhenzuges nie gegen Franzensbad, sondern meist in Concordanz zur Lage der Seeberger Gneissscholle, wie schon gesagt, nach Südosten gekehrt. Alles deutet darauf hin, dass diese Partie durch Absinken aus ihrem Zusammenhang und ihrer früheren Lage gebracht worden sei. Bemerkenswerth ist die Klüftung, welche die Felsgehänge des Egerthales erkennen lassen. Dieselbe, immer steil, bald mit westlichem, bald mit östlichem Fall, ist zwischen Stunde 10—11 und 12—1 Nord geriehtet. Schon unter dem alten Schloss tritt diese Erscheinung deutlich hervor. Sie wiederholt sich auch anderwärts und lässt eine Kreuzklüftung in Südost-Nordwest in Stunde 7—8, also ziemlich parallel zur Egerspalte erkennen. Auch im Fichtelgebirge ist diese Kluftrichtung genau so vorhanden.

In der Schiefermasse des Grünbergrückens bleibt dagegen das östliche Streichen und südliche Einfallen auf allen Stellen gleich, bis an der Wondreb die entgegengesetzte Fallrichtung vom Böhmerwald her eintritt. Die ganze Schieferpartie fällt demnach gleichmässig vom Granit ab und bildet, die jenseits der Landesgrenze auftretenden Gneisse mit bemerkt, eine vollständige Reihenfolge aller Glieder der krystallinischen Schiefer.

Auch im Nord lagern dem Granitzuge solche Gebilde auf. Gleich über der Wasserscheide, welche der Granit des Egerer Himmelreichwaldes südlich von Asch mit dem Kapellenberg bei Sächsisch-Schönberg bildet, folgt zunächst ein Streifen Gneiss, dann ein Glimmerschiefer, welcher bis Schildern, Neuberg, Grün reicht, dann über Brambach bis nach Fleissen hinzieht, wo er am

Rande des Tertiärs wie die gegenüberliegende breite Glimmerschieferzone des westlichen Erzgebirges plötzlich absetzt. Im mittleren Gebiet am Steinberg bei Asch, Steingrub, Fleissen ist der Glimmerschiefer typisch ausgebildet. In den Gneiss im Liegenden geht er durch eine schmale Zone Glimmerschiefergneisse, wie sie auch bei Frauenreuth im Erzgebirge vorkommen, über. Nordwärts dagegen gehen die Glimmerschiefer in Phyllite, und diese wieder in die Urthonschiefer über, welche die grosse voigtländische Bucht erfüllen. Im Ascher Gebiet fallen die Schiefer vom Granit mit grosser Gleichförmigkeit nordwärts ab. Bei Schönbach hingegen fallen sie ostwärts synklinal zu dem Westflügel des Erzgebirges (p. 92).

So bilden sie hier, wie schon vordem bemerkt wurde, den Gegenflügel zur Schönbacher Mulde, dort aber den Gegenflügel eines mächtigen, über den Granit gewölbten Sattels, wie schon längst C. F. Naumann hervorhob, und in Bezug auf das Eruptivgestein das Beispiel einer äusserst regelmässig gelagerten Schieferhülle.

Als eine besonders auffällige Bildung tritt im Fichtelgebirge wieder ein mächtiger Quarzbrockenfelsgang auf, welcher aus dem Tertiär bei Seeberg auftauchend, unterbrochen in nordwestlicher Richtung in Stunde 9—10 durch den Granit und die Schiefer, im Ascher Gebiet fortsetzt, und ähnlich wie der geschilderte bei Sandau in Form von rauhen Felskuppen oder Blockwerk aus der Umgebung hervortritt. Das Gestein ist meist licht gefärbt. Sein Streichen fällt genau mit jenem Zug zusammen, welcher zwischen Leimbruck und Conradsgrün von dem zwischen Altwasser und Schüttüber streichenden Gange (p. 132) abzweigt, so dass schon Reuss die Ansicht ausgesprochen hat, es möchte dieses ein und derselbe, nur durch das Tertiär stellenweise verdeckte Quarzfelszug sein. Thatsächlich sieht man einen Quarzfelszug diesseits des Franzensbader Beckens durch zahlreiche Blöcke bei dem Dorfe Stein angedeutet. Ist dies aber die Fortsetzung des Fichtelgebirgsganges, so scheint er jedoch eher hier auszugehen, als sich mit jenem zu vereinigen.

Einlagerungen anderer Art sind, mit Ausnahme eines Kalksteinstriches bei Asch, nicht bekannt, nur die nirgends fehlenden basaltischen Gesteine machen sich auch hier, wenn auch sehr untergeordnet, bemerkbar. Sie sind sowohl im Granit, wie im Schiefer zu Hause. Im Granit bei Liebenstein besteht die Kuppe des Plattenberges aus einem braunen Olivin führenden, basaltischem Gestein. In der Nachbarschaft sind noch einige kleinere Kuppen verstreut. Das bei Oberreuth, östlich von Asch, im Glimmerschiefer anstehende basaltische Gestein ist sehr magneteisenreich, und wirkt nach Reuss sogar attractorisch auf die Magnetnadel. Endlich liegt noch südlich von Eger bei Kinsberg ein etwas grösseres Depot eines solchen Gesteines. Man wird dieses Vorkommen wohl besser mit Jokély den oberpfälzer-fränkischen derartigen Gebilden zuzählen können, als sie für Ausläufer des Duppauer Gebirges erkennen.

Der Kammerbühl und der Eisenbühl.

Eine Eigenthümlichkeit, dergleichen man thatsächlich erst im Gebiete der Eifel wiederfindet, besitzt das Egerland in seinen beiden erloschenen Vulkanen, dem Kammerbühl zwischen Eger und Franzensbad, und dem Eisenbühl mit dem Rehberg bei Boden unter dem Tilln. Ersterer, welcher schon im vorigen Jahrhundert die Aufmerksamkeit der Naturforscher fesselte[12] und an welchen sich in vorwiegender Weise das Gedächtniss Goethe's knüpft, ist jedenfalls der wichtigere; von letzterem lässt sich nur wenig sagen.

Der Kammerbühl bildet auf dem Phyllitrücken zwischen Eger und Franzensbad einen isolirten, westwärts steil, ostwärts sanft abfallenden Hügel, der nur mit einer mageren Rasennarbe überzogen ist und etwa 200 □Meter Flächenraum bedeckt. Auf der Ostseite befindet sich eine tiefe und weite kraterartige Aushöhlung, die lediglich dadurch entstanden ist, dass von dort seit undenklichen Zeiten Schotter zur Wegbesserung geholt wird, sie heisst bei den Anwohnern „das Zwergloch". An den 10—25 Meter hohen Steilwänden sind die Schichten der ausgeworfenen Schlacken und Lapillen entblösst, welche theils durch wechselnde Farbentöne, theils durch verschiedene Mächtigkeit so von einander abstechen, dass man an 40 Lagen übereinander zählen kann. Die untersten liegen fast wagrecht, die oberen nehmen nach und nach ein schwaches Verflachen in Ost an. Die Auswürflinge sind verschieden braun bis schwarz gefärbt. Rauhe, poröse, wohl auch gewundene Schlackenfetzen verschiedener Grösse, Bomben, welche zumeist Glimmerschieferbrocken enthalten, Lapillen von Nuss- bis Sandkorngrösse, bilden dieselben. Dazwischen finden sich blendendweisse Bimsteinstückchen, mit einer Schmelzrinde überzogene oder rothgebrannte Quarzbrocken, und nicht selten ebenso veränderte Geschiebe davon, auch durch die Hitze veränderte Glimmerschieferstücke. Gegen den Scheitel des Hügels steigt die Schlackenhülle allgemach auf, und man sieht die Auswürflinge auch auf allen Seiten aus der Grasnarbe herauslugen, so dass kein Zweifel darüber sein kann, dass der ganze Hügel daraus besteht. Nur nach der steilen Westseite hängt, wie herausgequollen, eine etwa 4 Meter hohe Lavamasse von grauschwarzer Farbe.

Dieser kleine Lavastrom, dessen Gestein ein Leucitbasit ist[13], der in seinen unteren Partien dichter, in seinen oberen blasig ist, und sehr an die ähnlichen Gebilde der Eifel erinnert, mag ehedem ausgedehnter gewesen sein; man sieht unzweifelhafte Spuren, dass von ihm Gesteine gebrochen wurden, und man kann wohl mit Gewissheit annehmen, dass der nach seinem Ursprung räthselhafte schwarze Thurm im alten Schloss zu Eger aus Kammerbühllava aufgebaut worden ist. Eine auf dem Scheitel des Hügels sichtbare trichterförmige Vertiefung ist wahrscheinlich gegraben, nachdem der Hügel zu verschiedenen Malen bergmännisch angegangen worden war. Die Unterlage des Kammerbühls bildet nicht unmittelbar der Phyllit, sondern Grabungen im Zwergloch haben dargethan, dass unter dem vulkanischen Schutt jene bis in die unmittelbare Nähe des Berges heranziehende jungtertiäre glimmerig-sandige Thonschicht liegt.

Der Eisenbühl mit dem Rehberg[14] liegt gleichfalls, wie der Kammerbühl, auf Phyllit, auf dessen Lagerung, wie dies auch beim Kammerbühl der Fall ist, der vulkanische Durchbruch ganz ohne Einfluss blieb. Der Rehberg bildet einen ostwestgestreckten Rücken zwischen den Dörfern Boden und Altalbenreuth, welcher von einer stellenweise 6 Meter mächtigen Tuffschicht bedeckt ist, die eine Menge Auswürflinge, Bomben, Lapillen u. s. w. beigemengt, enthält. Im Süden davon erhebt sich, daran angelehnt, der etwa 25 Meter hohe Eisenbühl, aus losen Schlackenbrocken von verschiedener Grösse zusammengehäuft. Die Schlacken, wie die Bomben, haben viele grosse und frische Olivinkörner eingemengt. Für die Zeit der Thätigkeit des Eisenbühl hat man keinen Anhaltspunkt wie beim Kammerbühl.

Die Braunkohlenbildungen.

Die Ausfüllung zwischen den im Vorhergehenden geschilderten randlichen Gebilden des Egerer Beckens ist wieder durch Braunkohlengebilde erfolgt. Wie schon eingangs erwähnt, bildet das Egerer Becken eine mit der grossen Axe Südnord gekehrte Ellipse deren kleinere Axe zugleich die Tiefenlinie andeutet, und in der Verlängerung westwärts die Franzensbader Bucht abgeht. Wie oberflächlich schon durch den ostwärts gerichteten Lauf der Eger angedeutet ist, ist auch die Muldenaxe nach Osten gekehrt. Das Muldentiefste verlegt Fötterle in die Gegend von Wogau, indem von dorther gegen Westen, Süden, Norden und Osten die Braunkohlengebilde randlich aufsteigen. Dabei nehmen sie nach der ersteren Richtung allmählich, nach den anderen rasch an Mächtigkeit ab. In der westlichen Partie der Mulde finden sich zugleich die jüngeren Gebilde abgelagert, während sie ostwärts zum grössten Theil weggespült oder als Quartär wesentlich verändert, liegengeblieben sind. Das wellig flachhügelige Terrain, welches das Egerbecken als Relief zeigt, lässt nur an wenigen Orten Aufschlüsse gehen; was man über den Bau der Mulde kennt, ist meist nur durch Bohrungen festgestellt, welche man ehedem an vielen Orten niederbrachte. Nur am östlichen Rande bei Königsberg bestehen gegenwärtig Braunkohlenbaue; aus der Nähe von Franzensbad sind sie durch den Quellenschutzkreis gebannt, im Allgemeinen ist die geringe Güte der da vorkommenden Kohlen und die ziemlich schwierige Gewältigung wohl Ursache, dass man sie liegen lässt.

Nach allem dem lässt sich über die Braunkohlengebilde des Egerer Beckens nur wenig sagen. Von den zwei Stufen, welche im benachbarten Falkenauer Becken so ausgesprochen vorhanden sind, ist die untere (vorbasaltische) nur sehr wenig entwickelt. Braunkohlensandsteine kommen nur am Rande des Beckens bei Nonnengrün, Frauenreuth, Neukirchen, Klinkhardt, Markhausen, Ullersgrün, Conradsgrün u. s. w. vor. Es sind meist eisenschüssige Conglomerate und grobkörnige Quarzsandsteine, welche nur in Blöcken verstreut angetroffen werden. Man sieht sie zwischen Reisengrün und Littengrün zu den gleichen Gebilden im Falkenauer Becken hinüber streifen. Auch darf man wohl die in der Peripherie des Beckens vorkommenden verschiedenen plastischen und kiesreichen Thone und mit diesen verbundene Moorkohlenflötze von geringerer Mächtigkeit, wie sie bei Neukirchen im Liegendsten erschürft wurden, hierher rechnen. Die weitaus grösste Verbreitung aber hat unstreitig die obere Braunkohlenstufe, welche wohl ohne Ausnahme das ganze Innere des Beckens erfüllt. Auf die das Liegende des Flötzes bildenden Letten und Thone folgt ein 2—5 Meter mächtiges Flötz. Bei Kammerhof, Oberlohma und Lehnstein ist das Liegende Sand. Bei Oberlohma und Triesenhof hat man noch ein wenig mächtiges Liegendflötz unter dem Hauptflötz erbohrt. Die Kohlen sind wahre Lignite, enthalten viel bituminöses Holz (Bast- und Splintkohle), sie sind verhältnissmässig licht gefärbt, und nehmen mit dem Fingernagel geglättet einen starken Wachsglanz an. An manchen Stellen waren sie ganz dem Pyropissit ähnlich (Melanchym). Gegen den Rand hin wird die

Flötzmächtigkeit geringer und ungleichmässiger als gegen das Muldentiefste, allem Anschein nach wird dasselbe durch verschiedene Rücken in einige Partialmulden aufgelöst, welche entweder durch Verdrückungen des Flötzes oder gar nicht mit einander in Verbindung stehen. Das unmittelbare Hangende des Braunkohlenflötzes sind Schieferthone, Letten, Cyprisschiefer und Süsswasserkalke. Bei Königsberg sind sie durch die Braunkohlenschächte aufgeschlossen, ebenso südlich davon bei Krottensee. Am besten sind sie jedoch in der Gegend von Trebendorf, Aag, Oberdorf, Tirschnitz bei Franzensbad zu sehen. Sie bilden den von Rohr und Höflas herab südwärts gehenden Höhenzug, welcher das Franzensbader Becken von dem grossen Becken östlich gegen das Egerthal abschliesst. Zwischen Oberdorf, Trebendorf und Aag ist dieses Glied der Braunkohlenformation wegen des Süsswasserkalkes durch Steinbrüche aufgeschlossen, auch geben viele Bohrprofile aus dieser Gegend Aufschluss. Die ganze Ablagerung besteht aus abwechselnden Lagen von schiefrigen, thonigen Gesteinen und Süsswasserkalken. Erstere sind graubräunlich, nach oben häufig grünlich gefärbt, deutlich oder undeutlich schiefrig; frisch gebrochen weich und schlüpfrig, trocken blättrig, leicht zerfallend, lassen sie dann Glimmerschüppchen auf der Schichtfläche erkennen. Man kennt aus ihnen Thierreste wie *Mastodon angustidens Cuv.*, von dem Zähne in den unteren Ablagerungen von Oberdorf gefunden wurden[15]; kleine Süsswasserfische, namentlich *Lebias Mayeri Agas*[16]. Federn und Knochen von Vögeln, Insektenreste[17], und weniger gut erhaltene Land- und Süsswasserschnecken und Pflanzenreste[18]. Als charakteristisches Fossil ist die ganz wie in demselben Gesteine des Falkenauer Beckens stellenweise in unglaublicher Menge vorkommende *Cypris angusta Rss.* zu bezeichnen. Die den Cyprisschiefern eingelagerten Kalke bilden Lagen von sehr wechselnder Beschaffenheit. Sie sind zuweilen compact dicht, rauchgrau oder gelbbraun, auf der Unterseite mit eigenthümlichen Spiralen und Narben versehen, oder sie sind locker und porös, dann lassen sie die winzigen Samenkörnern nicht unähnlichen Cyprisschalen in Menge sehen. Bei Tirschnitz zeigen die Kalke auf der Unterseite eigenthümliche Wulst- und Leistennetze, welche offenbar darthun, dass der zwischenliegende Cyprisschiefer vor dem Absatz des Süssswasserkalkes trocken geworden und zersprungen war. Nach oben zu werden die Kalke lettig, die obersten Lagen bestehen aus einem thonigen mit Kalkknollen gemengten Mittel. Nach Bohrprofilen wechseln Kalkstein und Cyprisschiefer bei Trebendorf und Wogau mehr als fünfzehnmal. In den Kalksteinbrüchen werden nun die oberen Lagen abgebaut, etwa in folgender Schichtenfolge:

1 Meter Letten mit groben Quarzgeschieben.
2 „ grüner Cyprisschiefer mit lockerem Kalk.
5 Centimeter gelber lettiger Kalk.
30 „ blauer Cyprisschiefer.
10 „ kalkiger Letten.
2 Meter Cyprisschiefer mit zwei Kalksteinstreifen.

Oder:

1·5 Meter Letten mit groben Quarzgeschieben.
2 „ Sand, grober und feiner, eisenschüssig mit Moorkohlenschmitzen.
5 Centimeter gelber lettiger Kalk.
66 „ grauer Cyprisschiefer.
35 „ Kalkstein.
40 „ grauer Cyprisschiefer.
25 „ Kalkstein.
Cyprisschiefer.

Obwohl zumeist in schwebender Lage zeigen die Cyprisschiefer doch mancherlei, wenn auch unbedeutende Abweichungen hievon, wie man aus den verschiedenen Aufschlüssen erkennen kann, auch kommen stellenweise Verwerfungen bis zu 1 Meter Sprunghöhe mit Ostwest streichender Kluft vor. Bei Wogau wurde die Mächtigkeit dieses Gliedes mit 72 Meter erbohrt, bei Trebendorf betrug sie nur noch 60 Meter. In der Weise, wie sich das Becken westwärts verseichtet, nehmen die Cyprisschiefer ab und es bleiben nur noch die oberen Glieder, Sand und oberer Letten übrig. Der Sand, welchen ich in dem vorstehenden zweiten Profil in seiner natürlichen Lage anführte, erreicht, je weiter man nach Westen fortschreitet, eine immer grössere Ausdehnung. Südlich vom Friedhof zu Oberlohma ist er im folgenden Profil zu sehen: Von oben 0·5 Meter eisenschüssiger, weiter unten braungebänderter Sand; darunter grüner, thoniger Sand mit Cyprisschieferschmitzen. Von hier senkt sich dieses Formationsglied gegen die Sohle des Beckens. Man kann die Grenze des Cyprisschiefer links von der Strasse nach Oberlohma verfolgen. Von Unterlohma nach Tannenberg zu ist der Sand durch viele Gruben aufgeschlossen. Er nimmt nach oben kaolinige Massen und Glimmerschuppen auf, und geht in den lettigen Sand über, welcher das Hangende bildet. So sieht man ihn rings um das Becken bis Markhausen. Dann tritt er bei Reisig einerseits, zwischen den Phyllitrücken des Kammerwaldes und der Wolfsgrube bis zur

Eger, anderseits bis an den grossen Stadtteich. Bei Dölitz findet sich auch noch ein kleines Depot davon. Moorkohlen hat man in grösseren und kleineren Nestern unter dem Sande mehrfach angebohrt. Die leichte Beweglichkeit dieses Materials macht es begreiflich, dass die Mächtigkeit desselben sehr wechselt, dass es stellenweise ganz fehlt, wo es nicht durch Ausweitungen im Liegenden gegen die Abspülung geschützt wurde. Für die Franzensbader Quellen hat auch der unter dem Moore nachgewiesene Sand, wie man später sehen wird, eine grosse Bedeutung. Wie um Franzensbad, so füllen die Sande auch anderwärts in ungleicher Mächtigkeit vorhandene Lücken. So beispielsweise in unmittelbarer Nähe von Eger beim Bahnhof und an der Strasse nach Waldsassen, ferner bei Pograt an der Wondreb, bei Conradsgrün und Taubrath und an vielen anderen Orten. Die oberste und weitverbreitetste Schicht der Braunkohlenformation besteht aus einem reichlich mit Sand gemengtem knetbaren Thon, der in der Nachbarschaft von Franzensbad überall, wo ein Hohlweg eingerissen oder eine Sandgrube eröffnet ist, als Hangendes sichtbar wird. Die Schicht wird nach unten hin sandiger, ist in der Mitte plastischer, nach oben reicher an groben Quarzgeschieben. Sie bedeckt das ganze Becken vom Kammerwald bis hinüber auf den Sirmitzer Granit und hinauf bis Seeberg, sie ist auch in der Unterlage des Kammerbühls erhalten. Auf ihrer wasserstauenden Masse liegen die vielen Teiche im Westen von Franzensbad, und da sich diese Schichte auch gleichmässig über das Becken ausbreitet, trägt sie zugleich die darauf in grossem Umfange ausgebreiteten Moore. Wo diese durchsunken werden, findet sich darunter eine grauliche, glimmerige, sandige, aufgequollene Thonschicht, welche getrocknet dem sandigen Deckletten gleicht. Wie diese Schichte auch oberflächlich keine gleichmässig mächtige, sondern lückenhafte Ausbreitung hat, so ist sie unter dem Moore allem Anschein nach auch beschaffen; daher der Moor stellenweise wohl auch auf dem Braunkohlensande unmittelbar aufliegt.

Quartärgebilde.

Die Grenze zu ziehen zwischen den Gebilden des Tertiär und Quartär scheint im Egerbecken an vielen Stellen schwierig. Schon meine Vorgänger Reuss und Jokély stimmen nicht in der Auffassung über das Tertiär mit mir überein, indem sie offenbar Manches, was ich für jünger ansehe, für älter zu halten geneigt sind, anderseits manches dem Quartär zuschreiben, was ich, wie die

die Sande deckenden Thone noch dem Tertiär zuzähle. Mich bestimmt hiezu die Lagerung der Schicht unter den Mooren, sowie der Umstand, dass mir nicht bekannt geworden ist, dass in ihnen irgend welche vom Kammerbühl stammende Massen aufgefunden wurden, im Gegentheil, dieser sich darauf ausbreitet. Endlich hat das Aussig-Teplitzer und das Falkenauer Becken im obersten Horizont Schichten aufzuweisen, welche denen des Egerer Beckens ganz gleich sind, und die dort wesentlich vom Flankenlöss verschieden sind.

Unzweifelhaft aber ist die Grenze zwischen Quartär und Tertiär immerhin an manchen Stellen schwer zu fixiren. Die an den Gehängen der Eger bei Steinhof, Dobrau, Nebanitz u. s. w. und ihrer Zuflüsse bis weit hinauf angehäuften Geschiebeschotter sind gewiss als dislocirte Braunkohlengebilde anzusehen; und so mag nicht nur im Gebiete des Egerthales, sondern auch anderswo ausgeschlemmter Thon mit mehr oder weniger Geschieben umgewandeltes Tertiär sein.

Moor und Torf.

Eine wesentliche Bedeutung haben im Egerer Becken die weitverbreiteten Moor- und Torfstrecken, insbesondere das Franzensbader Moor.

Das Egerthal zwischen der Landesgrenze und Stein, Reichelsdorf bis Königsberg, das Wondrebthal, die Thäler des Soos-, Föller- und Fleissenbaches sind mit Mooren erfüllt, ebenso das Innere des Franzensbader Beckens, welches sich westlich von der Curstadt ausdehnt und mehrfach in die Ränder auf einschneidenden Thälern eingreift, während es sich ostwärts zusammendrückt, und nur in einem schmalen Streifen längs des Schladabaches mit den Egermooren bei Tirschnitz und Hannersdorf zusammenhängt. Das Franzensbader Moor hat den Charakter eines Hochmoores, es erhebt sich in der Mitte drei Meter über den Spiegel des Schladabaches, mit dem es am Rande im Niveau gleich bleibt. Die Mächtigkeit wechselt zwischen 1,5—4 Meter und darüber. Seiner Beschaffenheit nach ist es ein Grastorf, unverweste Halme und Stengel von sauren Gräsern findet man selbst in grösserer Tiefe. In den tiefsten Lagen finden sich häufig Stämme und auch mitunter Zapfen von Coniferen. Man will bemerkt haben, dass sie meist von West nach Ost liegen. Der Moor ist eigenthümlich speckig, sehr consistent und dunkel gefärbt. Der um Franzensbad vorkommende Mineralmoor ist nichts anderes, als durch die Einwirkung der Kohlensäure- und Schwefelwasserstoff führenden Glaubersalzquellen minerisirter Torf, indem diese bei ihrem Durchgang die im Moore vorhandenen Eisensalze bilden. Das von Karsten „Reussin“, sonst Moorsalz genannte Salz, welches in der trockenen Jahreszeit auf den Mineralmoorstrecken ausblüht, ist mit ein Drittel Bittersalz gemengtes Glaubersalz. In grösseren Tiefen finden sich dann auch reichliche Einlagerungen von Schwefelkies. Auch Gyps, Vivianit (Blaueisenerde), Brauneisenstein als Sumpferz oder Ocker bilden Einlagerungen; die Kieselguhr nicht zu vergessen. Diese bildet mehr oder weniger ausgedehnte schichtenweise Einlagerungen von lichter, im Franzensbader Moor grauer, in der Soos gelbweiser Farbe, die vom übrigen Moor sehr abstechen. In der Soos bildet die Kieselguhr ausser einzelnen Nestern ein zusammenhängendes Lager von circa 400 □Meter Fläche in wechselnder Mächtigkeit von 3—50 Centimeter. Nach der Peripherie wird die Kieselguhr immer schwächer und unreiner und geht in das Moorlager über[19]. Das „Soos“ genannte Moorlager zwischen Rohr, Fonsau, Katharinenhof, Sorgen und Ensenbruck ist neben dem Franzensbader das mineralmoorreichste und wohl das mächtigste (bis 5 Meter). Es besitzt sein eigenes Mineralwassergebiet, neben dem nun Kaiserquell, ehemals „Polterer“ genannten Hauptquell eine Menge Nebenquellen. Im Uebrigen ist es dem Franzensbader Moore ganz ähnlich. Mehrfach wurden in neuerer Zeit Reste von Quartärthieren im Moor gefunden. Bei der Fassung der „Kaiserquelle“ durch die Firma Mattoni & Comp. wurden in 4 Meter Tiefe Reste von *Cervus euryceros Hartm.*, sowie die eines kleinen Schweines — vielleicht *Sus palustris Rütim.* — aufgefunden[20]. Ich glaube, dass man darnach wenigstens den Beginn der Moorbildung in die Quartärzeit zurück datiren kann. Die übrigen im Egerthale u. s. w. gelegenen, auf jüngeren Schwemmgebilden liegenden Moore werden wohl nicht so weit im Alter zurückgreifen.

Die Mineralquellen des Egerer Beckens.

Kein Gebiet der österreichischen Monarchie, ja in Europa wohl nur die Eifel und das mittlere Frankreich, kann sich hinsichtlich des Reichthums an Kohlensäure führenden Wässern mit dem Egerer Becken und dem benachbarten Marienbader Bezirke messen. Schon Jokély[21] hat darauf aufmerksam gemacht, dass dieselben in drei Hauptgruppen zerfallen.

1. Die in die Mitte des Egerbeckens fallende Hauptgruppe, mit den Mineralquellen von Franzensbad und der Soos, und von Lehenstein, Langenbruck, Rohr, Höflas, Föllermühl, Ensenbruck, Förba, Nebanitz, Hartessenreuth, Mühlessen, Watzkenreuth, Pochlowitz und Kottigau,

mit einer nördlichen Nebenreihe Grün, Dürr und Neudorf. 2. Eine südliche, an die Quellen von Marienbad und Königswart anknüpfende Reihe Ammonsgrün, Markusgrün, Conradsgrün und Leimbruck mit einer Nebenreihe Zeidelweid, Säuerlinghammer, Neu-Albenreuth. 3. Eine nördliche Asch, Niederreuth, Fuchshäuser, Fleissen, Steingrub, Wallhof umfassend.

Von diesen Quellen sind vor allen die Franzensbader, und ihnen zunächst wohl die der Soos von besonderem Interesse.

Alle übrigen, zumeist in sehr primitivem Zustande, dienen den Umwohnern als Trinkwasser. — Die mittlere Hauptgruppe fällt in das Tertiär, die anderen beiden, die südliche wie die nördliche, in das krystallinische Randgebirge. Schon nach einem oberflächlichen Blick auf ihre Vertheilung lässt sich eine Gesetzmässigkeit derselben nicht verkennen, wenngleich die Oberfläche, auf welcher sie hervortreten, vermöge ihres Baues für die Untersuchung der Verhältnisse wenig günstig ist.

Die Franzensbader Quellen.

Die Quellen von Franzensbad liegen gegen das östliche sich verengende Ende des Moores. Es sind folgende:

1. Der kalte Sprudel. 2. Die Louisenquelle. 3. Loimannsquelle. 4. Franzensquelle. 5. Salzquelle. 6. Wiesenquelle. 7. Neuquelle. Ausser dem Rayon von Franzensbad: 8. Cartellieri's Stahlquelle. 10. Herculesquelle. 11. Stephanienquelle. Ausserdem noch einige unbenannte kleinere und die Gasquelle. Nach der Louisenquelle sind die ostwärts gelegenen Quellen Neu-Wiesen-Stahlquelle, Hercules- und Stephanienquelle die ergiebigsten. Die anscheinend regellos vertheilten Quellen zeigen eine bestimmte Anordnung, indem der kalte Sprudel, die Quellpunkte der Louisenquelle und Loimannsquelle, ebenso Wiesen- und Salzquelle durch eine in Stunde 2 gezogene Linie verbunden werden.

Die übrigen Quellen liegen auf Linien, die zwischen Stunde 7—8 streichen. Ausser der reihenweisen Anordnung der Quellpunkte in der Louisenquelle lässt sich nirgend die Andeutung einer Quellspalte wahrnehmen. Die Franzensbader Wasser sind sehr klar, haben eine constante Temperatur von $+ 11 \cdot 5^0$ C. Es sind glaubersalzhaltige Eisensäuerlinge[22]. Seit längerer Zeit ist von ihnen schon bekannt, dass ihre Ergiebigkeit zum Stande des Barometers in umgekehrtem Verhältnisse steht[23], was ja wohl auch anderwärts der Fall sein muss. Die geringe Differenz in der chemischen Beschaffenheit, der Umstand, dass die Quellen im Sommer, wo sie stark durch

Pumpen in Anspruch genommen werden, viel schwächer fliessen als im Winter, und dass ihrer viele von einem Punkt aus beeinflusst werden können, lässt folgern, dass sie innig zusammenhängen, und dies findet offenbar in einer Sandlage statt, welche sich unter der wasserstauenden Unterlage des Moores ausbreitet, nachdem sie schon als fertig gebildete Glaubersalzquellen aus der krystallinischen Unterlage der Braunkohlenablagerungen herausgetreten sind.

Die Quellen in der Soos.

Von den zahlreichen in der Soos hervorsprudelnden Mineralquellen ist nur die Hauptquelle, die Kaiserquelle, gefasst. Sie hat nahezu 20° C. Temperatur, ist also wärmer als die Franzensbader und ist ausserordentlich gasreich, so dass ihr Wasser zu kochen scheint. Auch für die Anordnung der hiesigen Quellen macht sich eine Linie nach Stunde 2 bemerkbar.

Die Sauerbrunnen des Egerlandes.

Da diese Quellen, trotzdem viele derselben ganz vorzügliche Sauerwässer liefern, nur für die Bewohner der meist sumpfigen Gegenden des Egerlandes als Trinkwasser von Bedeutung sind, ist über ihre sonstige Beschaffenheit so viel wie gar nichts bekannt. Interessant ist jedoch die Art ihrer Vertheilung. Wie schon oben erwähnt, hat Jokély auf die Ost-West gerichteten Reihen dieser Quellen im mittleren und nördlichen Egerland aufmerksam gemacht. Solche Reihen sind: die Franzensbaderquellen mit den Säuerlingen bei Langenbruck, Neuquelle, Wiesenquelle, Hercules- und Stephanienquelle und der Langenbrucker Säuerling, sie liegen in einer Stunde 7 streichenden Linie, ebenso der Förbaer und Nebanitzer, dann der Knöbaer, Lumperer und Leibitscher, der von Ensenbruck und Hartessenreuth. Diese Richtung ist parallel zur mittleren Richtung der Egerspalte zwischen Reichelsdorf und Markhausen.

Ganz auffällig ist nun, was Jokély nicht bemerkt, die Vertheilung dieser Säuerlinge in nordsüdgerichteten Reihen. Zwar wird von ihm die so gerichtete Hauptreihe der südlichen Gruppe mit Ammonsgrün und Markusgrün erwähnt, doch nicht, dass diese ihre nördliche Verlängerung im Gerinne des Leibitschthales durch die Quellen von Leibitsch, Pochlowitz und Berg findet. Eine hiezu parallele Reihe beginnt mit dem Säuerling von Conradsgrün im Süden, und dem Laufe des Rohrwasserbaches und der Wondreb bis zur Eger folgend, gelangen wir dann den Fleissenbach aufwärts an die Säuerlinge von Nebanitz, Hartessenreuth, Watzkenreuth, Mühlessen und Wallhof. Eine dritte parallele Reihe beginnt im Süden mit Säuerlinghammer im Innern des nordstreichenden Paintbachsthales, und setzt am linken Ufer der Eger im Gerinne des Föllerbaches nach Ensenbruck, Föllermühle fort. Diese Reihen halten ungefähr Stunde 10 (23) im Streichen ein und sind, wie man sieht, parallel zur Bruchlinie am westlichen Rande des Erzgebirges und Kaiserwaldes, und zur Richtung der Carlsbader Quellenzüge. Nun finden wir noch eine die Soos, Föllermühle, Mühlessen verbindende Linie parallel zum Bruchrande des Granits, endlich die Reihe Conradsgrün, Säuerlinghammer, Neualbenreuth parallel zum Wondrebthal.

Dass diese Vertheilung mehr als Zufall ist, wird auch daraus ersichtlich, dass im krystallinischen Gestein dieselbe Kluftrichtung zu erkennen ist. Im Egerthal haben wir die Kluftstunden 10—11 (22), 1—12 (24) senkrecht im Phyllit. Im Fichtelgebirgsgranit Stunde 11—12 (23—24) senkrecht, darauf kreuzend Stunde 6—7, 7—8 ebenfalls senkrechte Klüfte. Die Vertheilungslinien der Sauerbrunnen stimmen also nicht nur in der Richtung mit den oberflächlich angedeuteten Bruchlinien, sondern auch mit der Gesteinsklüftung überein, sie sind daher an diese geknüpft. Im Franzensbader Becken herrscht die westöstliche Richtung vor, sie verlängert sich durch das ganze Egerland bis Leibitsch. Die Stunde 7, unter welcher die Teplitzer Thermalspalten streichen, wiederholt sich hier. Ihre Vertheilung entspricht dem durch das Franzensbader Becken und die Egerspalte angedeuteten Senkungsgebiet. In der östlichen Mulde dagegen findet die grosse vom Süden kommende Säuerlingsreihe, an der auch Königswart und Marienbad liegen, ihre Fortsetzung und Parallelen; hier entspricht also ihre Vertheilung wieder dem in ihr abgesunkenen Gebiet. Beide Richtungen kreuzen sich, und die lange mittlere Quellenreihe von Franzensbad bis Leibitsch, die auch zugleich die kräftigsten — mit Ausnahme der Soos — enthält, scheint sich hieraus erklären zu lassen. Von diesen stellt die erstere ostweststreichende die Verlängerung der grossen böhmischen Thermalspalte dar, charakterisirt zugleich durch die Lage des Muldentiefsten in der Braunkohle. Die sie kreuzende nordlaufende fällt zusammen mit der Richtung der grossen Brüche, welche im Böhmerwald und Bayrischen Wald durch die grossen Quarzfelszüge, den böhmischen und bayrischen Pfahl angedeutet sind[24]. Hieraus aber erhellt, dass die Vertheilung und das Auftreten der egerländischen Säuerlinge wohl von diesen abhänge; gerade so wie das Auftreten der Quellen in der Thermalspalte ist auch ihr Dasein an diese gewaltigen Bruchlinien geknüpft. Man kann also füglich weder den Kammerbühl allein noch im Verein mit dem Eisenbühl oder mit dem fernen Duppauer Gebirge für das Vorhandensein der Säuerlinge im Egerlande verantwortlich machen. Alle Erscheinungen im Egerlande erinnern — nach der von Herrn Suess gegebenen Beschreibung — an die ähnlichen im Ries [25] oder im Höhgau, namentlich die kleinen Vulcane, auch die Verhältnisse des Tertiärs scheinen mit ersterem Senkungsfeld einen Vergleich zuzulassen. Die Feuerberge des Egerlandes waren unzweifelhaft erst nach der eingetretenen Senkung thätig,aber vorher musste es schon dort kohlensaure Quellen gegeben haben. Der Süsswasserkalk der Cyprisschiefer ist gewiss älter als der Kammerbühl, erwägt man die häufig wiederholten Lagerungswechsel desselben, wodurch er eine bedeutende Mächtigkeit erhält, so wird man ihn kaum mit Jokély aus zersetztem kalkhaltigen Basalt entstehen lassen; sondern sich weit eher an den längs des Fichtelgebirges aus der Gegend von Arzberg bis Hochberg streichenden Kalkzuges erinnern. Dieser mag das Material zu den Süsswasserkalken geliefert haben. Das setzt aber hiezu die Einwirkung kohlensaurer Wässer voraus, und so müssen schon in der jüngeren Braunkohlenzeit solche hier vorhanden gewesen sein. Vielleicht aber kann man der Eruption des Kammerbühles insofern einen Einfluss auf das Quellengebiet zuschreiben, als etwa hiedurch den Franzensbader Quellen Wege durch das überliegende Tertiär geöffnet wurden. Wenigstens trifft die Verlängerung der Quellpunkte in der Louisenquelle den Kammerbühl und die Lage der Wiesen- und Salzquelle ist hierzu ziemlich parallel. So könnte man wenigstens die Häufung starker Säuerlinge in der Nähe dieses Berges deuten.

Es ist nun noch des Säuerlingzuges Erwähnung zu thun, welcher die nördliche Gruppe Jokély's bildet, und in seiner Erstreckung von Asch gegen Fleissen in westöstlicher Richtung ein Parallele zum Franzensbader Zug bildet. Wie die in seinem Streichen bei Oberreuth auftretenden basaltischen Kuppen verräth dieser Säuerlingszug nichts anderes, als eine dem westlichen Hauptbruch parallele Nebenkluft, wie wir eine solche mit west-östlichem Verlauf von Königswart über den Rücken des Tepler Gebirgs kennen.

Königswart selbst liegt an dem grossen nordwestgerichteten Zuge im Granit. Nicht weniger als zwanzig Säuerlinge sind hier bekannt, von denen die Richards-, Victors-, Eleonoren-, Marien-, Neu- und Badequelle als Gesundbrunnen dienen. Die Richardsquelle liegt östlich von den fünf anderen, welche nahe bei einander hervortreten, erstere ist auch von den letzteren im Wasser verschieden, da diese stark eisenhaltig sind. Schon die Lage der Richardsquelle gegen die übrigen deutet darauf hin, dass sich hier wieder eine oder mehrere Quellenlinien kreuzen, welchem Umstande man es zuzuschreiben hat, dass hier so zahlreiche Sauerquellen vorhanden sind. In dieser östlichen oder genauer nordöstlichen Richtung gelangen wir zu den Säuerlingen von Sangerberg, und noch weiter östlich zu denen von Neudorf-Grün bei Petschau, also in eine zur grossen Thermalspalte zwischen Carlsbad und Königsberg parallele Quellenlinie, und als eine sehr charakteristische Thatsache möge hier angeführt werden, dass bei Sangerberg ein auf einem in Stunde 8,5 streichenden Gang betriebenes Silberbergwerk des Baron JUNKER-BIGATTO im Jahre 1822 wegen Ausströmungen und Ansammlungen von Kohlensäure aufgelassen werden musste[26].

Schliesslich will ich nicht unerwähnt lassen, dass eine zum Königswarter und Marienbader Quellenzug parallele Linie die Sauerbrunnen von Neudorf-Grün, Enkengrün bei Tepl und Constantinsbad bei Weseritz verbindet, welche wie jene in ca. Stunde 10 streicht. Erinnern wir uns nun nochmals des p. 100 über die Lage der Carlsbader Quellenzüge gesagten, so tritt wieder ein unverkennbarer Parallelismus zwischen diesen und den nordwestgerichteten Haupt- und Nebenzügen der Säuerlinge hervor, und die Abhängigkeit der Vertheilung der Quellen von dem hercynischen Kluftsystem (p. 9) wird hierdurch immer klarer.

Verzeichniss einiger Höhen in der Umgegend von Eger-Franzensbad.

Böhmerwald.

Tilln 939 m.
Maiersgrün 662 m.
Asch 633 m.
Kapellenberg bei Schönberg 757 m.
Kammerbühl 500 m.

Fichtelgebirge.

St. Anna 594 m.
Grünberg 632 m.
Eger bei Markhausen 442 m.
Plattenberg bei Liebenstein 637 m.
Geissberg bei Seeberg 549 m.
Haslau 547 m.

Egerland.

Eger (Stadt) 448 m.
Franzensbad 441 m.
Königsberg 535 m.
Königswart 676 m.
Unter-Sandau 538 m.

Andere finden sich im Höhenverzeichniss für die Umgegend von Carlsbad.

Anmerkungen.

(L. bezieht sich auf den literarischen Nachweis.)

[1] Jokély, Süsswassergebilde des Egerlandes (L. 95) p. 509. — [2] Fötterle, Braunkohlenablagerungen des Egerlandes (L. 98). — [3] Suess, Antlitz der Erde p. 270 ff. — [4] Reuss, Egerer Kreis und Aschergebiet (L. 93). — [5] Zippe, Topographie des Egerer Kreises 1847. — [6] Jokély, Geol. Beschr. des Egerer Kreises (L. 94). — [7] Suess, Antlitz der Erde I. p. 167 u. 175. — [8] Reuss a. a. O. — [9] Reuss a. a. O. Jokély, p. 4 (L. 94). — [10] G. Rose, Ueber Granite. Zeitschr. d. deutschen geol. Gesellsch. I. Reuss a. a. O. — [11] Zirkel, Lehrb. d. Petrographie. I. Bd. p. 515. — [12] Das von Palliardi (L. 96) mitgetheilte Verzeichniss der Kammerbühlliteratur beginnt mit 1773 und reicht bis 1856, es zählt 28 Schriften auf. — [13] Zirkel, Untersuchungen über die mikroskop. Zusammensetz. d. Basaltgesteine 1870, p. 48. — [14] Reuss. a. a. O. Die Goethe gebührende Priorität, den Rehberg und Eisenbühl, welchen Joh. Seb. Grüner aufgefunden hatte, zuerst bekannt gemacht zu haben (Uralte neuentdeckte Naturfeuer- und Glutspuren, 32. Bd. der Grote'schen Gesammtausgabe p. 312) hat bereits Jokély (L. 94) hervorgehoben, nachdem dies Reuss unbekannt geblieben war. — [15] Suess, Mastodontenreste von Franzensbad (L. 19). Vacek, Oesterr. Mastodonten (L. 23). — [16] Reuss a. a. O. — [17] Nowak, Fauna der Cyprisschiefer (L. 24). — [18] Engelhardt, Cyprisschiefer Nordböhmens (L. 27). — [19] Die Kieselguhr besteht fast ganz aus Panzern von Diadomeen, unter denen *Campylodiscus clypeus* vorherrscht, sodann noch *Navicula phoenicentron N. fulva, N. viridis, Gaillonella distans, Gomphonema clavatum, G. truncatum, Surrirella striatula, Pinnularia viridis.* — [20] Laube, Vorkommen von *Cerv. euryceros* (L. 100). — [21] Jokély, Süsswassergebilde d. Egerlandes (L. 95). — [22] Analysen im Anhange. Die mittlere Jahrestemperatur nach Herrn v. Steinhauser mit + 7,2° C. für Franzensbad angenommen, sind die Quellen um + 4,3° C. wärmer. — [23] Cartellieri. Die Franzensquelle in Eger-Franzensbad und der atmosphärische Luftdruck. Prag 1860. — [24] Suess, Antlitz der Erde, p. 270. — [25] Suess. Antlitz der Erde, p. 259 ff. — [26] Heidler, Pflanzen und Gesteine von Marienbad, p. 99.

Geologische Excursionen in der Umgegend von Eger und Franzensbad.

1. Auf den Kammerbühl.

Die meisten Besucher dürften aus naheliegenden Gründen Eger zum Ausgangspunkt der Excursionen nehmen. Deshalb und des interessanteren Weges willen führe ich meinen geehrten Leser von hier aus auf den Kammerbühl.

Wir verlassen die Stadt durch die Steingasse, wenden uns beim Bruckthor vor der Kreuzherrncommenda links unter den Ruinen des alten Schlosses hin in die Egerspalte (p. 137). Hier können wir gleich die Klüftung im Phyllit, welche ganz ebenflächig hindurchgeht, besehen. Wir verfolgen nun den Weg thalaufwärts immer am Flusse hin, es ist gleichgültig auf welcher Seite. Bleibt man auf der rechten Seite, so bemerkt man zahlreiche Quellen, welche die Wasserversorgung aus dem Joche des Grünberges andeutet, die Felsklüfte auf der linken Flussseite sind trocken. Bei der romantisch gelegenen Mühle bei Stein muss man nun auf die linke Seite der Eger, und den Weg links nach dem Orte Stein hinaufgehen. Oben liegen Quarzbrockenfelsblöcke, Andeutungen des grossen Quarzfeldzuges (p. 138). Nun bei dem Wegkreuz gerade auf das Plateau hinaus und auf dem sich darbietenden Wege über die Liebensteiner Strasse zum Kammerhof unter dem Kammerbühl. Man kommt, ehe man die Strasse erreicht, an den Ausbissen der oberen Tertiärschichten (p. 143) zwischen dem Phyllitrücken der Wolfsgrube (nördlich) und der Kammerhöhe vorüber. Auch beim Kammerhof sieht man diese Gebilde hervorlugen. Nun zuerst ins Zwergloch (p. 139) die Schichtung der Auswürflinge besehen; man beachte, wie die gröberen näher am Berg, die feineren östlicher liegen. Hie und da zeigt sich an der Wand auch eine geol. Orgel. Selbstverständlich nimmt man hier die etwa zu wählenden Handstücke und Proben. Dann auf den Hügel selbst hinauf; die dort befindliche Grube ist, wie vorn angegeben wurde (p. 140), keine Kraterspur. Die Aussicht ist wohl nächst der vom Teplitzer Schlossberg die schönste im ganzen Thermalgebiet, da sich der Kammerbühl ganz vereinzelt aus der Ebene erhebt.

Aussicht vom Kammerbühl.

Nach Nordosten hat man zunächst 59 Meter tiefer Franzensbad inmitten seiner wohlgepflegten Anlagen. Darüber hinaus über die wellige Fläche des Egerlandes am Horizont das Erzgebirge links von der Frauenreuther Kirche der Hohe Stein, die Grasslitzer Berge, die Keilbergmasse im Hintergrund, davor der Leibitschkamm, welcher in die Höhe von Mariakulm ausläuft, dessen zweithürmige hochgelegene Kirche deutlich sichtbar ist. Dahinter sieht man schon das Carlsbader Gebirge und den vorspringenden Hornberg. Weiter östlich die Kuppen des Kaiserwaldes, deren höchste und südöstlichste die Glatze bei Königswart (978 Meter hoch). Den Süden nimmt die prächtige, nach beiden Seiten ganz symmetrisch abfallende Gruppe des Tilln, der Ausläufer des Böhmerwaldes ein. Auch hierhin schweift der Blick über die wellige Fläche des Egerlandes. Die Stadt Eger selbst bleibt vom Rücken des Spittelberges verdeckt. Rechts vom Tilln, gerade über der Eger, steigen die vorgeschobenen Phyllitberge des Fichtelgebirges auf, vor dem dunklen Walde, der den Grünberg bedeckt, weithin sichtbar auf dessen östlichem Abhang das St. Annakirchel, ein Wahrzeichen für das ganze Egerland. Zwischen dem westlichen Abfall des Grünberges und den Liebensteiner Bergen im Westen sieht man über das Egerthal über das bereits jenseits der Landesgrenze gelegene Schloss Hohberg bis auf die Kösseine bei Wunsiedel. Die Liebensteiner Berge, der höchste ist der basaltische Plattenberg, beschränken nun die Fernsicht. Gegen Nordwesten sieht man dann über die vielen grossen Teiche am Rande des Beckens nach Schloss und Kirche von Seeberg. Rechts davon die weisse Partie im Walde, ein Ausgehendes des grossen Quarzganges am Gasberg. Noch weiter rechts Haslau und darüber der Himmelreichwald vor Asch im Granitgebiet des Fichtelgebirges. Im Norden erhebt sich die 757 Meter hohe Pyramide des Kapellenberges bei Sächsisch-Schönberg schon jenseits der Landesgrenze. Zwischen diesem und dem Beschauer liegt das Franzensbader Moor und die nördliche Randpartie desselben. Die waldigen Ausläufer des Fichtelgebirges gegen Westen nächst Wildstein schliessen das Rundgemälde ab. Man übersieht das ganze Gebiet wie auf einer zu Füssen des Beschauers ausgebreiteten Landkarte.

2. Vom Kammerbühl über Seeberg und Haslau nach Franzensbad.

Vom Kammerbühl gehen wir längs der Lavaklippen an der südwestlichen Steilseite des Berges herab. Den Besuch des in der Nähe befindlichen Stollens, welchen Graf Caspar Sternberg auf Anregung Goethe's 1834—38 zur Erforschung des Kammerbühles hatte treiben lassen — sein Eingang ist mit einer eisernen Thür, darüber die Aufschrift: „Den Naturfreunden gewidmet vom Grafen Caspar Sternberg“, verwahrt — empfehle ich nicht. Er bietet gar keine Belehrung und ist im Innern längst verbrochen. Zudem ist das Betreten des noch stehenden Theiles wegen der lockeren Beschaffenheit des Gesteines gewiss nicht ungefährlich. Spuren, dass von dem Lavastrom einst Werksteine gebrochen wurden, wird man namentlich in der unteren Partie noch deutlich sehen können. Von hier weg nehmen wir den Weg nach dem nahe gelegenen

Dorfe Reisig, gehen durch dieses hindurch, lassen rechts einen Ziegelschlag liegen, und nun den Fussweg weiter über die Hutweide gegen das am Waldsaum sichtbar werdende Försterhaus. Dies lassen wir links liegen, behalten rechts den grossen Teich (Pfannstiel-Teich) und folgen dem Fusssteig an dessen Rande. Etwas weiter hin haben wir auch einen Teich (Pirtschenteich) links. Nun immer den Weg gradeaus. Man geht über die thonig-sandige obere Decke des Tertiär (p. 144). Sie wird vielfach zu Ziegeln verarbeitet. Nach einer Wanderung über eine Haide hat man nun Seeberg vor sich. Man geht den Hügel hinan unter der Kirche hin, dann auf der Brücke über die tiefe Schlucht, zwischen den steil aufgerichteten Gneissschollen (p. 135), die hier am Granit liegen, hinüber und folgt dem Wege rechts um die Höhe. Etwas weiterhin übersetzt er einen Thaleinschnitt; hier fällt schon die weisse Färbung des Gesteines auf. Man ist nun an dem grossen Quarzfelsgang (p. 138), den auch schon zahlreiche am Wege liegende Blöcke verrathen. Höher oben auf dem jenseitigen Thalgehänge hat man links und rechts grosse Steinbrüche, in denen man den Gang aufgeschlossen findet. Die Gesteinsmasse ist sehr brockig und springt unter dem Hammer, ähnlich wie Dolomit, in Stücke. Rutsch- und Gleitflächen kann man häufig an den Blöcken und Wänden sehen. Die Strasse, auf welcher man kam, führt dann weiter nach Haslau und zwar längs des Quarzfelszuges, den man vor dem Städtchen in den rauhen Felsklippen des Calvarienberges wiederfindet, und ein gutes Stück nordwestwärts übersehen kann. Um nun zu dem Egeranschiefer (p. 135) am Burgstall zu kommen, gehen wir auf der Strasse durch Haslau hinauf bis über die letzten Häuser. Dort wird rechts zwischen der Strasse und der Bahnlinie eine Statue bei drei Bäumen sichtbar. Auf dem Wege dabei biegen wir rechts ab über die Schienen. Nun sieht man schon jenseits eines Baches unter Bäumen die Egeranschieferfelsen. Man braucht nur über die Wiesen geradeaus hinunter und über den Bach zu gehen. Man kann dann links an dem Egeranschiefer hin gegen die dahinter gelegenen Anhöhen gehen, wo Steinbrüche im Granit angelegt sind, und hier die eigenthümlichen Glimmerverwachsungen (p. 134) in diesem Gestein kennen lernen.

Wenn man nicht ein besonderes Interesse hat, etwa die Besichtigung des gneissartigen Granites unter der Antonienhöhe (p. 135); oder der Sande beim Oberlohmaer Friedhof (p. 143), so thut man gut daran, von der Station Haslau mit der Bahn nach Franzensbad zu fahren. Die Sande von Oberlohma kann man immer noch ansehen, indem man vom Franzensbader Bahnhof direct nach Oberlohma und von da erst nach der Curstadt geht.

In Franzensbad selbst bieten nur die Quellen (p. 147), vor allem die Louisenquelle etwas geologisch Interessantes. Die grossen Mineralmoorstechereien (p. 145) befinden sich am Schladabach bei den Badehäusern; man sieht aber nicht viel davon, da der Grund meist von Wasser bedeckt ist. Auf dem Rückweg nach Eger über Schlada kann man noch einen Blick auf den niedrigen Steilrand des Franzensbader Beckens werfen (p. 137), der rechts von der Strasse besonders deutlich wird, und geht dann bei Triesenhof rechts den Fussweg nach Eger weiter.

Wer geradewegs vom Kammerbühl nach Franzensbad geht, nimmt den vom Fusse aus gerade dahin führenden Promenadenweg, oder er geht von Reisig hinab zum grossen Stadtteich, dann am Rande des Beckens nach Schlada und Franzensbad. Ebenso wird, wer von Franzensbad aus den Kammerbühl besteigt, den Rückweg dann über Stein durch das Egerthal nach Eger etc. nehmen können.

4. Excursion zu den Süsswasserkalken bei Aag und Tirschnitz und in die Soos.

Von Eger oder von Franzensbad fährt man mit der Bahn bis auf die Station Tirschnitz. Schon vom Bahnhof aus wird man der im Betrieb befindlichen Kalkbrennereien ansichtig werden, welche den Süsswasserkalkstein verarbeiten. Einen Weg zu den Brüchen muss man hier erfragen, da die Grundbesitzer, welche den Kalkstein gewinnen, bald hier, bald da Gruben und kleine Schächte zu diesem Zwecke eröffnen, und sie dann wieder verstürzen. Wenn man den Weg von Aag nach Oberdorf und Trebendorf einschlägt, wird man übrigens die in Angriff genommenen Punkte im Felde selbst bemerken. Organische Reste sind ausser der *Cypris angusta* recht sparsam in den Schiefern vorhanden[1]. Von den Kalköfen wendet man sich nach Trebendorf — rechts das Dorf mit der hochgelegenen Kirche — und von da nach Rohr, wo dann der Weg über den Soosbach in das Soosmoor (p. 146) führt. Im Sudhaus, wo verschiedene pharmaceutische Präparate, Moorsalz, Moorlauge u. s. w. aus dem Mineralmoor erzeugt werden, wird man leicht Jemanden finden, welcher zum Kaiserbrunnen und zu den übrigen sehenswerthen Punkten führt. Bei Rohr und bis zur Soos sieht man die tertiären Sande vielfach aufgeschlossen.

Man nimmt den Rückweg von der Soos entweder über Oberdorf direct, oder über Stadtl nach Sirmitz über die dortigen Granitbrüche (p. 134) nach Oberlohma und Franzensbad. In beiden Fällen geht man zunächst nach Rohr zurück, nach Sirmitz am Stadtlbach hinauf, nach Oberdorf über Trebendorf weiter nach Franzensbad.

5. Von Franzensbad geradenwegs in die Soos.

Im Anschluss an die Excursion von Eger über den Kammerbühl direkt nach Franzensbad kann man an einem Tage die Soospartie machen; indem man von da ab nach Oberdorf, Trebendorf, Rohr in die Soos geht, dann zurück nach Trebendorf und über die Süsswasserkalksteinbrüche nach Aag und Tirschnitz geht. Von der Station hat man Gelegenheit mit der Bahn weiter zu reisen.

6. Excursion zu den Cyprischiefern nach Krottensee.

Man benutzt die Bahn bis Königsberg und geht von da über Steinhof auf der Strasse nach Krottensee. Ehe man noch nach diesem Dorfe kommt, hat man links an der Strasse Aufschlüsse im Cyprisschiefer; namentlich ist es eine nur 4—8 Ctm. mächtige durch eine bräunliche Farbe kenntliche Schicht, welche man durchsuchen muss, indem man die dünnblättrigen Schiefer mit dem Messer spaltet[2].

7. Excursion zum Rehberg und Eisenbühl bei Boden.

Der Weg führt von Eger auf Halbstrasse nach Pograth über die Wondreb nach Neukinsberg, Gosel, Altalbenreuth. Zwischen diesem Dorfe und dem südlich davon gelegenen Dorfe Boden liegt der Rehbergrücken über den der Weg hinführt. Man kann auch die Bahn bis Untersandau benutzen, dann über Zeidelweid nach Palitz und über Säuerlinghammer nach Altalbenreuth, und von da nach Boden gehen. Der Eisenbühl erhebt sich dicht hinter den östlichen Häusern dieses Dorfes, die Aufschlüsse muss man auf seinem Scheitel suchen. Die über den Rehberg gelagerten Auswürflinge sind beim Altalbenreuther Mauthhaus in einigen Gruben aufgeschlossen. — In beiden Flanken desselben, sowohl über Albenreuth als über Boden liegen dann die Tuffe, welche man in allen Wasserrissen entblöst sieht.

Die Excursion, welche einen ganzen Tag in Anspruch nimmt, abgesehen dass sie nichts anderes sehen lässt als was der Kammerbühl weit klarer zeigt, dürfte nur dem zu empfehlen sein, der ganz specielles Interesse für die Sache hat, da dieser kleine Vulcan gewöhnlich ganz übersehen wird. Es lässt sich damit eine Besteigung des Tilln verbinden, man muss dann aber auf eine (sehr primitive) Nachtherberge in Neu- oder Altalbenreuth Bedacht nehmen.

Anmerkungen.

(L. bezieht sich auf den literarischen Nachweis).

[1] Aus den Kalken und Schiefern von hier machte Reuss (L. 93) *Lebias Meyeri Ag.* ferner *Cypris angusta M.*, dann *Planorbis applanatus Thom.*, *Cyclostoma Rubeschi Rss.*, *Limnaeus subpalustris Thom.*, *Helix* cfr. *rostrata Braun.* bekannt. Ausserdem fanden sich hier die obenerwähnten Reste von *Mastodon angustidens Cuv.* — [2] Ausser *Lebias Meyeri Ag.*, dann Federn eines nicht näher zu bestimmenden Wasservogels *Cypris angusta Rss.*, *Planorbis solidus Thom.* beschreibt Herr Nowak folgende Insektenreste (L. 24) von hier: *Brachypelta rotundata Now.*, *Ligaeus mutilus Now.*, *Neuropterites depertitus Now.*, *Bibiopsis Egerana Now.*, *Bibiopsis imperalis Now.*, *Bibio formosus Now.*, *Bibio elegantulus Now.*, *Protomya bohemica Now.*, *Plecia quaesita Now.*, *Tipula angustata Now.*, *Tipula expectans Now.*, *Ptychoptera deleta Now.*, *Sciara Martii Now.*, *Pheidolegeton bohemicus Now.*, *Myrmica? nebulosa Now.*, *Formica buphthalma Now.*, *Bombus crassipes Now.*, *Melolontha solitaria Now.* — Bezüglich der mit vorkommenden Pflanzenreste verweise ich auf die oben p. 129, Anmerkung 9 nach Engelhardt (L. 27) gegebene Liste.

IV.

Die Umgebung von Marienbad.

Geologische Verhältnisse der Umgebung von Marienbad.

Marienbad liegt in einem sich südwärts öffnenden Thale am westlichen Abhange des Kaiserwald-Gebirges schon jenseits der Wasserscheide des Egerlandes. Der das Thal entwässernde Auschowitzer Bach ist bereits ein Zufluss der Mies. Das Thal selbst ist ein Nebenthal zu der südwärts zwischen den Ostabhängen des westlichen Böhmerwaldes und den entgegengesetzten des Kaiserwald- und Teplergebirges ziehenden Einsenkung. Man wird hierin eine gewisse Analogie der Lagerung mit den übrigen Curorten in ihrem Verhältnisse zum Erz- bez. Fichtelgebirge finden können, doch lässt sich zwischen dem Böhmerwald und Kaiserwald keine Bruchspalte auffinden, welche erfüllt mit jüngeren Gebilden beide Gebirgszüge trennt, vielmehr setzen von Süden her die archaischen Glieder des hercynischen Massives aus dem Böhmerwald in das Tepler Gebirge fort, indem aus der Gegend von Tachau die bis dahin nordwärts streichenden Hornblendeschiefer und die ihnen aufgelagerten Phyllite plötzlich nach Osten umbiegen und die Senkung übersetzend nunmehr den Süd- und Südostabfall des letzteren überdecken. Auch Gneiss und Glimmerschiefer reichen bis an und in das diesseitige Gebirge, und stellen den unmittelbaren Zusammenhang beider Gebirge her; die zwischen beiden verlaufende Senkung bildet so nur eine orographische Grenze. Es fehlt aber nicht an Andeutungen grosser Brüche und langer Bruchlinien längs des Gesenkes.

Der Böhmerwald.

Vom Böhmerwald kann nur der nördlichste Theil, der Marienbad gegenüber liegt, in Betracht kommen[1]. Es ist dies die Partie des

Tilln und das zunächst gelegene Gebiet. Die Verhältnisse des Tilln wurden bereits oben (p. 133) im Kapitel über das Egerland erwähnt. Der Glimmerschiefer, welcher den Tillnstock bildet, und im Mayersgrüner Rücken, welcher die Wasserscheide gegen die Eger ausmacht, bis an den Granit des Kaiserwaldes zwischen Unter-Sandau und Altwasser reicht, zieht vom letzteren Orte in südsüdwestlicher Richtung gegen Mähring in Bayern. Seiner Lagerung nach bildet er eine weitgeöffnete Falte, deren südöstlicher Aussenschenkel auf dem Gneiss an der angegebenen Grenzlinie aufliegt, während der mittlere und nordwestliche Aussenschenkel über den vom Tilln nach Neuangel an der bayerischen Grenze ziehenden Rücken hinweg einen Sattel bildet, dessen äusserer Flügel nun ganz gleichmässig die zwischen dem Fichtelgebirge und dem Böhmerwald im Wondrebgebiete abgelagerten Phyllite unterteuft. Die Glimmerschiefer sind meist sehr reich an Granaten und enthalten an vielen Stellen Quarzschiefer, bei Grafengrün auch ein Kalkschieferlager eingebettet. Der den Glimmerschiefer unterteufende Gneiss erfüllt neben Granit das ganze übrige Gebiet. Von Altwasser läuft seine Grenze über Haselhof, dann östlich von Schanz über den Darnberg bei Marienbad zwischen dem Alt- und Auschowitzer Bach herab nach Hochofenhäusel, wo sie an die später zu erwähnende Granitpartie von Kuttenplan heranreicht. Die westliche Grenze gegen den Glimmerschiefer geht von Altwasser westlich von Dreihacken gegen Mähring. Südwärts mehr und mehr an Breite gewinnend wird der Gneiss nun das herrschende Gestein im ganzen westlichen Böhmerwald. In der Nähe von Marienbad ist es vorwiegend ein dunkler, an Biotit und grauen Orthoklas reiches Gestein, das hie und da Granat und Amphibol beigemengt enthält; weder gegen den Glimmerschiefer, noch nach den Amphiboliten hin kann eine scharfe Grenze gezogen werden. Wie der Glimmerschiefer so enthält auch der Gneiss Einlagerungen von Quarzschiefern, welche gewöhnlich von graphitischen Schiefern begleitet werden. Der Gneiss, welcher sich den Graniten des Kaiserwaldes auflagert und von diesen abfällt, bildet zwischen diesem und dem aufgelagerten Glimmerschiefer eine mehrfache — nach Jokély deutlich vierfache — Wellenfalte, indem Mulden und Sättel miteinander abwechseln.

Die Senke zwischen dem Böhmerwald und dem Kaiserwald nimmt der Granit ein. Als tiefes Flachland erstreckt sich von Süden her aus der Gegend von Pernatitz und Tutz eine 38 Kilom. lange, an ihrer breitesten Stelle 7,5 Kilom. messende Granitzone. Namentlich die Partie südlich von Marienbad bis Hayd ist ein

„von Bächen durchfurchtes Flachland, welches rings von höheren Hügelzügen umgeben, ganz den Eindruck eines Tertiärbeckens macht“. In diesem ist vorwiegend der porphyrartige Gebirgsgranit entwickelt. Darin treten bei Plan und anderwärts feinkörnige, graue, kugelförmige Einlagerungen von Nestergranit (? Glimmersyenitporphyr) auf. Nördlich von Kuttenplan verschmälert sich die Granitzone rasch und verschwindet als ganz schmaler Streifen endlich zwischen Gross-Siedichfür und dem Kieselhofe westlich von Marienbad unter dem Gneiss. In diesem sowohl wie im Glimmerschiefer treten gegen den Tilln hin noch einige kleine Granitinseln auf, welche jedoch mehr an die Granite des Kaiserwaldes erinnern, und wohl mit diesen in Zusammenhang gedacht werden müssen.

Im westlichen Böhmerwald hat Herr VON HOCHSTETTER einen schon öfter erwähnten grossen Quarzfelszug bekannt gemacht, welchen er als Seitenstück zum Pfahl im bayrischen Waldgebirge den böhmischen Pfahl nannte. Dieser vom Fusse des Tscherkow bei Furth beginnende Zug hält 15 Stunden in nördlichem Streichen an, bis er in der Gegend zwischen Hals und Stiebersreuth nördlich von Tachau, wo auch die ihn begleitenden Hornblendschiefer plötzlich ihr Streichen ändern, aufhört. Nichtsdestoweniger bemerkt Herr v. HOCHSTETTER weiter nördlich davon parallel zum Granit einen Zug von Quarzblöcken, der zwischen Prommenhof und Hinterkotten beginnt und sich bis nach Schanz fortsetzt, welchen man als eine dem böhmischen Pfahle analogen Quarzfelszug ausscheiden kann. Ein zweiter beginnt bei Dreihacken und ist parallel zu dem ersten bis ins Thal des Wonschabaches zu verfolgen.

Das Kaiserwaldgebirge.

Zur näheren Erläuterung des Kaiserwaldgebirges bedarf es an dieser Stelle keiner weiteren Worte, nachdem in dem Abschnitt über die geologischen Verhältnisse von Carlsbad (p. 73) schon weitläufig und auch mit Bezug auf Marienbad abgehandelt wurde. Es erübrigt nur noch eine kurze Beschreibung der Verhältnisse in der unmittelbaren Umgebung von Marienbad zusammenzufassen[2].

Das Marienbader Thal wird gegen Norden und Osten, sowie im Nordwesten von Granitbergen umschlossen. Aus diesem Gestein besteht der Mühlberg, Steinhauberg und Rehknock. Nach der Höhe zu, sowohl im Osten wie im Westen, verschwindet der Granit unter der Decke aufgelagerter Hornblendegesteine, ebenso unterteuft er gegen Westen und Süden den aufgelagerten Gneiss und Amphibolschiefer. Nach Norden streicht er jedoch fort und steht mit dem grossen, das Kaiserwaldgebirge von Königswart nach Petschau westöstlich durchsetzenden Zuge in unmittelbarem Zusammenhang. Ueber die verschiedenen Granitvarietäten von Marienbad ist in älterer Zeit viel geschrieben worden[3]. Im wesentlichen ist es Gebirgsgranit, welcher hier auftritt und zwar zumeist grobkörniger und porphyrartiger. Zuweilen ist der Orthoklas fleischroth (Granitit). Klinoklas ist nur stellenweis und zwar meist mehr oder weniger zersetzt vorhanden. Glimmersyenitporphyr, dieser treue Begleiter des Granits, fehlt auch hier nicht; am städtischen Steinbruch an der Strasse nach Carlsbad fällt er als Gang durch die kugelige Absonderung seines Mittels auf. Im Granit selbst treten dann noch gangartige Einlagerungen von minderer Mächtigkeit auf, welche ähnlich wie die im Carlsbader Granit vorkommenden aus einer lichtrothen felsitischen Masse bestehen und als Porphyre gedeutet werden, vielleicht sind es nur Haplite, ebenso wie die nicht selten vorkommenden Pegmatitgänge zu den Ausscheidungsgraniten zu rechnen sind.

Der sich westlich vor den Granit legende Gneiss bildet den Rücken des Schneidranges und Darnberges. Er wird an seiner Grenze gegen den Granit noch an mehreren Stellen von diesem Gestein durchsetzt, seine Schichten sind steil aufgerichtet und fallen gegen Südosten. Die Südseite des Marienbader Thales bildet sodann der Hamelikaberg, vom Darnberg durch den Auschowitzer Bach getrennt. Sein Liegendes im Westen besteht noch aus Gneiss, seine Masse jedoch aus Südost geneigtem Hornblendegestein, man sieht darin neben Amphibol auch dunklen Glimmer, und erkennt im Dünnschliff Orthoklas und Klinoklas, sowie Granat und Quarz. Dieses Gemenge wird stellenweise grobkörniger, und ist sowohl als Granatfels wie als Eklogit beschrieben worden. Der Hamelikaberg ist einer der westlichen Ausläufer der Hornblendschieferdecke des südlichen Abfalles des Tepler Gebirges. Glimmerschiefer und gneissartige Partien sind nur hie und da dem herrschenden Gesteine eingelagert.

Ausser diesen der Hauptsache nach die Umgebung von Marienbad bildenden Gesteinen haben wir noch einiger untergeordneter Vorkommen zu gedenken. Dies ist zunächst ein dioritartiges Gestein, welches auf der Nordseite des Hamelika eine Felskuppe über dem alten Badehaus bildet, welches von Herrn von Klipstein mit einem besonderen Namen — Hamelicit — belegt wurde. von Warnsdorf erwähnt ferner einen mächtigen Felsitporphyrgang, welcher westlich von der obersten Kuppe des

Berges beginnt und bis über den Ferdinandsbrunnen zu verfolgen ist. Er enthält häufig etwas veränderte Bruchstücke von Hornblendegestein (Hamelicit) eingeschlossen. Als basaltisches (Leucitophyr-)Gestein habe ich den Podhornkegel bei Abaschin zu erwähnen, an dessen südwestlicher Seite sich noch der Rest eines Tuffmantels befindet. In diesem liegen Schlackenbrocken und Bruchstücke von Hornblendschiefer, die nicht selten eigenthümlich verändert sind. Am südlichen Fuss des eigentlichen Kegels ragt der kleine Podhorn als Nebenkegel aus dem Tuffe auf. Eine weitere untergeordnete Einlagerung ist die Serpetinmasse, welche im Norden von Marienbad mitten im Granit auf dem Filzhübel vorkommt. Das stark zerklüftete dunkle Gestein wird von Hornblendegneissen begleitet, und ist offenbar eine durch Erosion aus dem Zusammenhange mit der nordnordöstlich davon zwischen Einsiedel und Sangerberg gelegene Serpentinmasse gerissene Scholle[4], sowie alle die vielen auf dem Granite des Kaiserwaldgebirges förmlich schwimmenden Glimmerschiefer-, Hornblendschiefer- und Gneissinseln.

Endlich finden sich auch hier, wie schon früher gelegentlich erwähnt, ähnliche Hornsteingänge, wie sie bei Carlsbad angetroffen werden. Der bekannteste und mächtigste kommt im Schneidrang unter dem Jägerhaus zu Tage. Er streicht in Nordwest in südöstlicher Richtung (Stunde 9—10) und ist durch Schotterbrüche aufgeschlossen. Das rauhe, löcherige Gestein besteht aus Quarz- und zersetzten Granitbrocken, welche durch mehr oder weniger reichlichen Hornstein verkittet sind. Die Lücken überzieht Chalaedon in kleintraubenartigen Massen, Eisen- und Manganoxyd färben, btellenweise roth oder schwarz. Die Fortsetzung dieses Quarz, Erockenfelsganges ist auch an den Abhängen des Mühlberges, am Dingange des Steinbruches an der Carlsbader Strasse zu bemerken. Uer Lage nach kann er mit dem schon früher im Granit zwischen Znter-Sandau und Leimbruck streichenden grossen Gangzug in susammenhang gedacht werden.

Die Quellen von Marienbad.

Ausser zahlreichen in und um Marienbad zu Tage tretenden minder bemerkenswerthen Säuerlingen und Gasquellen kommen folgende vor: Der Kreuzbrunnen, Ferdinandsbrunnen, Waldquelle, Carolinenbrunnen, Ambrosiusbrunnen, Marienquelle und Wiesenquelle. Die Temperatur der Quellen ist durchwegs sehr niedrig, sie übertrifft beim Kreuzbrunnen (+ 9·3° C.) die mittlere

Jahrestemperatur des Ortes (+ 7·5° C.) nur um + 1·8° C., bei der wärmsten der Marienquelle (+ 11·8° C.) um + 4·3° C. Bei der Waldquelle, dem Carolinen- und Ambrosiusbrunnen scheint die Temperatur sogar zu schwanken[5]. Es sind kohlensäurereiche Glaubersalzwässer[6], von denen der Kreuz- und Ferdinandsbrunnen den Carlsbader Wässern nahe stehen, diese aber noch im Gehalte an festen Bestandtheilen übertreffen.

Die Wässer selbst sind untereinander nicht nur in der Ergiebigkeit, sondern auch im Gehalte verschieden. Die grösste Menge von mineralischen Stoffen nebst der meisten freien Kohlensäure besitzt der Ferdinandsbrunnen, nach ihm der Kreuzbrunnen und dann die Waldquelle. Am ärmsten dagegen ist die Marienquelle, die aber die wasserreichste und wärmste ist (115788·7 Cubikcentimeter in der Minute), ihr steht der Ferdinandsbrunnen (31555·5 Cubikcentimeter in der Minute) zunächst, der Kreuzbrunnen (1169·5 Cubikcentimeter in der Minute) und die übrigen haben weit weniger Wasser. Sämmtliche Quellen liegen in der Richtung des Marienbader Thales von Nord nach Süden, die nördlichste die Waldquelle, die südlichste der Ferdinandsbrunnen.

Während schon Kapp[7] von sich kreuzenden Spalten spricht, auf welchen die Quellen hervortreten, hat von Warnsdorf[8] bestimmt auf zwei Quellenrichtungen hingewiesen, welche sich bemerkbar machen; die eine ist nordgerichtet und enthält die Waldquelle, den Kreuz- und Ferdinandsbrunnen. Die zweite liegt genau im Zuge des Quarzfelsganges am Schneidrang und enthält die Carolinen-, Ambrosius- und Marienquelle. Nahe dem Kreuzungspunkt beider liegt der Kreuzbrunnen. Reuss[9] findet alle Quellen in einem von Nord nach Süd gerichteten Zuge. Bei der Neufassung des Kreuzbrunnens wurden zwei deutliche nordwärts gerichtete Quellspalten blosgelegt. Dieser, sowie die Wald- und Ferdinandsquelle liegen nach ihm im Hauptzug. Die übrigen schwächeren in einem Nebenzug, die Marienquelle will er ihres geringen Gehaltes wegen nicht als Mineralquelle gelten lassen.

Darnach hat der betreffende Hornsteinzug weniger damit zu thun, als der Carlsbader mit den dortigen Quellen. Ich glaube aber, dass man bei der Marienquelle weder ihre verhältnissmässig hohe Temperatur, noch das grosse von ihr gelieferte Wasserquantum übersehen darf, die Menge der festen Bestandtheile ist ganz ohne Belang[10]. — Aber noch ein Umstand muss erwogen werden. Heidler[11] hat bereits darauf aufmerksam gemacht, dass der Carolinen-, Ambrosius- und Marienbrunnen im Streichen des Quarzfelsganges im Schneidrang liegen, dass man im Carolinen- und Marienbrunnen und noch hinter demselben die Gasquellen in dieser Richtung angeordnet findet, und hebt ausserdem auch den Eisenreichtum der Carolinen- und Ambrosiusquelle hervor. Das, scheint mir, deutet unzweifelhaft wie in Carlsbad den Zusammenhang der Quellen mit dem Hornsteinzuge an. Aber eben dadurch, dass der Hauptzug der Marienbader Quellen nicht an einen solchen geknüpft ist, wird es klar, dass die Quellen und diese Gangausfüllung nicht ursprünglich von einander abhängig sind. Der Quarzfelszug auf dem Schneidrang deutet das Vorhandensein einer mächtigen tiefgehenden Spalte an, umsomehr wenn er mit dem weiter nördlich auftretenden Zug von Unter-Sandau nach Leimbruck in Zusammenhang gedacht wird. Auf dieser Spalte konnten die Gase aus der Tiefe, die Wasser hinab gelangen, in der Beschaffenheit des schwer löslichen Gangsteines liegt vielleicht schon ein Grund des geringeren Gehaltes an festen Bestandtheilen, ebenso wie wieder die Absätze von Metalloxyden hier wie in Carlsbad die Wirkung der Mineralwässer bekunden.

Für den Hauptquellenzug ist kein Quarzfelsgang bekannt geworden. Warnsdorf macht zwar geltend, dass auch Hornsteingänge mit nördlichem Streichen (Stunde 12) vorkommen, aber wenn auch solche nicht vorhanden sind, so ist schon in der einer Klüftung des Granites folgenden Richtung des Marienbader Thales eine in Nordsüd streichende grosse Spalte angedeutet, geradeso wie dies in Carlsbad der Fall ist, in welcher der Quellenhauptzug liegt. Diese Spalte aber hat wieder ihre Parallelen, das ist die Richtung des böhmischen Pfahles, dessen Fortsetzung von Dreihacken bis Schanz noch ein Stück neben dem Marienbader Thale einherläuft. Ebenso ist bekannt, dass die Säuerlingsreihe vom Ferdinandsbrunnen südwärts bis gegen Plan zu verfolgen ist. Eine andere Parallele aber ist die Richtung der Bruchlinie am Erzgebirgs- und Kaiserwaldrande im Egerland (p. 31), Umstände genug, um es aussprechen zu lassen, dass auch die Marienbader Hauptquellenspalte im Streichen und im Zuge grosser hercynischer Spalten liege, geradeso wie dies von der dortigen Nebenspalte gesagt werden müsste, auch wenn sie nicht mit dem Hornsteingange zusammenhinge.

Das ganze Thal von Marienbad aber scheint durch die Wirkung der Quellen entstanden zu sein. Es folgt in seinem Verlaufe dem Hauptquellenzuge, erweitert sich aber quer in der Richtung des Nebenquellenzuges zu dem Kessel, darin Marienbad mit allen Quellen mit Ausnahme der Wald- und Ferdinandsquelle liegt. Im ganzen Bereiche der Quellen aber findet und fand man zersetztes, ausgelaugtes Gestein als Nachlass früherer Einwirkung kohlensaurer Wässer. So liegt der Schluss nahe, dass nach und nach durch das Fortspülen des durch die Quellen gelockerten und zersetzten Gesteines das heutige Marienbader Thal entstanden sein mag.

Höhen-Verzeichniss für Marienbad und seine Umgebung.

Man findet das Nöthige oben S. 105 im Abschnitte über Carlsbad und S. 151 in dem über Franzensbad angegeben.

Anmerkungen.

(L. bezieht sich auf den literarischen Nachweis.)

[1] Hochstetter, Geognostische Studien aus dem Böhmerwald V. Jahrb. geol. Reichsanstalt, 6. Bd. 1855. p. 749 ff. (Geol. Karte von Böhmen Blatt 17). — Jokely, Geol. Verhältnisse des Egerer Kreises a. (L. 94). — [2] Warnsdorf, Geognostische Erinnerungen (L. 104). Klipstein, Geognost. Beobachtungen (L. 106). Warnsdorf, Geog. Verhältnisse von Marienbad (L. 167). Hochstetter, Geog. Verhältnisse von Marienbad (L. 108). Reuss, Geognostische Skizze (L. 81). — [3] Reuss, Altersverschiedenheit der Granite (L. 102). Cotta, Alter der Marienbader Granite (L. 104). Kersten, Zusammensetzung der Feldspäthe (L. 105). Klipstein, Geog. Beobachtungen (L. 106). [4] Hochstetter, Geog. Verhältn. von Marienbad (L. 108). — [5] E. Kratzmann, Der Curort Marienbad. 2. Aufl. p. 51 giebt die Temperatur der Waldquelle mit 5° R. (6·25 C.), des Ambrosius- und Carolinenbrunnen mit 7° R. (8·75 C.) an. Dagegen fand Peters 1851 die Temperatur der ersten Quelle + 10° C., Ragsky am 18. December 1859 die der Carolinenquelle + 7° C., die der Ambrosiusquelle + 7·5° C. Löschner, Balneologische Beiträge. I. Bd. p. 101, 104. — [6] Analysen im Anhange. — [7] Kapp, Quellengebiet von Marienbad (L. 101). — [8] Warnsdorf. Geognostische Erinnerungen (L. 104). — [9] Reuss, Geognostische Skizze (L. 81). — [10] Der Ferdinandsbrunnen hatte bis zu seiner 1851 erfolgten Neufassung viel mehr Wasser als jetzt, aber nur 0·6 Procent feste Bestandtheile. Durch die vorgenommene Umgestaltung wurden viele sogenannte wilde Wässer abgedämmt, damit sank der Wasserstand, aber der Gehalt stieg auf nahe 0·95 Procent fester Stoffe. — [11] Heidler, Pflanzen und Gesteine von Marienbad. p. 91.

Geologische Excursionen in die Umgebung von Marienbad.

Weniger als die übrigen Curorte, die der Reihe nach besucht wurden, bietet die Umgebung von Marienbad Gelegenheit zu geologischen Ausflügen. „Die heillose Langeweile, welche zur Brunnencur verurtheilte Mineralogen und Geologen empfinden", wie Herr von Klipstein sagt, hat diese schon vor längerer Zeit die nächste Umgebung bis ins kleinste Detail durchstöbern lassen, aber selbst für eine etwas ausreichendere Besichtigung der hiesigen Verhältnisse genügt ein Tag vollauf, um auf einem Rundgang um und durch den Curort alle im Vorstehenden beregten Punkte aufzusuchen und kennen zu lernen, wobei man ja nur den Promenadenwegen zu folgen braucht, um die richtige Stelle zu finden. Es wäre also gewiss überflüssig, hier eine besondere Anleitung geben zu wollen. Für weitere Excursionen aber ist schon in den vorangehenden Abschnitten das Nöthige gesagt. Die Monotonie des archäischen Gebirges, welches aus der Marienbader Gegend nach Süden zieht, wird kaum Jemanden einladen, dorthin seine Schritte zu richten; wer es aber thun wollte, wird sein Augenmerk auf ein Gebiet ausdehnen müssen, das weit über die Grenzen dieses Büchel's hinausgeht.

Noch dürfte des Wolfsberges bei Tschernoschin zu denken sein, dem auch Goethe von hieraus besonderes Interesse zuwandte. Leider ist dieser allerdings sehenswerthe Vulkan so abgelegen, dass er nur schwer zn erreichen ist. Man fährt mit der Bahn bis Plan, von hier führt eine endlose, langweilige Strasse bis nach Tribl, und von da steigt man auf den Wolfsberg, oder man benützt den Zug bis Schweising und geht von hier hinauf, nur muss man sich des rechten Weges durch den Wald versichern. Der an Augit- und Amphibolkrystallen reiche, an der Nord-Ostseite des Berges erhaltene Tuffmantel breitet sich auf wahrscheinlich der Steinkohlenformation gehörigen Ablagerungen aus. Nach Süden hin hat man die Spur eines alten Lavastromes, gegen Südwesten scheint der Kegel zusammengestürzt. Die Aussicht vom Gipfel ist sehr schön. Ich mache aber aufmerksam, dass man bei Benutzüng der Bahn den Verkehr der Züge genau beachte, oder anders einer sehr primitiven Unterkunft gewärtig sein muss, da nach den nächst gelegenen Städten Plan und Mies gleichweit so ziemlich 20—25 Kilometer Entfernung sein wird, die man auf guter, aber öder Strasse zurückzulegen hat.

Andere Ausflüge, die von Marienbad mit Zuhilfenahme der Bahnverbindung unternommen werden können, sind die im Vorhergehenden im Egerer Becken beschriebenen. Ferner der im Abschnitt über Carlsbad (p. 118) mitgetheilte Weg über Petschau bez. Schlaggenwald nach Carlsbad. Sie bieten Gelegenheit, auch das Interessantere in der entfernteren Umgegend kennen zu lernen.

Anhang.

Mineralwasser-Analysen.

Thermalquellen von Teplitz.

	Urquelle Teplitz	Augenquelle Teplitz	Neubadquelle Schönau
Temperatur	48° C.	28.5° C.	44.75° C.
Spec. Gewicht	1,00175	1,0016	1,0015
Fixe Bestandtheile in 10,000 Theilen:			
Schwefelsaures Kali . . .	0,228007	0,370226	0,332187
„ Calcium . .	0,560156	0,300013	0,595557
Chlornatrium	0,629844	0,211089	0,489198
Phosphors. Natron	0,017971	0,005821	0,009188
Kohlens. Natron	4,143659	4,008763	3,437333
„ Lithion	0,005704	Spuren	0,040626
„ Calcium	0,691371	0,300284	0,228968
„ Strontium . . .	0,114647	0,020321	0,049859
„ Magnesium . . .	0,114647	0,231000	0,123513
„ Manganoxydul . .	0,018845	0,005123	0,032817
„ Eisenoxydul . . .	0,155150	0,034510	0,066036
Fluorcalcium	0,017000	—	Spuren
Thonerde	0,000500	0,000728	0,080000
Kieselsäure	0,475000	0,370000	0,435000
Huminsubstanzen	0,102000	0,211500	0,184111
Arsenik	Spuren	—	—
Summa	7,181261	6,070878	6,104393
Flüchtige Bestandtheile . . (Kohlensäure)	2,251019	2,115000	3,072751
In 10,000 Volumen-Theilen:			
Halbgebundene Kohlensäure	1110,477	1075,340	809,048
Wirkl. freie ..	34,120	50,230	753,384
Stickstoff	50,940	54,300	58,500
Sauerstoff	18,360	15,910	22,800

Thermalquellen von Carlsbad.

	Sprudel	Mühlbrunnen	Schlossbrunnen
Temperatur	73.75 ° C.	52.5 ° C.	52 ° C.
Spec. Gewicht	1.0053	1,0049	1,0044
Fixe Bestandtheile in 10,000 Theilen Wasser:			
Schwefelsaures Kali	1,636	2,236	1,907
„ Natron	23,721	23,388	22,425
Chlornatrium	10,306	10,249	9,802
Jod- und Bromnatron	Spuren	?	?
Kohlensaures Natron	13,619	14,151	12,582
„ Calcium	2,978	2,635	3,992
„ Magnesia	1,240	0,344	0,504
„ Strontian	0,008	0,009	0,006
„ Eisenoxydul	0,028	0,030	0,023
„ Manganoxydul	0,006	0,007	0,007
Phosphorsaure Thonerde	0,004	0,003	0,003
„ Kalk	0,002	0,002	0,004
Fluorcalcium	0,036	0,035	0,038
Kieselerde	0,728	0,806	0,958
Borsäure, Lithion	Spuren	Spur	Spuren
Casium und Rubidium	Spuren	—	—
Summa der fixen Bestandtheile	54,312	53,895	52,282
Freie und halbgebund. Kohlensäure	7,604	9,504	13,404

Mineralquellen von Franzensbad.

	Franzensquelle	Louisenquelle	Cartellieri's Stahlquelle
Temperatur	+ 11.5 ° C.	+ 11.5 ° C.	+ 11.5 ° C.
Spec. Gewicht	—	—	—
Fixe Bestandtheile in 10,000 Theilen Wasser:			
Schwefelsaures Kali	—	—	1,141
„ Natron	31,9071	28,4062	14,208
Chlornatrium	12,0182	8,8112	5,806
Kohlensaures Natron	6,7580	7,1588 [1]	3,712
„ Kalk	2,3440	2,0833	0,541
„ Magnesia	0,8777	—	0,289
„ Eisenoxydul	0,3060	0,4270	0,230
„ Manganoxydul	0,0442	—	—
„ Strontian	0,0040	—	—
„ Lithion	0,0489	—	—
Phosphorsaurer Kalk	0,0299	—	—
„ Thonerde	0,0158	—	—
Thonerde	—	—	0,170
Kieselsäure	0,6160	0,2916	0,401
Organische Substanz	—	—	0,100
Summa der fixen Bestandtheile	54,9698	46,6588	26,598
Freie Kohlensäure	51,890	42,3567	22,572

[1] Doppelkohlensaures Natron.

Mineralquellen von Marienbad.

	Kreuz-brunnen	Carolinen-brunnen	Ambrosius-brunnen
Temperatur	8.8° C.	7.0° C.	7.5° C.
Spec. Gewicht	1,0094	1,0031	1,0023
Fixe Bestandtheile in 10,000 Theilen Wasser:			
Schwefelsaures Natron	49,5312	3,6270	1,8890
„ Kali	0,5221	0,0150	Spur
Chlornatrium	17,0052	1,0990	0,9990
Kohlensaures Natron	11,7500	2,5560	0,9580
„ Lithion	0,0470	0,0050	Spur
„ Kalk	5,1953	4,6300	2,4240
„ Strontian	0,0078	—	—
„ Magnesia	4,3385	1,8150	1,1040
„ Eisenoxydul	0,3414	0,4040	0,4390
„ Manganoxydul	0,0311	0,0360	0,0290
Bas. phosphorsaure Thonerde	0,0494	—	—
Neutr. phosph. Kalk	0,0179	0,0160	0,0130
Kieselsäure	0,8203	0,6970	0,4700
Brom-, Fluor-, organische Verbindungen	0,0729	Spuren 0,0700	Spur 0,0230
Summe der fixen Bestandtheile	89,7474	15,1410	7,8480
Freie und halbgebund. Kohlensäure	18,3815	21,6610	20,6330

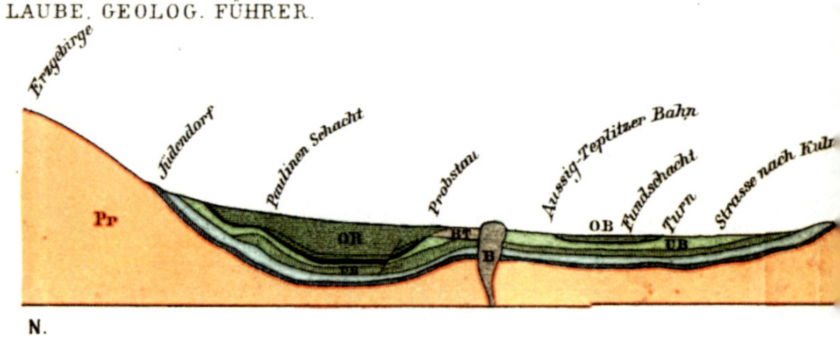

- T *Torf*
- Q *Quartär*
- OB *Schieferthone (Cypris-Sch.)* } *Obere Braunkohlen-Form.*
- OB *Erdbrände*
- BT *Basalttuff* } *Mittlere Braunkohlen-Form.*
- UB *Thone* } *Untere Braunkohlen-Format.*
- UB *Sande u. Sandsteine*
- P *Phonolith*
- NP *Noseanphonolith*
- B *Basalt*
- LB *Leucit- u. Hauynbasalt*

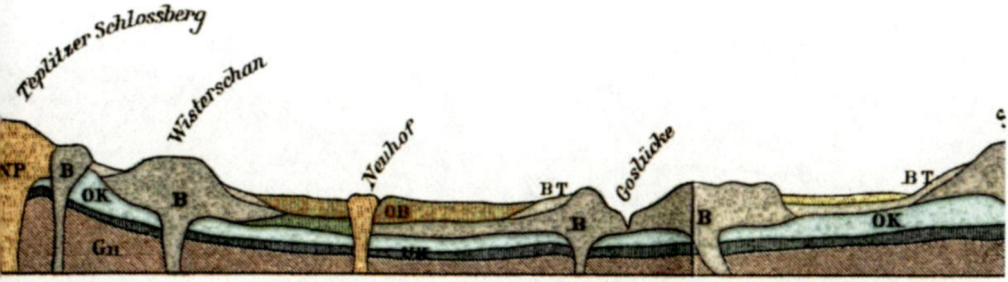

1. Profil von Jüdendorf im Erzgebirge über das Teplitze

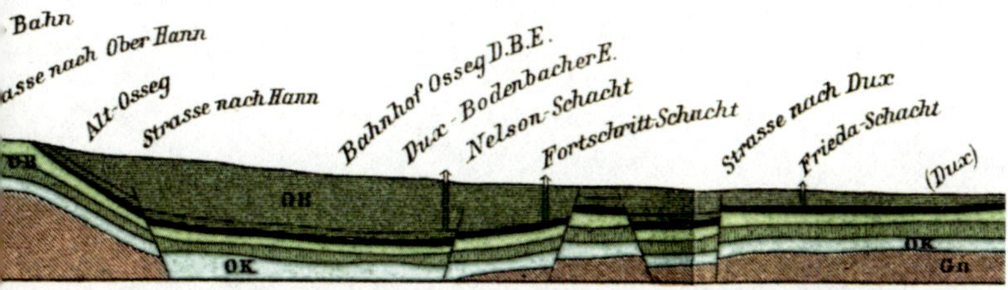

2. Profil durch das Duxer-Braunkohlenbecke

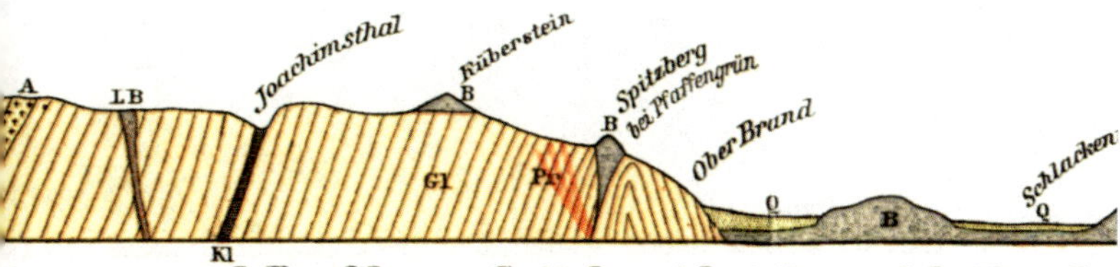

3. Profil vom Spitzberg bei Gottesgab über da

Verlag von Veit & Comp

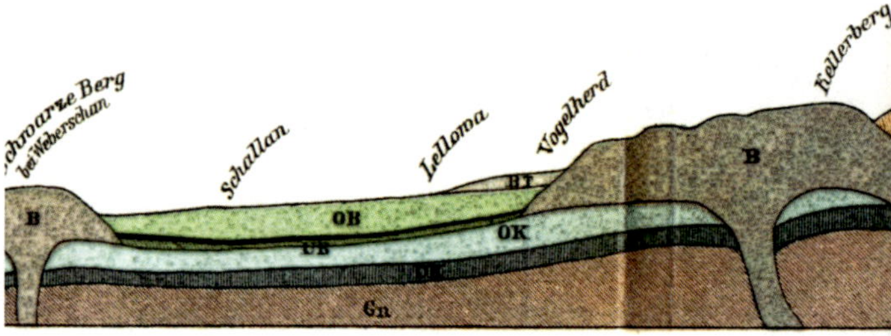

rbecken durch das böhmische Mittelgebirge.

n von Osseg nach Bilin (nach H. Wolf).

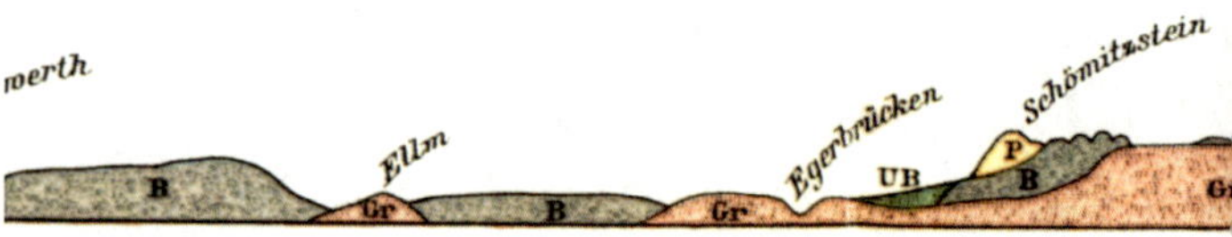

s Egerthal in das Carlsbadergebirge.

). in Leipzig.

Taf. I

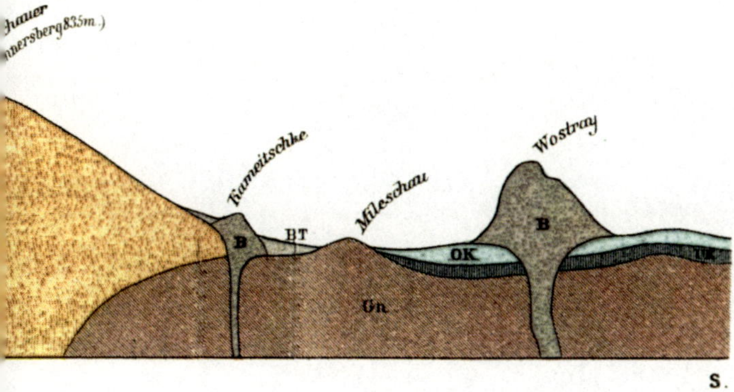
Kameitschke
B
BT
Mileschau
Wostray
B
OK
UK
Gn.
S.

S.

OB Obere Kreide-Form.
UK Untere Kreide-Form.
Ph Phyllit
Gl Glimmerschiefer
A Amphibolschiefer
Gn Gneiss
Gr Gebirgsgranit
Pr Porphyr
Kl Körniger Kalk
Braunkohlenflötz

- **T** — *Torf*
- **Q** — *Quartär*
- **OB** — *Schieferthone (Cypris-Sch.)* } *Ob. Braunkohlen-Form.*
- **UB** — *Thone* } *Untere Braunkohlen-Format.*
- **UB** — *Sande u. Sandsteine* } *Untere Braunkohlen-Format.*
- **B** — *Basalt*
- **LB** — *Leucit-u. Hauynbasa*
- **U Sch** — *Urthonschiefer*
- **Ph** — *Phyllit*
- **Gl** — *Glimmerschiefer*

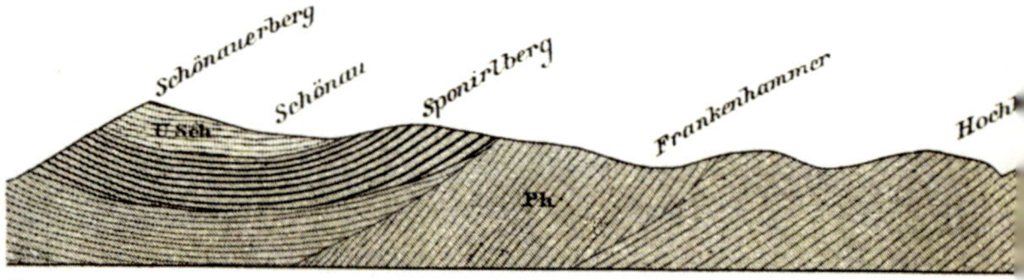

N.

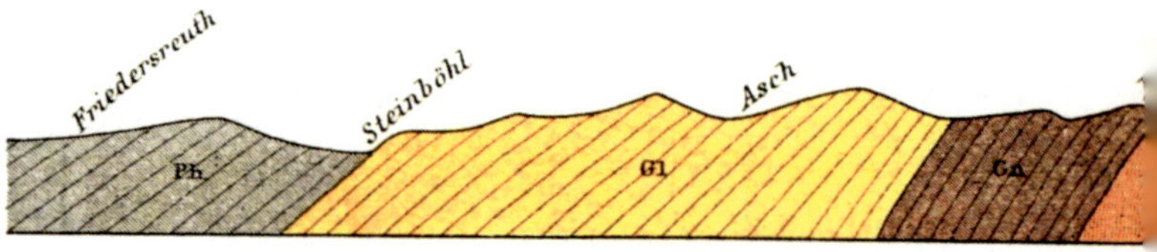

N.W.

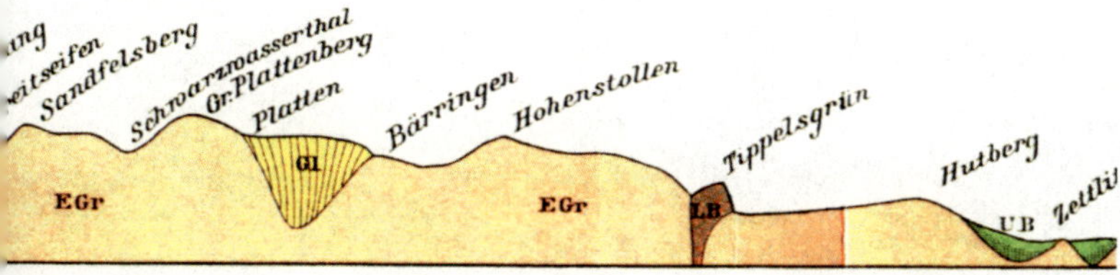

.Profil vom Bärenfang bei Platten im Erzgebirge über d

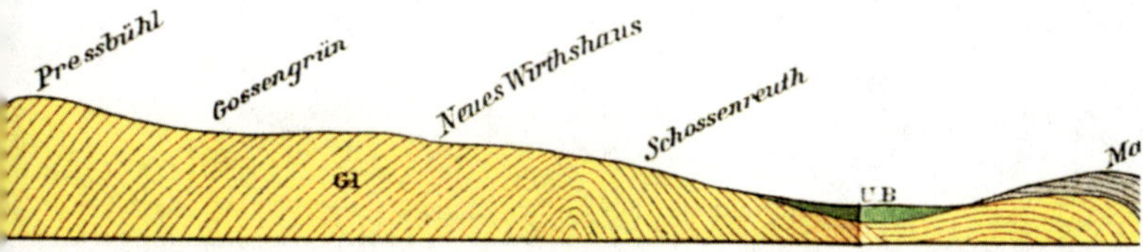

.Profil vom Schönauer Berg bei Grasslitz im Erzgebir

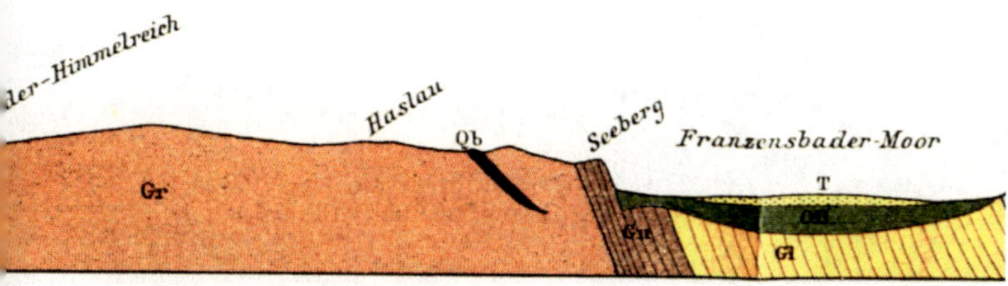

6. Profil von Friedersreuth im Fichtelgebirge über da

Verlag von Veit & C

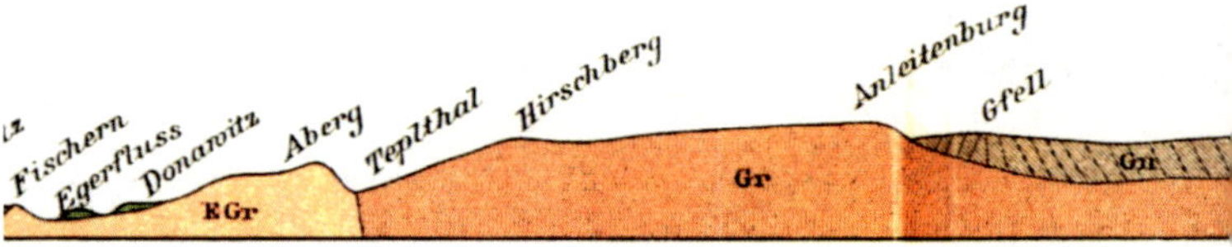

as Egerthal in das Kaiserwaldgebirge bei Schlaggenwald

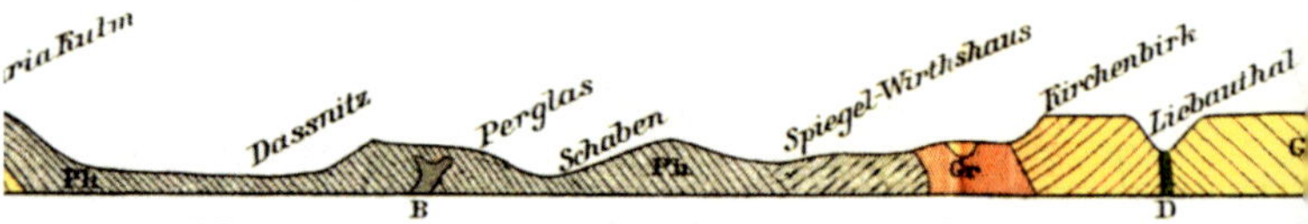

ge über Maria-Kulm in den Kaiserwald bei Marienbad.

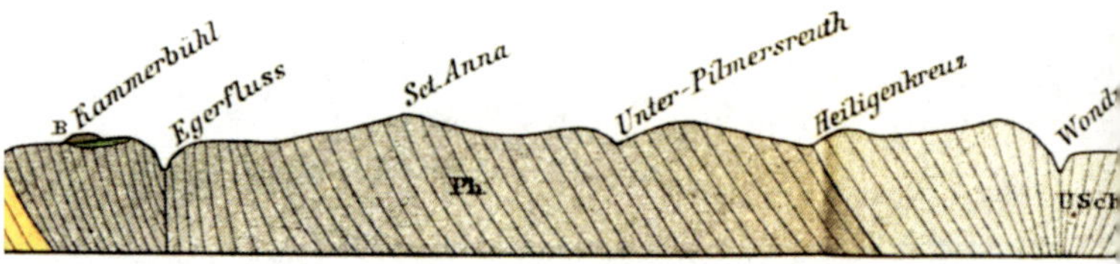

s Franzensbaderbecken zum Tilln im Böhmerwald.

omp. in Leipzig.

Taf. II.

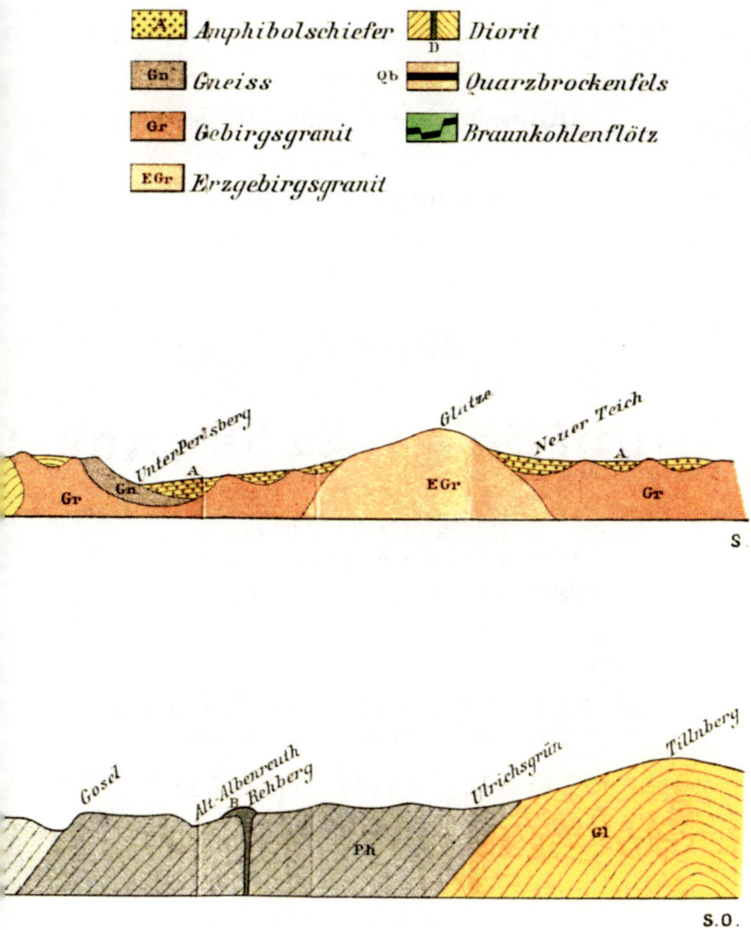
A Amphibolschiefer
Gn Gneiss
Gr Gebirgsgranit
EGr Erzgebirgsgranit
D Diorit
Qb Quarzbrockenfels
Braunkohlenflötz
Unter Perlsberg
Glatze
Neuer Teich
A
Gr
Gn
EGr
S.
Gosel
Alt-Albenreuth
B
Rehberg
Ulrichsgrün
Tillnberg
Ph
Gl
S.O.

Druck von Metzger & Wittig in Leipzig.